I0485848

Die weiße Anomalie der Zierrakies

Geheimakte MARS 10

Umschlagsfoto: Mit Lizenz
Paperback: ISBN: 9781517442989
Imprint: Independently published

Hardcover: ISBN: 9798378566440
Imprint: Independently published

ISBN-e-Book: ebenfalls erhältlich:

D.W. McGillen, 22.02.2023

Auch erhältlich:

Inhaltsverzeichnis

Rückblick

Episode 7:

Doch eine neue Bedrohung wurde von der Aufklärung des galaktischen Sicherheits-Dienstes registriert. Die Worgass stehen kurz vor der Fertigstellung einer neuen Invasions-Flotte. Hiermit wollen sie allen humanoiden Rassen in den gehassten Nachbar-Galaxien eliminieren. Eine eilig zusammengerufene Allianz der befreundeten Rassen soll diese Gefahr beseitigen. Die technisch weit entwickelten Lantraner unterstützen die Rassen der Milchstraße. Gelingt es den Völkern die Gefahr zu beseitigen, oder wird das Neue-Imperium wieder in einen massiven Krieg hineingezogen?

Episode 8:

Ein neuer Krisenfall wurde von der weitsichtigen Rasse der Lantraner entdeckt. Heran bittet das Neue-Imperium von Tarid & Natrid um Unterstützung. Die neue Lebens-Hemisphäre der ausgewanderten Natrader, welche sich heute Santaraner nennen, wird angegriffen. Durch die bitteren Erfahrungen des großen Krieges, hat die Regierung der Santaraner vor langer Zeit, eine Abrüstung der vernichtenden Waffentechnik befohlen. Viele junge Rassen konnten diesen technischen Vorsprung zwischenzeitlich einholen. Die insektoide Rasse der Daraner ist auf eine Spur der Evakuierten gestoßen. Seit vielen Generationen keimt in ihnen ein immenser Hass auf humanoide Völker, speziell aber auf die Santaraner. Das Neue-Imperium, unter der Führung von Major Travis entsendet einen schweren Kampf-Verband zur Unterstützung. Der Major hofft, erste politische Kontakte zu dem ausgewanderten Volk des Sol-Systems herstellen zu können. Doch es scheint kein einfaches Unterfangen zu werden.

Episode 9:
Major Travis, eingesetzter Verwalter der alten marsianischen Hinterlassenschaften, versucht das ehemalige natradische Kaiserreich wieder zu beleben. Die Gefahr für das santaranische Kunst-System konnte abgewendet werden. Doch die Leitung der Admiralität, der ehemaligen, evakuierten Natrader, zeigt sich undankbar und will sich der fortgeschrittenen Technik des Neuen-Imperiums ermächtigen. Es kommt zu einem ernsten Zwischenfall. Oberst Cameron, neuer Befehlshaber des ISD, sucht nach Spuren der Piraten, um diese vor weiteren Beutezügen zu warnen. Major Travis folgt einem Hilferuf von Sil'drock, der ein Angehöriger einer Rasse ist, die sich Ablonder nennen. Dem ehemaligen Hilfsvolk der "Aller-Ersten". Major Travis kommt noch rechtzeitig, um die Vernichtung ihres Versorgungs-Mondes zu verhindern. Wieder haben die Worgass ihre Hände im Spiel. Man erhält Kenntnisse von

der weißen Barriere und dem machthungrigen Volk der Zierrakies. Sie scheinen ihren Ausdehnungsbereich massiv ausweiten zu wollen.

Kaiserreich der Zierrakies

In der weißen Barriere herrschte Alarm-Verordnung. Die dezimierte Eingreif-Flotte von Commander Trangohas war zurückgekehrt und hatte Meldung gemacht. Fremde Angreifer bedrohten die Ausdehnungs-Phase der Barriere. Alle Sicherheits-Vorschriften waren aktiviert worden. Die Fernortung wurde intensiviert, Patrouillen verstärkt. Alle Sicherheits-Organe kontrollierten zusätzlich alle landenden Schiffe und das Personal. Pausenlos flogen Schiffe in Dreiergruppen über die zahlreichen Planeten der Anomalie und sicherten Bildaufnahmen.

Der Verwaltungs-Planet der Zierrakies hieß Zierraky 2. Er war ideal für die Rasse gewesen, die ihn sich als Stützpunkt ausgebaut hatte. Die dünne Atmosphäre aus Stickstoff-Methan, erinnerte an ihren Heimat-Planeten. Er war einige Lichtjahre weit entfernt und so schnell nicht erreichbar. Diese Anomalie in der 2. Dimension konnte vor vielen Jahrtausenden von den Zierrakies entdeckt und gebändigt werden. Sie waren ein altes Volk und verstanden die Naturgesetze. Nicht nur der gefahrlose Zugang in diese Anomalie konnte von ihnen kontrolliert werden, auch die geplante Ausdehnung wurde von ihnen gesteuert. Sie wussten, dass diese Anomalie ihren stetigen Wunsch nach Expansion sehr hilfreich war.

Alle im Umkreise liegenden Planeten, Monde, Asteroiden und Gesteinsbrocken, wurden von der Anomalie geschluckt. Ob mögliche Bewohner dieser Welten es wollten, oder nicht. Die Zierrakies waren die Meister in dieser abgeschlossenen Sphäre. Sie erteilten die Gesetze und die Befehle. Alle anderen, mussten sich wohl oder übel hiernach richten. Einige Revolten, die im Laufe unterschiedlicher Jahre immer wieder für Unruhe sorgten, wurden von den Meistern und ihren Hilfstruppen erfolgreich niedergeschlagen. Schon seit vielen Jahren, stellte sich ihnen kein Volk mehr in den Weg. Ihr Flotten- und Truppen-Aufmarsch konnte wie gewohnt alle humanoiden Rassen in dieser Dimension eliminieren.

Schon seit Urgedenken machten sie Jagd auf andersartige Geschöpfe, die sich in ihrem Universum ausgebreitet hatten. Ihr Kampf richtete sich gegen alle Wesen, die durch eine Laune der Natur das Licht der vielen Sonnen erblickt hatten. Sie wollten eine Reinigung des Universums durchführen. Hierfür war ihnen jedes Mittel recht. Nur ihr großes Kaiserreich hatte die Intelligenz und das Recht sich über alle Bereiche des Weltraums auszudehnen.

Admiral Dragphan und Commander Trangohas standen vor dem großen Tribunal und mussten sich verantworten.

» Aus den Erkenntnissen der kaiserlichen Wissenschafts-Akademie wurde uns mitgeteilt, dass sich eine neue Gefahr versucht in der 2. Dimension zu etablieren«, zischte das Übersetzung-Gerät der Meister. » Warum wurde die Bedrohung nicht von ihnen beseitigt? «

Ihr metallischer, schwarzer Anzug verhinderte eine direkte Kommunikation. Ihre Gesichter waren hinter Atem-Schutz- Masken verborgen. Hinter der Glasfläche ihres Gesichtsfeldes quoll blaues Gas empor. Es schien pulsierend zu Leuchten. Niemand in der Anomalie hatte jemals einen Meister, ohne seinen Anzug zu Gesicht bekommen.

Der Commander der Einsatz-Flotte und der Admiral der Fernaufklärung wussten, dass dieses auch streng verboten war.

»Wir haben uns an ihren Anweisungen gehalten«, antwortete Admiral Dragphan. »Zunächst hat unsere Fernaufklärung lediglich einen Stützpunkt-Mond identifiziert, der vermutlich durch seine Robot-Steuerung wieder zum Leben erwacht war. «

»Das hätte ihnen zu denken geben müssen«, sagte einer der 10 Mitglieder des Konzils.

»Mein Name ist Prinz Sirthrith«, ergänzte er. »Mir ist seit geraumer Zeit die Kontrolle dieser Anomalie überantwortet worden. Sagen sie mir, wie soll ich ihr Versagen vor dem hohen Kaiser vortragen? «

»Halten sie sich an die Wahrheit«, antwortete Admiral Dragphan unbeeindruckt. »Sagen sie ihm, dass ich 3 Groß-Raumschiffe von seiner technisch ausgereiften und angeblich unbesiegbaren Flotte losgeschickt habe, um die Angelegenheit zu bereinigen. Der Befehl lautete, die Anlagen auf dem Mond und jegliche Artefakte möglicher Rassen komplett zu vernichten. Dies ist uns misslungen, weil die drei Schiffe in einen Hinterhalt gerieten. Die Späh-Raumschiffe und Sonden, die in der 2. Dimension patrouillierten, haben uns über die Fremd-Flotte in keiner Weise informiert. «

»Ihre Antwort ist erbärmlich«, antwortete der Prinz. »Unsere Technik ist erhaben und ausgereift. Falls die Flotte dagewesen wäre, hätten die Späh-Schiffe und Sonden sie bemerkt. «

Admiral Dragphan bemerkte, dass der Prinz einen Schuldigen für diese Misere suchte.

»Was ist mit den drei Schiffen passiert? «, fragte Prinz Sirthrith.

»Sie wurden vollständig vernichtet«, antwortete der Admiral. »Es ist zu vermuten, dass der befehlende Commander in die Gefangenschaft der fremden Flotte geraten ist. «

»Das ist nicht möglich«, bemerkte der Prinz. »Er hätte einen Suizid durchführen müssen. So ein Vorgehen ist strengstens verboten. Bei der Ehre des Groß-Kaisers, der Commander muss seiner gerechten Strafe zugeführt werden. «

»Dafür müssen wir ihn erst einmal haben«, fuhr der Admiral dem Prinz ins Wort. »Ich kenne die kaiserlichen Gesetze auswendig. Eine Belehrung durch sie ist nicht erforderlich. «

»Was erlauben sie sich«, antwortete der Prinz. »Soll ich sie für den Verlust der Schiffe zur Rechenschaft ziehen? «

»Ich empfehle ihnen sachlich zu bleiben«, antwortete der Admiral. » Ihnen ist doch an der Lösung des Problems gelegen. Oder täusche ich mich da? «

Der Prinz hatte sich in seinem Stuhl zurückgelehnt und schaute den Admiral grimmig an.

Über ihm an der Wand, hing das kaiserliche Wappen der Zierrakies. Dieses wurde von Imperator zu Imperator weitergereicht.

Admiral Dragphan war schon lange in den Diensten der zierrakischen Monarchie. Er hatte schon viele Groß-Kaiser kommen und gehen gesehen.

»Dieser kleine Prinz, wie hieß er noch«, dachte er. »Sirthrith glaube ich, so hatte er sich genannt. Er jagt mir keine Angst ein. Gerade von der Akademie gekommen, hat vermutlich sein Onkel, der allmächtige Groß-Kaiser, ihn beauftragt in unserer Ausdehnungs-Zone für Ordnung zu sorgen? «

Der Admiral wusste nur allzu gut, dass sich die zierrakische Kaiser-Dynastie nicht gerne selbst die Hände schmutzig machte.

Trotzig blickte er den kaiserlichen Abkömmling an.

»Es wird ihnen sicherlich nicht entgangen sein, dass ich System-Alarm ausgelöst habe. «

Irritiert blickte Prinz Sirthrith die Mitglieder des Konzils an.

Diese wichen seinem Blick aus.

»Das entspricht der Wahrheit«, antwortete Lord Warsithrith, der vermutlich der Sprecher des Konzils war.

»Wir haben es gerade erst erfahren, Prinz«, teilte er mit. »Es hat sich noch keine Gelegenheit ergeben, sie zu unterrichten. Admiral Dragphan ist vielen Jahrzehnten unserer erfahrenster Flotten-Befehlshaber. «

»Dennoch wird er sich für den Verlust von drei unserer Groß-Raumschiffen verantworten müssen«, erwiderte der Prinz.

»Bevor sie sich weiter aufregen, möchte ich mit meinem Bericht fortfahren«, unterbrach der Admiral das Gespräch des jungen Prinzen.

Dieser blickte ihn noch erboster an als vorher. Einige Sekunden später, wies er ihn mit seiner Klaue an fortzufahren. Der Admiral verstand die Geste und nickte ihm dankend zu.

» Ich habe einen Notruf der drei Schiffe erhalten«, teilte er mit. » Auf meinen dringenden Versuch hin, einen größere Vergeltungs-Flotte zu erhalten, hat mich die Einsatz-Zentrale der schnellen Kampf-Verbände förmlich ausgelacht und meinen Wunsch heruntergespielt.

Commander Rirgphanas, Leiter der schnellen Einsatz-Verbände teilte mir mit, dass alle Flotten-Geschwader im Einsatz sind. Nur auf mein dringendes Verlangen hin, konnte ich ihm 200 Groß-Raumschiffe abringen, die soeben gelandet waren und für einen Werft-Aufenthalt vorgesehen waren. Sie können sicher sein Prinz, dass ich lieber eine umfangreichere Flotte ausgeschickt hätte. «

Er ließ kurz seine Worte wirken und fuhr dann in seiner Schilderung fort.

»Der Notruf von drei Groß-Raumschiffen zierrakischer Bauart, gab mir zu denken«, erklärte er. »Was war mit diesem Mond, der laut unseren Späh-Schiffen lediglich starke Energie-Signaturen aufwies? «

Er blickte den neben ihm stehenden Flottenführer an. »Commander Trangohas erhielt den Einsatzbefehl. Ich kann ihm keinen Vorwurf machen. Er musste lediglich seinen Befehl ausführen. Seine Flotte von insgesamt 200 Schiffen, startete wenige Minuten nach dem autorisierten Einsatzbefehl. Ich gebe jetzt das Wort an den Commander weiter. «

Admiral Dragphan blickte den Flotten-Commander an.

»Berichten sie bitte von den Ereignissen, Commander«, sagte er. »Verschweigen sie nichts, der Prinz hört ihnen zu. «

Verhalten blickte Commander Trangohas den Zierr-Rat an. Dieses legislative Organ wurde auch Konzil genannt.

»Hoher-Rat«, sagte er und verbeugte sich. »Sie sehen in mir einen treuen Diener, der sich an die Gesetze und die Verordnungen ihres Rates hält. Nachdem ich den Einsatzbefehl erhalten habe, bin ich mit meiner Flotte zu den angegebenen Koordinaten aufgebrochen. Mir wurde mitgeteilt, dass eine Einsatzgruppe von drei Schiffen unter Commander Sirgphan in Bedrängnis geraten war. Immer wieder wurde eine Station erwähnt, die unter einer Robot-Steuerung zum Leben erwacht sei. Wir flogen mit maximaler Hochgeschwindigkeit den Koordinaten entgegen.

Sofort nach dem Wechsel in den Normalraum schlugen unsere Ortungstaster aus. Vor uns lag eine fremde Flotte von 1.000 Kampf-Schiffen einer 2.000 Meter-Klasse. Zu unserem Leidwesen mussten wir feststellen, dass wir zu spät gekommen waren. Zahlreiche Trümmerstücke und Metallsplitter drifteten durchs All. Unsere Ortungen registrierten eindeutig die Reste von zierrakischen Groß-Raumschiffen an. Die fremden Schiffe mussten kurz vorher die drei Einsatz-Schiffe, unter der Leitung von Commander Sirgphan, vernichtet haben. «

Der Commander machte ein bestürztes Gesicht. Dann fuhr er fort.

»Ich habe die fremden Schiffe angefunkt und Rechenschaft über den Angriff auf unsere Schiffe gefordert«, erklärte der Commander. »Die Befehlshaber der fremden Schiffe haben mich verhöhnt und verlangt, dass ich mich zurückziehen sollte. Sie teilten mir mit, dass sie sich nur verteidigt hätten, weil unsere drei Schiffe ihre Boden-Station angegriffen haben. Die Befehlshaber der fremden Schiffe weigerten sich, unsere Hoheitsrechte anzuerkennen.

Aufgrund der von dem Zierr-Rat vermittelten Unüberwindbarkeit der zierrakischen Schiffe, befahl ich den sofortigen Angriff auf die fremden Schiffe. Die sich hieraus ergebene Schlacht war für unsere Schiffe äußerst verlustreich. Nach kurzer Zeit verzeichneten wir 75 Schiffe als Totalverlust und 39 Einheiten als nicht mehr einsatzfähig. Wir hätten uns bis zum letzten Schiff geopfert, doch ich sah eine dringendere Notwendigkeit darin, den hohen Rat über die Vorkommnisse zu informieren. Wir haben es mit einem Gegner zu tun, der unseren Schiffen und unserer Kampfkraft massiv überlegen ist. «

Der Prinz schaute den Commander seltsam an.
»Sie wollen mir erklären, dass eine fremde Rasse in der Lage war, 75 Schiffe unserer Groß-Raumschiffe innerhalb kürzester Zeit zu vernichten? «

»Ja das will ich«, antwortete der Commander. »Als Beweismaterial liegt der Flotten-Zentrale die Aufnahmen unserer Sensoren vor. Sie können sie jederzeit einsehen. «

Der Prinz wollte etwas sagen, schluckte es aber herunter.
»Ist ein Name gefallen? «, fragte er. » Um welche Rasse handelte es sich? «

»Der Hyperkomm-Funkspruch wurde von einem ablondischen Stützpunkt-Kommandanten geführt«, ergänzte Commander Sirgphan. » Ich wiederhole den Original-Text. «

Der Commander blickte kurz dem Prinz in die Augen.
»Teilen sie ihren Meistern mit, dass wir auf sie aufmerksam geworden sind. Wir fordern die sofortige Freilassung aller Rassen und Species, die sie in ihrer Ausdehnungs-Zone gefangen halten. Speziell die mit uns

befreundete Rasse der Macoronarus, möchten wir unverzüglich in der Freiheit sehen. Kehren sie um und fliegen sie zurück. Wir werden uns wieder bei ihnen melden. «

»Das ist eine Beleidigung unseres Kaisers«, antwortete Prinz Sirthrith. »Das wird für sie ein Nachspiel haben. So etwas kann das zierrakisches Kaiserreich nicht ungeahnt lassen. «

Langsam beruhigte sich der Prinz wieder.
»Was wissen wir über die Ablonder? «, fragte er.

Ein Ratsmitglied des Konzils beugte sich nach vorne und aktivierte ein Hologramm.

Eine Gestalt, in einen dunklen Schutzanzug gehüllt, wurde sichtbar.

»Zierrus, welche Informationen liegen über die Ablonder vor? «, fragte er.

»Ablonder, humanoide Rasse, geistig hochstehend und technisch versiert«, teilte die holgrafische Gestalt mit. »Vor 250.000 Jahren fand der Endsieg gegen diese Rasse statt. Ihnen wird die Züchtung der Worgass-Keimlinge zugesprochen. Es bestehen Informationen, dass sie in den späteren Jahren die Ausbreitung der Worgass-Keimlinge eindämmen wollten. Sie verseuchten viele Worgass-Brutgewässer, jedoch ohne den vollständigen Erfolg. Einige andere Rassen hatten sich bereits der Worgass bemächtig und ihre DNA manipuliert. Dank den bereitwilligen Informationen der Worgass, die unter den Ablondern gedient hatten, gelang es uns den Humanoiden eine Falle zu stellen. Ihre Haupt-Flotte wurde in einen Hinterhalt gelockt und vernichtet. Fast sah es so aus, als ob die Ablonder die Schlacht für sich entscheiden konnten. Doch durch einen von uns programmierten Hyperkomm-Funkimpuls, den unsere Schiffe entsandten, wandten sich alle Worgass-Gehilfen auf den Ablonder-Kriegs-Schiffen gegen ihre Herren.

Die völlig überraschten Humanoiden wurden getötet und aus der Schleuse geworfen. Nachdem ihre Haupt-Streitmacht besiegt war, konnten die einzelnen Flotten-Verbände problemlos vernichtet werden. Jede Welt, jede Kolonie, selbst ihre waffenstarrende Flotten-Kommandantur, wurde von unseren Schiffen restlos vernichtet. Es wurde von dem Kaiser angeordnet, dass kein Exemplar dieser Rasse auf einem Reservat-Planeten für die Nachwelt erhalten werden sollten. Diese Ablonder, die fast den Untergang der zierrakischen Welt verursacht hätte, sollte für alle Zeit aus dem All getilgt werden. «

»Danke«, sagte der Prinz.

Das Hologramm erlosch.

»Es scheint so, dass es sich hier um eine sehr widerspenstige Rasse handelt, die uns schon damals große Probleme bereitet hat«, lächelte er. »Ich werde mich bei dem Kaiser dafür einsetzen, dass er sich er Angelegenheit wohlwollend annimmt. «

»Was heißt wohlwollend annehmen? «, fragte Admiral Dragphan. » Es scheint mir, dass er sich der Tragweite der Ereignisse nicht bewusst ist. Die schlimmsten Feinde unseres Machtgefüges sind zurückgekommen. Ich bin mir sicher, dass sie einen Angriff planen, um die von uns eingepferchten Lebensformen und Rassen zu befreien. Leider bin ich schon zu lange im Amt, um die grauen Wolken am Himmel falsch zu interpretieren. Sagen sie dem Groß-Kaiser, dass er alle verfügbaren Flotten-Verbände zu uns entsenden soll. Nur so können wir die sich gegen uns formierende Feind-Front eliminieren. «

Prinz Sirthrith lachte hämisch auf.

»Ich sehe keine schwarzen Wolken am Himmel«, entgegnete er.

Er blickte seine Kollegen an. Diese nickten ihm zu.

»Vielmehr vermuten wir, dass sie ihre eigene Unfähigkeit überspielen möchten, mit möglichen Angriffs-Szenarien, die noch nicht einmal beweisbar sind«, ergänzte er. »Wenn sie widererwartend Recht haben sollten, dann sind wir allen humanoiden Bemühungen überlegen. Die Zahl unserer Raumschiffe, ihre Größe und ihre Schlagkraft, kann von keiner Rasse übertroffen werden. Noch nie wurden die Kriegsschiffe unserer Kampfflotten geschlagen. «

Admiral Dragphan schaute ihn verächtlich an.
»Ich spreche ihre sprichwörtliche Naivität ihrem jungen Alter zu«, sagte er. »Haben sie jemals eine Flotte in die Schlacht geführt? «

Der Prinz schaute ihn lachend an.
»Das war nicht nötig, Admiral«, entgegnete er. »Ich war der Beste meines Jahrgangs auf der Akademie. Sie können mir glauben, dass wir dort alle möglichen Einsätze simuliert haben. Ihr Argument habe ich zur Kenntnis genommen. Aber mir sind auch die Informationen von den gegenwärtigen Problemen des Groß-Kaisers bekannt. Der Wunsch aller Admiräle ist immer der gleiche. Das Imperium kann es sich derzeit nicht leisten, Träger, Schiffe und Einheiten, aus anderen Frontgebieten abzuziehen, um sie ihnen aufgrund einer vermuteten Bedrohung zu unterstellen. «

»Was wissen sie, worüber wir nicht informiert sind? «, fragte der Admiral. » Bitte informieren sie uns über die derzeitigen Aktivitäten des Groß-Kaisers. «

»Das kann ich nicht«, erwiderte der Prinz. »Sämtliche Befehle des Groß-Kaiser unterliegen der Geheimhaltung. Ich kann ihnen nur so viel mitteilen, dass sich unser Imperium nach allen Seiten ausdehnt. Unsere Anomalie ist nur eine von vielen Ausdehnungs-Gebieten unseres Imperiums. Halten sie es mit den ihnen gegebenen Möglichkeiten sauber, ansonsten werde ich sie absetzen lassen und Ersatz für sie suchen. «

»Hoher Prinz«, ergriff Commander Trangohas das Wort. »Ist ihnen vielleicht entgangen, mit welcher Leichtigkeit die Fremden unsere Groß-Kampf-Schiffe vernichten konnten? Sie sind uns um Längen überlegen. Die Ablonder haben wieder Raumschiffe und formieren sich zu einem neuen Schlag gegen uns. Allein die Vernichtung unserer Schiffe, ist bereits eine Demütigung. «

Die Betroffenheit der Mitglieder des Konzils war offensichtlich. Keiner von ihnen vermochte es dem Prinz einen Ratschlag zu geben.

»Was können 1.000 Schiffe von ihnen, gegen eine große Vergeltungs-Flotte von uns ausrichten?«, antwortete der Prinz. »Ich sehe die Intervention der Fremden eher als eine lästige Einmischung an. Ihnen wird nicht klar sein, mit wem sie sich angelegt haben. Senden sie Spür-Schiffe aus, die nach dem Verbleib der Ablonder suchen sollen. Wenn wir sie gefunden haben, machen wir kurzen Prozess mit ihnen. Ich glaube nicht, dass ihnen dann ihre Götter noch beistehen werden. Die wirkliche Gefahr für unsere Flotte, geht von einer nicht kompetenten Führung aus. Nach meiner Meinung, haben sie die falsche Befehle gegeben und die Situation nicht richtig eingeschätzt. Ihre Flotte wurde von den feindlichen Schiffen überrascht. Entsprechend dieser Einschätzung enthebe ich sie ihres Amtes und verbanne sie zu lebenslanger Strafarbeit, in die kaiserlichen Minen von Gonzarith. «

Commander Trangohas riss seine Augen auf und blickte Admiral Dragphan an. Dieser hatte seine Augen zu kleinen Schlitzen verengt.

»Das können sie nicht machten«, teilte er dem Prinz mit. »Commander Trangohas hat lediglich seinen Auftrag versucht zu erledigen. «

»Hüten sie ihre Worte, Admiral«, antwortete Prinz Sirthrith. »Sie können den Commander auch gerne begleiten. Ich habe sie nur verschont, weil ich weitere Informationen über die Fremden brauche. Ihnen ist doch bewusst, dass der Groß-Kaiser den Verlust von so vielen Groß-Raumschiffen begründet wissen möchte. Leider habe ich keine anderen Schuldigen als sie beide. «

Der Prinz blickte sich um.

»Wachen«, befahl er plötzlich. »Commander Trangohas ist abzuführen und dem Kerker-Meister zu übergeben. Er wird sich für seine Verfehlungen verantworten müssen. «

Schwer bewaffnete kaiserliche Elite-Soldaten drangen in den Saal ein und umstellten den Commander. Freiwillig übergab er ihnen seine Waffe. Ohne ein weiteres Wort, wurde er abgeführt.

Admiral Dragphan schaute ihm leidvoll hinterher. Er wusste, dass der Commander ein Opfer des Prinzen geworden war. Der Admiral wartete noch einen Augenblick, erst dann blickte er wieder zu dem Konzil auf. Er bemerkte, wie sich langsam Hass in ihm breit machte.

»Dieser arrogante Prinz achtet das Leben seiner Untergebenen nicht«, dachte er. »Für ihn ist das alles nur ein Szenarium seiner Akademie. «

Der Prinz blickte den Admiral mit eisernem Blick an.

»Wir Zierrakies haben ein Sprichwort«, teilte er mit. »Wenn eine taktische Idee fehlt, geht die Schlacht verloren. So habe ich die Lethargie von Commander Trangohas verstanden. Sie sind der von uns eingesetzter Oberbefehlshaber der Fernaufklärung. Bereiten sie einen Plan vor, der unsere Gegenoffensive zum Sieg führt. Wir werden diese Schlappe nicht auf uns sitzen lassen. Sobald unsere Spür-Schiffe erste Informationen liefern, werden wir in die Offensive gehen.

Der Krieg für die Ablonder ist bereits lange verloren. Auch dann, wenn einige von ihnen scheinbar überleben konnten. Unsere Vergeltungs-Flotte wird das neu gesprießte Unkraut verbrennen und es aus der Erde reißen. Darüber mache ich mir keine großen Gedanken. Ich werde den Groß-Kaiser kontaktieren und seine Meinung zu diesem Thema abfragen. Falls er jedoch ihrer Ansicht zustimmen sollte, wird er eine ausreichend große Anzahl von Groß-Raumschiffen zu uns entsenden.

Wir haben nach dem großen Krieg im Universum, außerhalb des zierrakischen Kaiserreiches und außerhalb unserer Anomalie eine große Anzahl von Späh-Stationen eingerichtet. Dort liegen uns treu ergebene Worgass in Stasis-Kammern. Diese Stationen dienen dem Zweck uns rechtzeitig Informationen zu übermitteln, falls sich fremde Lebensformen über den von uns kontrollierten

Wert der Intelligenzskala entwickeln. Ich werde alle Schläfer erwecken, um an neue Informationen zu gelangen und prüfen, ob jemand von den neuen Rassen in der Lage war, dieses Attentat auf uns durchzuführen. Ferner werde ich entsprechende Anfragen an die Grillgrimm, die Daraner und alle weiteren Völker senden, die sich der Worgass als Hilfsvolk bedienen. Auch sie werden sicherlich an einer Klärung der Verhältnisse für das normale Universum interessiert sein. Sie erhalten den Befehl, alle Feinde unseres Imperiums auszuspähen. «

Admiral Dragphan verzichtete auf weitere Worte. Er hatte erkannt, dass sich der Prinz sein eigenes Urteil bereits gebildet hatte. Weitere Meinungen ließ er nicht zu.

»So geschähe es«, antwortete der Admiral.

Er verbeugte sich.
»Gewürdigt sind die Meister«, entgegnete er.

»Die Meister sind gewürdigt«, antwortete das Konzil.

Der Admiral drehte sich um und verließ den Konferenzsaal. Noch im Gehen informierte er seinen Stab über die Wünsche des Prinzen. Er wusste, dass sein Plan gelingen musste.

In Sol-System boomte die Wirtschaft. Zahlreiche globale Industriegiganten, fertigten mittlerweile viele benötigte Produktionsgüter für die EWK. Sie alle hatten ein neues lukrative Geschäft für sich entdeckt. Es herrschte Frieden auf der Erde, in den Kolonien und auf den Planeten, die dem neuen Imperium beigetreten waren. Die galaktischen Händler, auch Morina genannt, gelang es immer intensiver den Warenverkehr zwischen den Planeten anzukurbeln. Selbst mit den Najekesio konnten nun endlich erste Geschäfte abgeschlossen werden. Immer wieder gingen neue Anfragen bei der EWK über Produkte ein, welche Tarid fertigen und liefern sollte. Aber auch Anfragen bezüglich neuer Waffentechnik, mussten von der EWK sorgsam geprüft und beantwortet werden. Immer mehr Spezial-Kräfte wurden ausgebildet und von Noel mit natradischem Wissen implantiert.

General Poison und Commodore von Häussen, saßen in dem Büro des Admirals auf Natrid zusammen und arbeiteten die neusten Berichte durch.

»Das ist interessant«, bemerkte General Poison.
Er zog eine Infofolie aus dem Berg der Unterlagen hervor, die vor ihm auf seinem Schreibtisch lagen.

Commodore von Häussen hob seinen Kopf und blickte ihn fragend an.

»Hier ist ein Communiqué von Professor Augenzell«, teilte er mit. »Er schreibt, dass er die Wurmloch-Aggregate der Lantraner seziert und zerlegt hat. Er glaubt die Technik und den Aufbau verstanden zu haben. Der Professor wird in Kürze mit dem ersten Nachbau eigener Aggregate beginnen. Diese möchte er nach der Fertigstellung, in den Praxistest überführen. «

»Hört sich vielversprechend an«, bemerkte Commodore von Häussen. »Schreibt er, wann das sein wird? «

General Poison schüttelte seinen Kopf.
»Eine genaue Angabe steht hier nicht«, erwiderte er. » Ich werde ihn hierauf ansprechen. Beordern sie den Professor in unsere Zentrale. Ich möchte einen persönlichen Bericht von ihm. «

Der Commodore nickte, stand auf und begab sich in das Vorzimmer.

Der Kommunikator des Generals summte.
Er griff danach. In gewohnter Manier sprach der laut in den Hörer.

»General Poison, wer spricht? «

»Hier ist die Raumüberwachung«, schallte es aus dem Hörer. »Sie sprechen mit dem diensthabenden Offizier. Darf ich ihnen mitteilen, dass Oberst Cameron mit seiner Flotte ins System eingeflogen ist. Er ist wohlbehalten von seinem Einsatz zurückgekehrt «

»Gut«, sagte der General. »Danke für die Informationen. Bitten sie den Oberst direkt zu mir, zwecks einer ausführlichen Berichterstattung. Ich erwarte ihn auf Natrid. «

»Ich gebe ihren Wunsch weitere«, bestätigte der Leutnant.

General Poison unterbrach das Gespräch. Sein Blick verfinsterte sich. Der General dachte nach.

Commodore von Häussen kehrte zurück und setzte sich auf seinen Stuhl.

»Der Professor ist informiert«, teilte er mit. »Er wird schnellsten zu uns kommen. «

General Poison blickte ihn an.
»Haben sie etwas von Captain Hunter gehört? «, fragte er den Commodore.

»Von ihrem speziellen Freund habe ich nichts gehört«, erwiderte Von Häussen.

»Unterlassen sie diesen spitzfindigen Unterton«, rügte ihn General Poison. »Ich kann nichts dafür, dass sie beide sich nicht mögen. «

Der Commodore antwortete nicht weiter auf die Frage. Sein Blick senkte sich und er vertiefte sich wieder in den Unterlagen.

General Poison wählte eine Nummer auf der Tastatur seines Kommunikators.

»Vorzimmer General Poison«, antwortete eine sympathische Frauenstimme.

»Hier ist Poison«, sagte der General. »Frau Eisenhut haben sie etwas von Captain Hunter gehört? Er muss doch eigentlich von seiner Mission schon zurück sein? «

»Ja«, antwortete Frau Eisenhut. »Darüber ist ihnen vor vier Tagen ein elektronisches Kommuniqué zugegangen. Der Captain hat sich zurückgemeldet und mir mitgeteilt, dass sie im Urlaub zugesagt hätten. Er befindet sich auf der Werft- Station 5. Hunter hat offiziell Urlaub eingereicht. «

»Das ist eine Lüge«, schimpfte der General. » Das habe ich ihm niemals zugesagt. Warum macht er Urlaub auf der Werft- und Produktions-Station 5? Hat er keinen besseren Urlaubsort finden können? «

»Herr General«, antwortete Frau Eisenhut. » Sie wissen doch, dass er dem Commander der Station, Kimi Anderson, schöne Augen macht. «

»Was heißt hier schöne Augen macht«, stutzte der General.

»General Poison«, erwiderte Frau Eisenhut. »Manchmal glaube ich, sie sind von gestern. «
Anschließend unterbrach sie das Gespräch.

Irritiert blickte der General seinen Commodore an. »Wissen sie etwas davon, dass Captain Hunter hinter dem Commander der Werft-Station 5 hinterher schwänzelt? «

Commodore von Häusern lachte laut auf.
»Wissen sie es etwa nicht? «, fragte er. » Das ist in der ganzen Flotte bekannt. Die beiden scheinen ein nicht bestätigtes Techtelmechtel zu haben. Der für unnahbar gehaltene Commander der Werft-Station 5, ist scheinbar dem Charme von Captain Hunter verfallen. «

»Hoffentlich beeinträchtigt das nicht ihre objektive Werftführung«, murrte General Poison.

»Das eine scheint mit dem anderen nichts zu tun zu haben«, entgegnete Commodore von Häussen. » Sie haben leider in den Statuten der EWK versäumt eine Klausel aufzunehmen, in dem Beziehungen zwischen Bediensteten untersagt werden. «

Der General blickte seinen Commodore ein.

»Wir sind nicht mehr im Mittelalter«, antwortete er. »Ich denke fast, so etwas lässt sich in der heutigen Zeit nicht mehr verbieten. «

»Da bin ich mir nicht so sicher«, antwortete der Commodore. »Wenn es nach mir ginge, hätte ich dem Treiben schon längst Einhalt gesetzt. «

Generell Poison winkte ab.

Er griff wieder nach dem Hörer seiner Kommunikations-Einheit und wählte die gleiche Nummer wie vorher.

»Vorzimmer General Poison«, tönte es aus der Leitung.

» Was kann ich für sie tun?«

»Bitte beordern sie Captain Hunter sofort zu mir, zwecks einer Berichterstattung«, befahl der General. »Es ist dringend. Er soll alles liegen und stehen lassen und sich über eine Transmitter-Verbindung zu uns auf den Weg machen. Teilen sie ihm das bitte schnellstens mit. «

»Ich werde ihren Wunsch übermitteln«, antwortete Frau Eisenhut gelassen.

Sie kannte den General zur Genüge.

Der General aktivierte den großen Panorama-Bildschirm an seiner Wand und stellte ihn auf Außen Aufnahmen ein. Er verfolgte, wie die Flotte von Oberst Cameron sich im Anflug auf Natrid befand. Der Schiffsverband verzögerte, teilte sich auf und die Schiffe flogen ihren Stützpunkten entgegen. Der Großteil der Flotte ging in den Landeanflug über, um auf dem großen Raum-Flughafen des ISD niederzugehen. Der General beobachtete den Landeanflug der Prinz-Schiffe mit wachsender Begeisterung.

»Mit dem Oberst Cameron haben wir einen guten Fang gemacht«, sagte er dem Commodore. »Er hat seine Schiffe im Griff.«

»Das sind alles neue und gute Schiffe«, antwortete Commodore von Häusern. »Die Prinz-Reihe ist mit der neuesten Technik ausgestattet und sehr leicht zu manövrieren. Es hätte mich schon gewundert, wenn der Oberst das nicht schaffen würde. «

General Poison sah, wie die Schiffe nach und nach auf dem Raum-Flughafen aufsetzten.

»Ich bin gespannt, was der Oberst uns berichten wird«, ergänzte er. »Hoffen wir einmal, dass wir nicht einen Kampf-Einsatz gegen die Piraten fliegen müssen. «

»Die Hoffnung stirbt zuletzt«, antwortete der Commodore. »Die dreisten Piraten haben sich bisher nicht als kooperativ erwiesen. «

»Die Zeit ihrer Beutezüge ist vorbei«, erwiderte General Poison. »Wir können solche Überfälle in unserem Imperium nicht mehr dulden. Das sind wir unseren Mitgliedern schuldig. «

»Das ist mir bewusst«, erwiderte Commodore von Häusern. »Doch bei allen Begegnungen mit den Piraten, die wir bisher durchgeführten, haben sie sich nicht auf unsere Vorschläge eingelassen. Es wäre schon fast ein Wunder, wenn der Oberst mehr Erfolg gehabt hätte. «

»Das wird uns der Oberst Cameron bestimmt gleich mitteilen«, entgegnete der General. » Er ist auf dem Weg zu uns. «

»Eingehender Hyper-Funkspruch«, meldete Leutnant Sparrer.

Er war der Funkoffizier der Werft- und Produktions-Station 5.

»Es ist das Vorzimmer von General Poison«, teilte er mit. »Möchten sie es annehmen, Commander? «

Kimi Andersen blickte ihn an.
»Was ist das für eine Frage? «, antwortete sie. » Selbstverständlich nehme ich das Gespräch an. Stellen sie bitte durch. «
Commander Anderson setzte sich ihr Head-Set auf.
»Anderson, wer spricht? «

»Das Vorzimmer von General Poison«, kam die Antwort zurück. »Mein Name ist Frau Eisenhut. Wir verfügen über Information, dass sich Captain Hunter bei ihnen auf der Station aufhält? «

»Er ist hier«, antwortete der Commander. »Captain Hunter möchte sich einige Maschinen anschauen. «

»Dessen sind wir uns sicher«, antwortete Frau Eisenhut. »Captain Hunter möchte sich sofort bei General Poison einfinden und ihm Bericht erstatten. Das ist ein außerordentlicher Befehl der zentralen Leitstelle und duldet keinen Aufschub. «

»Captain Hunter hat Urlaub«, antwortete Commander Anderson.

»Die System-Sicherheit geht vor Urlaub«, erwiderte Frau Eisenhut. » Übermitteln sie den Befehl, oder muss ich ihn durch Marines holen lassen? «

Kimi Anderson schluckte kurz. Sie antwortete gewohnt sicher.

»Ich gebe ihren Wunsch sofort weiter«, bestätigte sie den Befehl. »Der Captain wird sich innerhalb kürzester Zeit bei ihnen melden. «

»Das hoffe ich«, antwortete Frau Eisenhut. »Er soll eine Transmitter-Verbindung nehmen, nicht mit seinem Raumschiff fliegen. Wenn sie ihm das bitte ausrichten möchten. «

»Ich werde ihn sofort suchen lassen und ihn über ihren Wunsch informieren«, antwortete Commander Anderson.
Das Gespräch brach ab.

Kimi Anderson legte den Hörer auf und blickte zur Seite. »Der General sucht dich dringend«, sagte sie.

Das Grinsen auf dem Gesicht von Captain Hunter wurde breiter.

»Nirgends hat man seine Ruhe«, erwiderte er. »Ich wünsche mir gelegentlich meinen alten Job in Husum zurück. «

»Aber dann hätten wir uns nicht getroffen«, antwortete Kimi.

»Da hast du Recht«, lächelte John. »Ich hätte das Beste in meinem Leben versäumt. «

»Könnt ihr endlich mit dem Liebesgesäusel aufhören«, fragte Sergeant Mahlström. Das ist ekelig. «

Er war der Technik-Offizier der Werft-Station 5.

»Ich verschwinde«, sagte Captain Hunter. »Kannst du mir eine Transmitter-Verbindung nach Tattarr aufbauen lassen? «

»Ich veranlasse alles Notwendige«, antwortete Commander Anderson. » Begib dich in die Transmitter-

Zentrale. Wenn du dort angekommen bist, dann steht die Verbindung bereits. «

»Danke«, antwortete Captain Hunter.
Er drückte ihr einen festen Kuss auf die Backe, drehte sich um und verließ die Brücke in Richtung des Schotts.

Es klopfte an der Bürotür von General Poison.

»Herein«, knurrte der General.

Frau Eisenhut trat ein und brachte Noel mit. Ehe sie etwas sagen konnte, sprach der General ihn bereits an.
»Da sind sie ja endlich, kommen sie zu uns. «

»Was gibt es so Dringendes? «, fragte der Kunst-Klon der natradischen Groß-Hypertronic-KI. » Ich habe genug Arbeit zu erledigen. «

»Was haben sie so Wichtiges zu tun? «, erwiderte General Poison. » Alle Arbeit liegt doch auf unseren Schultern. «

Noel blickte in durchdringend an.
»General, langsam geht mir ihre Art auf meine künstlichen Nervenbahnen«, erwiderte er.

Commodore von Häussen hob seinen Kopf und bemerkte, wie General Poison seine rechte Wimper hochzog.

»Ich dachte bisher immer, sie empfinden keine Emotionen? «, erwiderte der General. » Ich werde mein Urteil wohl revidieren müssen. «

Noel hatte sich wieder gefasst und verzog keine Miene. Er setzte sich auf einen feinen Stuhl.

»Ich habe Teile des alten kaiserlichen Geheim-Archives entschlüsseln können«, teilte er mit. »Es wurden von mir drei weitere geheime Basen gefunden. So wie's aussieht, sind es reine Flotten-Basen gewesen. Ich bin mir nicht sicher, ob Admiral Tarin hiervon wusste. Der Kaiser hielt diese Information immer für sich. Da er vor der Rückkehr von Admiral Tarin gefallen war, kann es durchaus sein, dass der Admiral hierauf keinen Zugriff mehr hatte. «

Der General spitzte seine Ohren.
»Sie vermuten, dass dort neuartige Schiffe stationiert sind? «, fragte er.

»Das wäre logisch«, antwortete Noel. »Wofür sollten sonst geheime Flotten-Basen existieren? «

»Wie viele Schiffe werden das wohl sein? «, fragte der General.

»So weit bin ich noch nicht«, antwortete Noel. »Ich habe lediglich die Koordinaten der genannten Planeten ermitteln können. Es ist möglich, dass die Anzahl der Schiffe nicht in dem Archiv vermerkt ist. Wenn Major Travis von seiner Mission zurückgekehrt ist, sollten wir unbedingt diese Planeten prüfen. «

»Wir wissen nicht, wann der Major zurückkommt«, antwortete General Poison. »Können wir keinen anderen Offizier dort hinschicken? «

Noel schüttelte seinen Kopf.
»Nur Major Travis ist ein Erhobener im Gefüge der Kaiser-Kaste mit Rang eins. Er wurde bestätigt und eingesetzt, im Rahmen der Nachfolgeprogrammierung von Admiral Tarin. Derzeit wurde noch keine andere Person gefunden, bei der das alte Natridgen so ausgeprägt ist, wie bei unserem Major. «

»Was machen sie denn, wenn ihnen der Major einmal ausfällt? «, fragte General Poison.

»Dann verfällt ihr Zugriff auf die natradischen Hinterlassenschaften«, antwortete Noel emotionslos.

Mit einem Schlag wurde der General ernst. Es war, als ob ihm jemand einen Messerstich versetzt hätte.

»Das sagen sie mir es jetzt«, knurrte er Noel an. »Aus dieser Perspektive gesehen, dürfte der Major gar nicht mehr zu einer Mission aufbrechen. Hierbei steht zu viel auf dem Spiel. «

»Ich habe sie bereits öfter hierauf angesprochen«, erwiderte Noel. »Suchen sie unter den Menschen weitere Personen, mit einem aktiven Natridgen. Nur so können wir der Gefahr entgehen, die natradischen Hinterlassenschaften aus den Händen zu verlieren. Wir brauchen einen Stellvertreter für Major Travis. «

»Wie soll ich entsprechende Person finden? «, fragte General Poison. » Verfügen sie über entsprechende Personen-Scanner? Kann ich diese einsetzen lassen?

»Ich kann mobile Scanner anfertigen lassen«, antwortete Noel. » Dies war zwar bisher noch nicht notwendig, weil die alten Natrader alle das Gen in sich trugen, doch in diesem speziellen Fall scheint mir das hilfreich zu sein. «

»Bauen sie mir die Scanner«, erwiderte General Poison. »Dann werde ich ihnen mehrere Personen präsentieren, die das Gen in sich tragen. Major Travis wird sicherlich nicht der einzige auf unserem Planeten gewesen sein. «

Noel hob seine Hand, um der Mitteilung von General Poison Einhalt zu bieten.

»Ich erhalte gerade eine Info von der großen Hypertronic-KI, meiner Mutter«, teilte er mit.

General Poison nickte und setzte eine interessierte Miene auf. Geduldig wartete er ab, bis Noel die Informationen der natradischen Groß-Hypertronic verarbeitet hatte.

»Was gibt es? «, fragte der General.

Noel blickte ihn beunruhigt an.
»Die Atlantis-Hypertronic und die Natrid-Hypertronic haben fast gleichzeitig das Abstrahlen einer Hyperkomm-Funknachricht aus der unteren Atmosphäre von Tarid registriert. «

»Einer Hyperfunk-Nachricht aus der Atmosphäre? «, fragte General Poison. » Was ist so besonderes hieran? «

Noel nickte.
»Es ist etwas komplizierter, als es sich anhört«, antwortete Noel. »Der Hyperkomm-Funkspruch konnte

von uns nicht dekodiert werden. Es scheint sich um ein Datenpaket zu handeln, das kurz nach dem Abstrahlen in den Hyperraum, den Zwischenraum durchbrochen hat. Wir konnten zwei geringe Verzerrungen der Räume aufzeichnen. Das alles fand noch innerhalb der Atmosphäre von Tarid statt. «

»Innerhalb der Atmosphäre der Erde? «, wiederholte der General. »Wie ist das möglich? Verhindern die Luftschichten nicht ein solches Vorgehen? «

Noel blickte den General emotionslos an.
»Es gibt noch viel Unbekanntes im Universum, das wir nicht kennen«, antwortete er. »Ausgesuchte natradische Wissenschaftler hatten herausgefunden, dass es überall im Universum Energieadern gibt. Sie durchziehen das ganze Universum, nicht sichtbar für unsere Instrumente, aber sie sind da. Die wissenschaftliche Kaste des ehemaligen natradischen Kaiser-Imperiums vermutete, dass diese Adern durch Energie aus dem Zwischenraum gespeist werden. Man muss sich das wie ein Geflecht von Wurzeln eines alten Baumes vorstellen.

Jedenfalls konnten unsere Wissenschaftler diese Energie-Adern nachweisen. Sie vermuteten, dass diese Adern für Reisen mit Raumschiffen, für Datentransporte, oder für Funksprüche nutzbar gemacht werden können. Leider sind ihre Forschungen zu keinem kurzfristigen Ergebnis gekommen. Während des Krieges wurden die Forschungen eingestellt und den Wissenschaftlern neue, überwiegend militärische Projekte zugeteilt. Wie sie ja wissen, konnte später die Forschung zu diesem Thema nicht mehr aufgenommen werden. «

»Konnte der Ursprung der Mitteilung gefunden werden? «, fragte General Poison.

»Es scheint sich um ein mobiles Gefährt zu handeln, das die Sendung abgestrahlt hat«, erwiderte Noel. »In der Zeit der Abstrahlung bewegte sich das Objekt 150 Meter vorwärts. Es ist nicht sehr groß, daher konnte es von uns nicht geortet werden. Vermutlich fliegt es auch sehr tief, um bewusst unseren Ortungen zu entgehen. Es ist davon auszugehen, dass dieses Datenpaket nicht irdischen Ursprungs entstammt. «

General Poison dachte kurz nach.
» Wollen damit sagen, dass wir fremde Eindringlinge auf der Erde haben? «

» Es sieht ganz danach aus«, bemerkte Noel. »Fühlen sie sich als infiltriert. «

» Warum haben ihre sensiblen und technisch weit ausgereiften Frühwarn-Anlagen nichts bemerkt? «, fragte der General. » Sie lassen doch sonst nichts über ihre hochstehende Technik kommen. «

Noel blickte den General mitleidig an.
» Sie müssen das nicht immer erwähnen, Herr General«, antwortete der Kunst-Klon. » Es ist nun mal so, dass die natradische Technik der irdischen weit überlegen ist. Um auf ihre Frage einzugehen, unsere sensiblen Frühwarn-Anlagen haben nichts aufgezeichnet. «

»Das heißt also, ein Raumschiff hat sich an ihren Sensoren vorbei geschlichen? «, resümierte der General. »Was nützt mir eine solche Technik, auf die kein Verlass ist? «

»Beruhigen sie sich wieder«, antwortete der Klon.
Er kannte den General bereits eine ganze Weile. Seine Wutausbrüche beeindruckten Noel nicht mehr.

»Wer sagt ihnen denn, dass es nicht noch andere Rassen gibt, bei denen die Tarn-Technik fortgeschrittener ist, als bei uns. Selbst die Lantraner werden diese Technik perfektioniert haben. Sie besitzen eine wesentlich weiter entwickelte Technik, als wir sie je hatten. «

»Das ist mir bewusst«, grollte General Poison. » Aber wie viele fortschrittlichere Rassen gibt es in unserem näheren Umkreis? «

»Die zweite Möglichkeit wäre, die Fremden waren immer schon auf Tarid«, sagte Noel.

»Sie vermuten eine Schläfer-Station? «, fragte der General.

»Sie vermuten richtig«, antwortete Noel. »Sie haben es an der Station der Ablonder gesehen, dass die Erde für viele fremde Rassen sehr interessant war. Vermutlich auch wegen der Nähe zu Natrid. Wer sagt uns, dass sie nicht jetzt erst aktiviert wurde. «

»Sie sprechen von mehreren fremden Personen? «, fragte der General.

»Macht es einen Sinn, nur eine Person in dieser Station zu stationieren? «, fragte Noel. » Falls diese Person ums Leben kommen sollte, dann ist der Spähposten unbrauchbar. Ich vermute, es handelt sich um eine Brut-Station. «

»Wir haben keinerlei Hinweise auf eine solche Basis«, entgegnete der General. »Die geringste Energie-Abstrahlung wäre von uns aufgezeichnet worden. «

»Notstrom und eine perfekte Abschirmung der Station«, antwortete Noel. »Eventuell noch tief in der Erde angelegt, oder unter dem Wasser. Dann wäre eine gezielte Ortung schwierig. Sie haben es doch anhand unserer Atlantis-Basis gesehen. «

General Poison dachte nach.
»Konnten sie den Ausgangsort der Abstrahlung registrieren können? «, erkundigte er sich.

Der mobile Arm der natradischen Groß-Hypertronic nickte.

»Die Aufzeichnung fand oberhalb der Carney-Inseln statt und setzte sich fort in Richtung der Arktis«, erklärte Noel. »Was für besondere Stationen betreibt die EWK auf der Arktis? «

»Keine, die ihnen nicht bekannt sein dürfte«, antwortete der General. »Zahlreiche Stationen befassen sich mit Waffentechnik, andere mit der Weiterentwicklung von natradischen Generatoren und Energie-Erzeugern. Neu ist eine Station dazugekommen, die sich mit den

Wurmloch-Antrieben von Heran beschäftigt. Sie wird von Professor Augenzell geleitet. Wir haben die hochsensiblen Forschungs-Einrichtungen ausgelagert, falls es einmal zu einem Unglück kommen sollte, dass keine bewohnten Gebiete in Mitleidenschaft gezogen werden. «

»Wie wurden die Anlagen abgesichert? «, fragte Noel nach.
Der General blickte seinen Gesprächspartner an.

»Die üblichen Kampf-Jets patrouillieren in der Luft«, erklärt er »Es ist eine Flugverbots-Zone eingerichtet worden. In jeder Anlage befindet sich eine Einheit Marines. Zusätzlich besitzen alle Anlagen die bekannten Sicherheits-Schleusen und Abwehr-Geschütze. «

»Seit wann ist die Forschungs-Anlage für die Wurmloch-Antriebe aktiv? «, fragte Noel ergänzend.

»Das Forschungs-Zentrum haben wir erst kürzlich errichtet und eingeweiht«, gestand General Poison ein. »Es ist seit 3 Wochen aktiv. Worauf zielt ihre Frage hin? «

»Ganz einfach«, antwortete Noel. »Falls es sich wirklich um Schläfer handelt, dann muss etwas ihr Interesse geweckt haben, dass sie gerade jetzt aktiv werden. «

Der General wurde unruhig.

»Ich sende eine Staffel von 12 Aufklärern in das Gebiet«, sagte er. »Sie werden nach einen unbekannten Flugobjekt Ausschau halten. Dann sehen wir weiter. «

***

Die kleine Biosphären-Kapsel flog mit immenser Geschwindigkeit. Sie war nicht viel größer als eine Rettungs-Kapsel der großen Raumschiffe der Meister. Ganze 2,50 Meter lang und 1,80 Breit, erfüllte sie ihren Zweck. Vollgestopft mit Technik, war sie eine Meisterleistung der zierrakischen Entwicklungs-Kunst. Sie war für interplanetare Spionage-Einsätze konstruiert. Die Kapsel konnte sich im klassischen Sinne nicht tarnen, jedoch war sie mit zahlreichen Sensoren bestückt, die alle bodengebunden Gegebenheiten erfassten. Dank der speziellen Beschichtung der Kapsel, konnte sie sich den farblichen Unterschieden eines planetaren Bodens exakt anpassen. Diese Möglichkeit war jedoch nur bei einem Flug, bis zu der maximalen Höhe von 25 Metern über dem Boden, gegeben. Entsprechend flog sie tief in der Atmosphäre, um einer Ortung zu entgehen.

Kragphan war ein Schläfer der kaiserlichen Zierrakies-Dynastie. Seine kleine Basis, musste wie viele andere

Kontroll-Points auf wichtigen Planeten des Universums, unbedingt unentdeckt bleiben. Er wusste nicht, wie lange sie bereits existierte. Sie war selbsterhaltend. Er war ein genoptimierter Worgass-Keimling der Zierrakies-Dynastie. Für ihn galten die Gesetzmäßigkeiten der restlichen Worgass-Stämme nicht. Selbst die von vielen so gefürchteten Grillgrimm konnten ihm nichts befehlen. Er hatte einiges über sie erfahren, mit welcher Brutalität sie die Worgass Stämme des Universums befehligten. Er verachtete sie und war froh, direkt dem kaiserlichen Zierr-Rat der Zierrakies unterstellt zu sein. Seine letzte Wachphase war vor 50.000 Jahres gewesen.

Er hatte alle Veränderungen auf diesem Planeten der kaiserlichen Aufklärung gemeldet. Doch es gab nicht viel zu berichten. Lediglich einige primitive, humanoide Völkerstämme, die bislang ohne einen großen Verstand vegetierten, konnte er auf diesem Planeten ausmachen. Entsprechend seinen Berichten, sahen die kaiserlichen Zerstörer-Einheiten keinen Grund einzugreifen. Die große Vernichtungs-Welle der Rigo-Sauroiden hatte ganze Arbeit geleistet. Doch das war jetzt bereits eine lange Zeit her. Er wusste nicht, ob die Rigo-Sauroiden seinerzeit von den Meistern geschickt wurden. Damals gab es auf dem Nachbar-Planeten noch eine mächtige Rasse, die sich sehr wehrhaft zeigte. Doch letztendlich hatte es ihnen nichts genützt. Auch sie waren in dem Feuerhagel der unerbittlichen Laser-Strahlen untergegangen. Niemand durfte den Zierrakies Widerstand leisten.

Er reckte sich. Sein neuer Körper tat ihm gut. Nach jeder Erweckung konnte er seine Gestalt in einen passenden Körper verwandeln. Falls ein Körper zu alt wurde, konnte er sich problemlos in einen jüngeren formwandeln. Vor langer Zeit war er einmal auf einen Atlanter gestoßen und hatte ihn berührt. Seitdem bevorzugte er diese Körperform. Sein eigenes Gedächtnis wurde von der KI seiner Basis archiviert und bei Bedarf in seinen Körper heruntergeladen. Das Verfahren funktionierte perfekt.

Kragphan fühlte sich wohl, als wäre nichts geschehen. Seine Hypertronic-KI hatte einen Befehl auf einer Energie-Ader des Zwischenraumes empfangen und analysiert. Sie hatte es für erforderlich gehalten, seinem Bewusstsein einen neuen Körper zu geben. Wieder war eine Zeit des Handelns gekommen. Er blickte auf seine Anzeigen.

»Der Planet hat sich verändert«, dachte er. »Zahlreiche Energie-Emissionen werden angezeigt. Auch ein reger Schiffs-Verkehr ist zu orten. Die Primitiven scheinen erwachsen geworden zu sein. «

Kragphan hatte in seiner Basis TV-Wellen und Radio-Berichte analysiert. Seine KI hatte die unterschiedlichen

Sprachen in das Atlantische übersetzt. Schnell erkannte er, dass die EWK das mächtigste Unternehmen auf dem Planeten zu sein schien. Von wichtigen Erfolgen und Weltraum-Missionen war die Rede. Von galaktischen Verträgen und Handels-Abkommen. Die Reportagen berichteten von neuen Raumschiffen und Entwicklungen. Von Tarnfeldern und neuen Super-Schutz-Schirmen. Die wichtigsten Erkenntnisse waren aber die Informationen, die auf neue Versuche an einem Wurmloch-Triebwerk hinwiesen.

»Diese Herstellung muss im Keim erstickt werden«, erkannte er.

Das war ein Hinweis seines Spürbefehls. Keiner fremden Rasse durfte die Entwicklung eines solchen Triebwerkes gelingen, welches möglicherweise die Türen zu dem zierrakischen Kaiserreich öffnete.

»Die Menschen fühlen sich unbeobachtet«, dachte Kragphan. » Ansonsten würden sie nicht die Koordinaten ihrer Forschungs-Anlagen so frei mitteilen. «

Er hatte den Berichten entnommen, dass die wichtige Forschungs-Anlage auf einem Kontinent angesiedelt war, der sich Arktis nannte. Er war auf dem Weg dorthin, um die Forschungserfolge zu Nichte zu machen. Vorsichtig flog er die Kapsel über das Wasser zu dem eisbedeckten Kontinent. Eine Meldung über seine Entdeckung sandte er per Hyperkomm-Funknachricht an die nächste erreichbare Energie-Ader. Sie würde selbstständig ihren Empfänger finden.

Kragphan blickte auf die Anzeigen.
»Nur noch 200 Kilometer«, dachte er. »Dort muss die Anlage installiert sein. Schauen wir uns einmal an, welche Sicherheits-Maßnahmen installiert wurden. «

Er lachte schelmisch auf.
»Ich werde nicht bis vor ihre Türe fliegen«, dachte er. »Mein kleines Fluggefährt lässt sich nicht orten. Die Außen-Farbe der Kapsel passt sich exakt dem Eis und dem Schnee an. «

Ein Signal ertönte.
»Das Ziel ist erreicht«, dachte Kragphan.
Er bremste ab und ließ die Flugkapsel in den Schnee fallen. Die Kufen des Gefährts gruben sich tief in den Schnee ein. Der Aufschlag wurde in dem Fluggerät nicht registriert. Automatische Absorber sorgten für einen sanften Landevorgang.

»Waffen nützen mir nichts«, dachte er. »Ich werde meine Form verändern und dieser Umgebung anpassen. So wie ich es von den alten Wächtern gelernt habe. «

Kragphan öffnete die Türe des Gefährts und kletterte hinaus. Eisige Kälte erfasste ihn und ließ ihn erschauern. Er schaute nach allen Seiten, bis er sich sicher war, dass kein ungewollter Zuschauer ihn beobachtete. Dann durchlief ein Zittern seinen Körper. Die Form des kräftigen Atlanter veränderte sich in einen prächtigen Eisbären. Noch auf den Hinterbeinen stehend, sprang er vorwärts. Zahlreiche kräftige Muskeln zeichneten sich unter dem Fell ab und zogen ihn durch das Eis. Sprung um Sprung näherte er sich seinem Ziel. Mit einer Geschwindigkeit von über 40 Kilometern, jagte er auf sein Ziel zu. Weit vor ihm am Horizont, tauchten erste Antennen und Satelliten-Anlagen auf.

»Bald ist es geschafft«, dachte er. »Dort vorne liegt die Anlage. «

Er verlangsamte seine Gangart und trottete dem nächsten Schneehang entgegen. Endlich war die Spitze des Eisberges erreicht. Kragphan blieb stehen und blickte in die Senke.

Einen Moment lang stand er still und ließ den Eindruck auf ihn wirken. Riesige Hallen und Gebäude wurden sichtbar, ein Tower und ein großer Landeplatz ergänzten die Anlage. Abwehrpanzer, Schneeraupen und fünf Kampf-Jets standen einsatzbereit auf der Fläche. Die ganze Anlage war durch einen Sicherheitszaun gesichert. Einige Soldaten der EWK, mit Hunden ausgerüstet, bewachten das Gelände.

Kragphan beobachte, wie Personen zu einem Kamp-Jet schritten und einstiegen. Sechs Lade-Roboter verluden zwei schwere Treibwerke in einen Fracht-Gleiter. Das gelang nach wenigen Versuchen. Die Ladeklappe schloss sich. Wenige Sekunden später sprangen die Triebwerke der Fluggeräte an. Sanft schwebten der Gleiter und der Jet in die Höhe.

»Anti-Gravitations-Absorber«, dachte der Worgass. »Die Menschen haben gewaltig aufgeholt. «

Er schaute in die Luft und sah, wie die regulären Triebwerke gezündet wurden und wie sich die Flug-Maschine sekundenschnell aus seinem Blickfeld entfernten.

»Das wird an meinem Plan nichts ändern«, dachte er. » Es kann nur eine Überrasse im Universum geben. Das sind nun einmal meine Meister. «

Langsam schritt der Eisbär den Schneeberg hinunter. Der Kopf schaute immer wieder in andere Richtungen.

»Professor Augenzell ist gestartet«, teilte Leutnant Crowfort mit.

Er überwachte die Flugverbots-Zone der Anlage.
»Alles ruhig«, ergänzte er. »Es sind keine Flug-Maschinen in der Luft, oder in der Nähe zu orten. «

Sein Kollege lehnte sich in seinem Stuhl zurück und beobachte zahlreiche Anzeigen von unterschiedlichen Sensoren. Plötzlich stutzte er.

»Ich erhalte Bewegungs-Meldungen in der Nähe des östlichen Sicherheits-Zaunes«, meldete er.

Leutnant Crowfort blickte ihn an.
»Sofort weitere Außen-Kameras aktivieren«, befahl er.
Die Finger von Leutnant Parry flogen über die Konsole.
Zahlreiche Bildschirme flammten in der Zentrale der Forschungs-Station auf. Jeder Winkel der Station konnte

von hieraus eingesehen werden. Leutnant Parry schaltete zwischen den Außenkameras hin und her.

»Hier haben wir es«, meldete er. »Keine Gefahr, es ist nur ein Bewohner der Arktis. Ich schalte auf eine direkte Nahaufnahme. «

Leutnant Crowfort blickte auf den zentralen Bildschirm. Das kleine Objekt wurde größer, je näher es gezoomt wurde. Leutnant Crowfort hielt den Atem an, als das Gesicht des Bären den ganzen Bildschirm ausfüllte.

»Schau dir die Reißzähne des Bären an«, sagte er respektvoll. »Das ist ein ganz besonderes Exemplar. Dieser wird bereits viele Jahre auf dem Buckel haben. Es sieht fast so aus, als ob er unsere Forschungs-Station beobachtet. «

»Sol ich den Alarm auslösen? «, fragte Leutnant Wine. Er hatte die Kontrolle der Abwehr-Waffen unter sich.

»Wollen sie den Eisbären erschießen? «, fragte Leutnant Crowfort. » Sie wissen doch, dass sich unsere Anlage in einem Tierschutz-Gebiet befindet. Wollen sie sich später vor den Kommissionen der EWK verantworten? Wir haben doch bereits öfter Kontakt mit einheimischen

Tieren gehabt. Die können den Sicherheitszaun nicht durchbrechen. «

»Wie sie wünschen«, antwortete Leutnant Wine.

»Schicken sie Marines zu der Position«, sagte Leutnant Crowfort. »Sie sollten den Bären verjagen.

Der angesprochene Leutnant nickte.
»Ich informiere die Marines«, bestätigte er.

Der Worgass, in der Gestalt eines arktischen Eisbären, trottete den schneebedeckten Hügel in die Senke hinab.

»Die runde Kuppe wird der Haupteingang zu der Anlage sein«, dachte Kragphan.

Er hob seinen Kopf und blickte zu der Sicherheits-Pforte. »Sie wird von keinem Soldaten abgesichert«, bemerkte er.

Seine Augen verengten sich. Er sah, wie eine Gestalt in einem weißen Kittel aus der Pforte schritt und neben ihr stehen blieb. Sie zog etwas aus der Seitentasche und steckte es sich in den Mund. Er erkannte, wie Feuer aufflammte und die Person Rauch aus dem Mund ausstieß.

Kragphan verstand nicht, was die Person tat. Er vermutete jedoch, dass dies vermutlich nicht die einzige Person sein würde, die so etwas machte.

»Ich muss vorsichtig sein«, dachte er. »Die Hunde dürfen keine Spur aufnehmen. «

Langsam näherte er sich dem Sicherheitszaun. Er vermied es mit seiner Tatze dagegen zu schlagen, um die Festigkeit des Zaunes zu testen.

»Vermutlich ist er mit einem Alarm gesichert? «, dachte er. » Welchen Sinn mach ansonsten ein Zaun? «

Er dachte an den Eis-Planeten der Zierrakies zurück, auf dem er früher einmal stationiert war.

»Sein Name ist Barridian«, erinnerte er sich. »Diese Welt ist viele Tausend Lichtjahre von hier entfernt. Es war ein kalter und öder Planet, ohne eine intelligente Form von Lebewesen. Doch dieser Planet hatte eine besondere Tierwelt vorzuweisen. «

Er erinnerte sich an die Form eines Tieres, zu der er damals Kontakt hatte.

»Es war eine Schlangenform, die sich unendlich dehnen konnte«, erinnerte er sich. »Dieses besondere Tier hatte noch eine Eigenart. Es war giftig. Ein einziger Biss von ihr, ließ ein kräftiges humanoides Lebewesen innerhalb von Sekunden zusammenbrechen. «

Er beschoss sich zu verwandeln. Schnell setzte die Symbiose ein. Die Formwandlung war innerhalb von Sekunden vollzogen. Der Worgass hatte sich in das vorher angesprochene Tier verwandelt. Nur ein starkes Glitzern in seinen Augen wies noch auf diesen Vorgang hin. In wellenartigen Bewegungen schlängelte die 1,40 Meter lange Schlange dem Gitterzaun der Forschungs-Anlage entgegen.

»Nur keine Berührung mit dem Zaun zulassen«, dachte der Worgass. » Ich werde mich so lang machen, wie es möglich ist. «

Vorsichtig verdünnte sich die Schlange und kroch durch die unterste Öffnung des Metallgebildes. Dann war sie in dem inneren Bereich. Nur ihre Augen blickten aus dem weißen Schnee. Ihr Blick suchte alle Richtungen ab. Nichts Verdächtiges war zu bemerkten. Unter dem lockeren Schnee schlängelte sie vorwärts, auf die Eingangs-Pforte der Anlage zu. Versteckt im Schnee, links von der Pforte, wartete sie ab.

»Bald wird Sicherheits-Personal vorkommen«, dachte der Formwandler.

Eine Gruppe Soldaten lief im Eilschritt aus der Pforte, zu dem Zaun, wo soeben noch der Eisbär geortet wurde. Die Männer blickten interessiert in alle Richtungen. Sie schüttelten den Kopf. Einer von ihnen hob ein Funkgerät an seinen Mund.

»Einsatz-Zentrale«, sprach er hinein. »Hier ist Sergeant Veggas Wir sind an der Position angekommen. Es ist aber weit und breit kein Eisbär zu sehen. Lediglich Spuren im weichen Schnee können wir ausmachen. «

»Dann ist er wieder abgezogen«, schallte es aus dem Funkgerät. »Ist der Zaun unversehrt? «

»Wir können keine Beschädigungen feststellen«, erwiderte der Sergeant.

»Danke für ihre Mühe«, kam die Antwort aus dem Gerät. »Ihr Einsatz ist beendet. «

Der Sergeant schalte ab.
»Es scheint ein Fehlalarm gewesen zu sein«, teilte er seinen Leuten mit. »Der Eisbär hat sich in Luft aufgelöst.«

Die Soldaten lachten laut auf.

Sie drehten sich um und gingen zur Eingangs-Pforte zurück.

Der Sergeant blieb stehen und überlegte.
»Korporal Finley«, sagte der Sergeant. »Sie bleiben bitte noch 30 Minuten als Posten vor der Pforte stehen und beobachten den Zaun. Vielleicht tut sich noch etwas und der Bär taucht wieder auf. Nur für alle Fälle. «

»Zu Befehl«, antwortete der Soldat.
Der Korporal salutierte und bezog Posten neben der Eingangs-Pforte.

Der starre Blick der zwei blinkenden Augen aus dem Schnee, wäre nicht nötig gewesen. Auch das Gehör der fremden Schlangenart war sensibel ausgeprägt.

Kragphan wusste, dass es bald so weit sein würde und er in die Anlage eindringen konnte. Geduldig und fast geräuschlos näherte er sich der humanoiden Gestalt. Er hielt inne. Die Gestalt bewegte sich und zog etwas aus der Tasche. Sie setzte ein Gerät an ihre Augen und blickte in alle Richtungen.

»Das wird ein Suchgerät sein? «, dachte Kragphan. » Er sucht nach den Spuren des Bären. «

Vorsichtig näherte er sich von hinten der Gestalt. Wieder hielt er inne und lauschte.

»Es sind keine weiteren Geräusche auszumachen«, registrierte er. »Es ist so weit. «

Seine Augen blickten ein letztes Mal aus dem Schnee und fixierten einen Punkt.

Blitzartig fuhr der Kopf der Schlange aus dem Schnee. Mit weit aufgerissenem Maul biss die Schlange in das Bein, der vor ihr stehenden Person.

Kragphan hörte, wie die Person vor ihm aufschrie und nach ihm schlug. Er verstärkte seinen Biss und ließ nicht mehr los. Das Gift übertrug sich in die Wunde.

»Gleich ist es vorbei «, dachte Kragphan.
Er registrierte, wie die Bewegungen der humanoiden Person schwächer wurden. Dann sackte sie bewegungslos in sich zusammen und fiel in den Schnee.

Der Kontakt war hergestellt.

Kragphan verfiel in die Symbiose. Der Formwandler veränderte seine Form und stand nur Sekunden später als ein Abbild des vor ihm liegenden Korporal, aus dem Schnee auf.

Schnell zerrte er die am Boden liegende Gestalt von der Eingangs-Pforte weg. Er verstaute sie hinter einigen Containern, die etwa 20 Meter seitlich standen. Er zog dem Soldat die Kleidung aus und stieg hinein. Er bemerkte, wie ihm wärmer wurde. Vorsichtshalber überhäufte er den Soldaten mit frischem Schnee. Die hinterlassenen Spuren beseitigte er flugs. Dann nahm er die Ausrüstung des Korporals an sich. Er registrierte, wie sich das Wissen der Person in von seinem Gehirn verarbeitet wurde.

»Jede neue Formwandlung ist auch immer wieder eine Wissenserweiterung «, lächelte er. »Ich sollte das viel öfter machen. «

Er blickte auf den Zeitmesser an seinem Handgelenk.
»Noch 15 Minuten «, dachte er. »Dann ist die Wache beendet. «

Vorschriftsmäßig stellte er sich neben die Pforte und wartete ab. Er griff nach dem Fernglas und setzte es an seine Augen. Freudig erkannte er, dass es sich um ein mobiles Sichtgerät handelte. Er blickte in alle Richtungen.

»Es ist keine Spur mehr von dem Bär ersichtlich «, lachte er.

Das Funkgerät summte laut auf.
Kragphan hob es hoch und blickte es an. Die grüne Taste pulsierte. Er drückte auf den Knopf.

»Hier ist Sergeant Veggas «, tönte es aus dem Gerät. »Konnten sie noch Aktivitäten feststellen, Korporal? «

»Nein «, antwortete der Formwandler. »Alles ist ruhig. «

»Gut «, antwortete die Gegenstelle. »Beenden sie ihre Wachposition und kommen sie wieder in die Anlage. Ihr Einsatz wurde offiziell beendet. «

»Das mache ich «, antwortete der Worgass und beendete das Gespräch.

Sergeant Veggas blickte auf das Funkgerät und wunderte sich, warum der Korporal ihn nicht mit seinem Rang angesprochen hatte.

»Vermutlich ist es die eisige Kälte außerhalb der Station«, dachte er. » Er wird froh sein, wieder ins Warme zu dürfen. «

Kragphan schritt durch die Pforte und sah sich um. Er stand in einer großzügig angelegten Eingangshalle. Es war angenehm warm. Zahlreiche humanoide Personen saßen an Tischen und unterhielten sich. Keiner von ihnen beachte den Korporal.

Er ging auf das Computer-Terminal zu, welches an der Wand hing.

Er tippte mit dem Finger auf den Schriftzug „Militärischer Sicherheitsbereich".

»Bitte registrieren sie sich «, antwortete der Terminal. »Geben sie ihren ID-Code ein. «

Kragphan überlegte einen Augenblick. Dann hatte er den Code in dem Gedächtnis des Korporal gefunden.

Er tippte die zehn Ziffern in das Anzeigenfeld.
»Zugriff gestattet «, melde das Terminal.
Skizzen des Waffen-Depots, der Sicherheits-Anzüge, und des Sprengstoff-Depots bauten sich auf

Der Worgass drückte auf die Anzeige des Sprengstoff-Depots. Sofort wurden die lagernden Bestände angezeigt.

»Das ist mehr als ich brauche«, dachte der Worgass. »Hier ist alles, was ich für meine Aufgabe benötige. Die Menschen haben sich gut organisiert. «

Er löschte die Anzeige und schalte der Terminal ab. Den Weg zu dem Depot konnte er seinen Erinnerungen entnehmen.

***

Es klopfte an der Bürotür von General Poison.
»Herein «, sagte er in bekannter Manier.

Frau Eisenhut steckte ihren Kopf ins Zimmer.
»Captain Hunter ist jetzt da «, teilte sie mit.

»Er möchte sofort eintreten «, grollte der General.
Frau Eisenhut winkte dem Captain, der mit einem Lächeln in das Büro seines Vorgesetzten trat.

»Sie sind von ihrem Einsatz bereits wieder zurück? «, fragte der General

»Ja «, entgegnete der Captain. »Ich habe mir erlaubt, den von ihnen zugesagten Urlaub zu genießen. Die letzten Wochen waren sehr arbeitsintensiv. «

Der General schlug mit der flachen Hand auf den Tisch. »Sie sind nicht mehr in ihrer Einheit in Husum «, fuhr er den Captain an. »Gewöhnen sie sich endlich an unsere Befehlsstruktur. Das scheint für sie besonders schwierig zu sein? «

Dem Captain gefroren die Gesichtszüge ein. Er wollte etwas antworten, doch der General ließ ihn nicht aussprechen.

»Wollen sie, dass ich ihnen ihr Schiff wegnehme und sie nochmals auf eine EWK-Schule für Verhaltensgestörte entsende? «, ergänzte der General. »Bisher haben sie recht gute Arbeit abgeliefert, aber ihre offensichtliche Lässigkeit gegenüber allen Vorschriften, kann eine Organisation wie die EWK nicht tolerieren. Wenn das alles nichts hilft, kann ich ihnen einen höhergestellten Offizier des ISD mitgeben, der alle ihre Befehle hinterfragt. Wollen sie das wirklich? Werden sie endlich einmal erwachsen. «

Das Gesicht des Generals war rot angelaufen. Er schnaufte vor Erregung wie ein Stier. Das Verhalten des Captain schien ihm regelrecht gegen den Strich zu gehen.

»Setzen sie sich lieber «, sagte Captain Hunter kleinlaut. »Wir möchten doch nicht, dass sie möglicherweise gleich zusammenbrechen. «

»Genug mit dem Gefasel «, tobte der General. »Entscheiden sie sich hier und jetzt, ob sie weiter in den Diensten der EWK stehen möchten? «

Er drückte auf einen Knopf auf dem vor ihn stehenden Schreibtisch. Sechs Shy-Ha-Narde, mit EWK-Logos auf der Brust, eilten in das Büro. Sie hatten in den Kampfmodus geschaltet. Tiefrote Augen musterten den Captain.

»Was wollen sie mit den Vasallen von Noel? «, fragte Captain Hunter. » Sie werden mich doch wohl nicht erschießen wollen? «

»Wo denken sie hin «, antwortete ein sichtlich beruhigter General. » So etwas praktiziert die EWK in der heutigen Zeit nicht mehr. Die Kampf-Roboter sind lediglich da, falls mir ihre Antwort nicht gefällt. Die EWK ist bereit auf sie zu verzichten, falls sie unsere Struktur nicht akzeptieren können. In diesem Fall werden die Kampf-Roboter sie direkt in die Labors von Noel überführen. Dort werden ihnen sämtliche Informationen aus ihrem Gehirn gelöscht. Alle sensiblen Daten, mit denen sie in Berührung gekommen sind. Verstehen sie das bitte nicht als Folter, lediglich als Vorsichtmaßnahme unsererseits. Sie werden sie hiernach wie neu geboren fühlen. «

»Das kann ich mir vorstellen «, lächelte John Hunter. »Der natradische Kunst-Klon wird mit Freunde mein Gehirn durchlöchern. «

»Das gehört nicht zur Grundlage der Gehirnsäuberung «, antwortete Noel. »Sie werden keine Schädigung davontragen. Das kann ich ihnen vergewissern. «

»Ich werde das kleinere Übel wählen «, antwortete Captain Hunter. »Ist es ihnen Recht, wenn ich mir die Statuten der EWK nochmals verinnerliche? «

»Es geht darum, sie anzuwenden «, antwortete der General. »Ich brauche ihre Zusage, dass sie sich ab sofort hiernach richten werden. «

»Diese gebe ich ihnen, wenn ihnen das so wichtig ist «, murmelte der Captain.

»Ich habe sie nicht verstanden «, knurrte der General.

»Ja «, antwortete Captain Hunter laut. »Ich unterwerfe mit der Gewalt. «

Noel schüttelte seinen Kopf.
»Von welcher Gewalt spricht der Captain? «, fragte er.

»Ich habe ihn immer noch nicht verstanden «, antwortete der General.

Er blickte Captain Hunter durchdringend an.
»Fühlen sie sich nicht so sicher «, ergänzte er. » Ich habe es wirklich satt mit ihnen. Sie unterliegen jetzt einer besonderen Beobachtung. Bei der geringsten Missachtung unserer Statuten sind sie aus dem Geschehen heraus. Ist das bei ihnen angekommen? «

»Angekommen, Chef «, erwiderte der Captain.

»Wieder schlug der General schallend mit seiner flachen Hand auf seinen Schreibtisch.

»Befehl verstanden, Herr General, heißt das«, tobte er. »Sprechen sie das bitte nach. «

»Befehl verstanden, Herr General «, antwortete Captain Hunter grinsend.

»Ich hoffe, sie haben es wirklich endlich verstanden «, erwiderte der General. »Ansonsten mache ich Ernst. «

Er lehnte sich in seinem breiten Stuhl zurück.
Der General lächelte den Captain an, als sei nichts gewesen.

»Berichten sie uns doch ein wenig über ihre Mission «, sagte er freundlich. »Ist die Flotte für die Argoner, unter Commander Satterlee mit 250 Schiffe der Lord-Klasse, in Position gegangen? «

Captain Hunter wurde ernst.
»Oberst Cameron hat die Flotte überführt «, antwortete er. »Alle Schiffe sind angekommen, es gab keine Ausfälle. Die Argoner haben Commander Satterlee bereitwillig einen Raumhafen und moderne Bodenanlagen mit Sporteinrichtungen, für den körperlichen Ausgleich der Besatzungen übergeben. Sie sind sehr froh, dass wir ihren Schutz übernehmen. In der Zeit, in der meine Cuuda-Flotte die Absicherung des argonischen Systems vorgenommen hatte, konnte keine weiteren Angriffe der Piraten registriert werden. «

»Das sind äußerst erfreuliche Perspektiven «, antwortete der General.

»Noch etwas «, ergänzte der Captain. »Die Argoner warten auf die Vertrags-Unterlagen zum Beitritt ins Imperium. Sie haben abgestimmt und möchten möglichst schnell die Parlamentarier der EWK begrüßen und die Dokumente unterschreiben. «

Der General blickte Commodore von Häussen an, der immer noch in einer Ecke saß und Mitteilungs-Folien sichtete.

»Commodore, kümmern sie sich hierum, dass diese Angelegenheit schnell über die Bühne geht «, befahl General Poison.

Der Commodore blickte auf.
»Ich werde mich sofort hierum kümmern «, antwortete er.

Der Angesprochene stand auf und wollte aus dem Büro eilen.

»Einen Moment noch Commodore «, sagte Captain Hunter.

Er blickte den General an.
»Ich benötige eine ID-Card mit besonderen Vollmachten für die Space-Akademie der EWK «

»Wollen sie doch noch einmal die Schulbank drücken? «, stutzte der General. » Das war ein Scherz. «

»Ich habe noch nie so laut gelacht «, antwortete Captain Hunter ernst.

Das Lächeln auf dem Gesicht des Generals gefror.

» Ich habe auf den besonderen Wunsch des Kanzlers von Argon, die Wissenschaftlerin Fest Bakadin mitgebracht«, erklärte er.»Der Kanzler bittet uns, sie in unsere Obhut zu nehmen. Er möchte, dass wir sie weiterbilden in den Bereichen Astronomie, Astrophysik, Quantentheorie, mit den angegliederten Fächern Quantenmechanik (Kernphysik, Atomphysik, Molekülphysik, Physik der kondensierten Materie) und Quantenfeldtheorie, Elementarteilchenphysik, Quantenelektro-Dynamik mit Anwendungen in der Quantenoptik und Laserphysik. Ich habe sie bereits auf der Akademie angemeldet und ihr ein Quartier übergeben. Sie ist jung und wissbegierig. «

»Dann haben sie doch bereits alles erledigt, wofür braucht sie noch eine Super-ID-Card? «, fragte der General.

Der Captain blickte ihn an.

»Weil ich die Kosten für die Unterkunft vorgestreckt habe«, schmunzelte John Hunter. »Sie sagen doch, dass ich mich an die Regeln halten sollte. Ich kann daher unmöglich aus meinem privaten Budget, Rechnungen von Gästen der EWK ausgleichen. Sie besitzt keine Terun und benötigt noch einige Dinge für das tägliche Leben. «

»Das nächste Mal besprechen sie das bitte solche Dinge vorher mit mir «, erwiderte der General. »Das Geld ist zwar unerheblich. Was passiert, wenn dieser Frau etwas zustößt. Können sie sich die politischen Verwicklungen vorstellen. Ich werde ihr eine Schutztruppe zuteilen. «

»Aber möglichst unauffällig «, antwortete Captain Hunter. »Sie möchte nicht anders, als die restlichen Studenten behandelt werden. «

Der General blickte den Commodore an.
»Sorgen sie für alles «, befahl er. »Ihr soll es bei uns an nichts fehlen. Wir werden Tarid von der besten Seite präsentieren. «

Commodore von Häussen nickte und schritt aus dem Büro.

Der General blickte wieder den Captain an.
»Ich hoffe, sie sind zufrieden? «, fragte er.

»Das ist mehr als ich erwartet habe «, antwortete der Captain. »Mir ist klar, dass die Aufgabe neu ist. Doch wir sollten uns darauf einstellen, dass in der Zukunft immer mehr junge Leute von Planeten des Imperiums bei uns anfragen werden, ob sie nicht auf unserer Akademie ausgebildet werden können. Meine Vision ist es, einen großen Campus zu bauen, mit der wir dieser Verpflichtung gerecht werden können. «

Noel nickte.
»Ich gebe Captain Hunter Recht «, sagte er. »Das ist ein ganz neues Verfahren, das es im alten kaiserlichen Imperium nicht gab. Früher hatte man Angst, sich in die Karten schauen zu lassen. Doch das Neue-Imperium ist auf Freizügigkeit ausgelegt. Hierdurch entstehen auch neue Wünsche und Möglichkeiten. Das Ganze fördert auch das gute Miteinander zwischen den Mitgliedern. «

»Ich bin einverstanden «, erwiderte der General». Die Struktur dieses Projekts werden unsere Experten ausarbeiten. Das muss nicht hier an der Tischkante meines Schreibtisches besprochen werden. «

Es klopfte an der Türe.
»Herein «, sagte der General. »Was ist nun schon wieder?

»Ihr Besuch ist da «, teilte Frau Eisenhut mit.

Ohne eine Antwort abzuwarten, verschwand die wieder.

Oberst Cameron und Professor Augenzell traten ein. Ihre Gesichter strahlten.

»Sie scheinen aber beide einen erfreulichen Tag hinter sich zu haben? «, begrüßte der General die Gäste. »Wie war ihre erste Mission. Sind sie mit den Prinz-Schiffen zufrieden? «

»Sehr «, antwortete Oberst Cameron. »Sie haben den Jungfernflug überstanden. Es gab keine Probleme. «

»Ich habe schon von Captain Hunter gehört, dass sie die Flotte unter Commander Satterlee den Argonern übergeben haben «, bemerkte der General.

»Das ist richtig «, antwortete der Oberst. »Doch sie hätten mich über den Dienstgrad von Captain Hunter informieren müssen. Er hat seine Sache sehr genau genommen und unseren Einflug in das argonische System gestoppt. «

Der General blickte den Captain böse an.
»Der Oberst hätte sich vernünftig identifizieren können, dann hätte ich keine Warnschüsse vor den Bug seines Flaggschiffes befohlen «, schmunzelte Captain Hunter. »

Sie wissen, dass die Flotte unter meinem Kommando ihre übertragenen Aufgaben sehr ernst nimmt. Zusätzlich konnte unsere Schiffs-KI die neuen Prinz-Schiffe noch nicht identifizieren. «

»Ein Update werden sie noch bekommen «, grollte der General. »Man kann sich aber auch über Hyperfunk verständigen. «

»Das haben wir ja, ansonsten würden wir nicht hier sitzen «, entgegnete der Captain.

»Wir konnten uns dann auf dem Planeten der Argoner kennenlernen «, sagte der Oberst. »Seien sie froh, dass sie einen so wachsamen und rigorosen Captain in den Reihen der EWK haben. «

Der Kopf des Vorgesetzten drehte sich Captain Hunter zu. »Falls sie aus den Diensten der EWK ausscheiden möchten, dann finden sie bei dem ISD immer einen Job «, teilte er mit.

»Danke für das Angebot «, lächelte Captain Hunter. »Ich überlege es mir. Es kann sein, das sich tatsächlich in der Zukunft auf ihr Angebot zurückkomme. «

Der General schaute Captain Hunter grimmig an. Er vermied es aber, weitere Kommentare abzugeben.

»Wir haben Spuren von den Piraten gefunden und ihren Heimat-Planeten extrahiert «, setzte der Oberst seine Erläuterungen fort. »Ich habe den Piraten unweigerlich klar gemacht, dass ihre Beutezüge zukünftig nicht mehr toleriert werden. Unser Freund Reco Kuriato, ist ja bereits öfter auf Flotten-Verbände unseres Imperiums gestoßen. Wir konnten ihn bisher jedes Mal zu einem Rückzug bewegen. Auf der Seite der Piraten mussten Verluste beklagt werden. Jedenfalls ist er der Anführer des größten Piraten-Clans auf ihrem Heimat-Planeten. Dieser nennt sich Kiras. Auch bei unserem jetzigen Zusammentreffen ist seine Piraten-Flotte in eine Abwehr-Formation gegangen. Erst der Abschuss durch einer unserer Gravitations-Bomben, hat seine Schiffe richtig durchgerüttelt und den Anführer zu einem Umdenken veranlasst. «

»Sie haben sie Piraten angegriffen? «, fragte General Poison erstaunt.

»Wir haben ihnen einen Warnschuss vor den Bug ihrer Schiffe geschossen und ihnen eine Denkhilfe gegeben «, antwortete Oberst Cameron. » Anders waren die Piraten nicht zu einer Verhandlung zu bewegen. «

»Ein gewagtes Spiel«, bemerkte Noel.

»Ich glaube, ich hatte die Situation richtig bewertet«, erwiderte Oberst Cameron. »Die Piraten verwenden überwiegend Schiffe der 250 Meter-Klasse. Sie sind schnell und wendig. Doch es fehlt ihnen an einer durchschlagenden Feuerkraft. Der Anführer Kuriato ist meinem Wunsch gefolgt und hat bei seiner Regierung eine Audienz für uns beantragt. Die Regierung besteht aus einem Konzil, das sich aus unterschiedlichen, gewählten Personen aller Clans zusammensetzt. Diese Institution regelt die Gesetze der Piraten und sorgt für den Zusammenhalt der Clans. Ich möchte noch darauf hinweisen, dass diese Clans nicht immer die gleiche Meinung vertreten und auch versuchen einen Vorteil für ihre eigenen Clans zu erlangen. «

»Sie haben sich allein in die Höhle des Löwen begeben? «, fragte Captain Hunter.

»Wo denken sie hin«, erwiderte Oberst Cameron. »Ich hatte meinen 1. Offizier und vier Kampf-Roboter dabei. Das Konzil der Piraten war etwas einsichtiger als der Anführer ihres größten Clans. Die Sachlage wurde ihnen verdeutlicht. Ich glaube, dass sie bereits mit unserer Intervention gerechnet hatten. Im Zuge dieses Gespräches wurde von ihnen verlangt, dass unser Neues-

Imperium ihre annektierten Rohstoff-Planeten, Erz-Monde und Asteroiden anerkennt. Sie verlangen weiter dort nach Rohstoffen schürfen zu dürfen? Ich habe ihnen mitgeteilt, sofern sie alle Planeten als ihr Eigentum betrachten dürfen, auf denen sie bereits aktiv arbeiten. Diese Planeten, Monde und Trabanten werden ihnen zugestanden. Falls es sich um Planeten handelt, auf denen sie Rassen unterjochen und ausbeuten, habe ich ihnen empfohlen, diese schnellsten in die Selbstständigkeit zu entlassen. Eine Sklaverei, Ausbeutung und Unterjochung von Rassen jeglicher Art, wird in unserem Imperium nicht geduldet werden. «

»Ich glaube, das können wir verantworten«, erwiderte General Poison. »Selbstverständlich werden wir uns selbst davon überzeugen, dass die Piraten keine falschen Angaben gemacht haben. «

»Das Konzil machte auf mich einen vertrauenswürdigen Eindruck«, antwortete Oberst Cameron. »Sie wissen, was auf dem Spiel steht. Ferner haben sie mir angeboten, einen großen Teil der geförderten Rohstoffe an uns zu verkaufen. Das soll ein Zweig ihrer neuen Einkommens-Sicherung darstellen. Sie fördern auch die für uns wichtige Rohstoffe, aus denen wir die Masarith-Energie-Kristalle herstellen können. «

»Das hört sich wirklich vielversprechend an«, sagte Noel. »Hiervon können wir bei der steigenden Anzahl von Raumschiffen nicht genug bevorraten. «

»Das dachte ich mir«, entgegnete Oberst Cameron. »Die Piraten werden umdenken müssen. Sie beginnen sich als Rohstoff-Lieferanten zu etablieren. «

»Ich möchte ihren Optimismus nicht trüben«, sagte General Poison. »Warten wir erst einmal ab, ob die Piraten nicht wieder rückfällig werden. Falls das passieren sollte, werden sie die ganze Härte unserer Flotten-verbände zu spüren bekommen. Es ist nicht hinzunehmen, dass eine Gruppe in unserem Imperium uneinsichtig ist und sich nicht an die gesetzlichen Vorgaben hält. «

»Geben wir ihnen eine Chance«, sagte Oberst Cameron. »Nach meinen Gesprächen mit dem Konzil, bin ich sehr zuversichtlich. Wie auch auf der Erde, setzen sich die Piraten aus unterschiedlichen Völkergruppen zusammen. Ich kann nicht ausschließen, dass die eine, oder andere Gruppe versucht es auf die Spitze zu treiben. Wir können deswegen nicht das ganze Piraten-Volk verteufeln. Der größte Teil von ihnen besitzt eine Familie und will diese nur absichern und sie mit einem guten Lebensunterhalt versorgen. «

»Warten wir es ab«, entschied General Poison. » Ihre Ansprache für die Piraten hat mich beeindruckt. Wir wissen viel zu wenig über sie. Ich hoffe sehr, dass sich das jetzt ändert. «

»Das Konzil hat versprochen Parlamentarier zu uns zu senden«, bemerkte Oberst Cameron. » Sie wollen den Beitrittspakt unterschreiben. Erwarten sie die Abgesandten in den nächsten Tagen. Ihre Triebwerke sind zwar auf kurzer Distanz sehr leistungsfähig, doch für Langstrecken-Flüge sind ihre Maschinen nicht besonders geeignet. Falls sie unterschrieben haben, sind als ein neues Mitglied in unserem Imperium, mit allen Rechten und Pflichten. Ihnen ist bewusst, dass auch die Piraten ein Recht auf Schutz und Absicherung haben? «

General Poison blickte den Oberst an.
»Das ist mir durchaus bewusst«, antwortete er. »Doch wir können keine Gruppe zu einer relativen Sicherheit zwingen. Ich vermute stark, dass die Piraten etwas dagegen haben werden, wenn wir eine Schutz-Flotte in ihrer Staubwolke stationieren. «
Oberst Cameron wollte noch etwas sagen, doch General Poison hob seine Hand.

»Danke Oberst, ihr erster Auftrag ist mehr als gelungen«, bemerkte er. »Wir warten jetzt den Lauf der Ereignisse ab, bevor wir weitere Maßnahmen beschließen. «

Der General blickte Professor Augenzell an.
»Danke, dass sie so schnell zu uns kommen konnten«, sagte er. »Ihre Infofolie hat uns neugierig gemacht. Wir möchten direkt von ihnen hören, wie der Stand bei den lantranischen Wurmloch-Antrieben ist. «

Alle Gäste blickten den Professor an.
Dieser lächelte den Gäste zu.

»Unsere Wissenschaftler haben die Technik der Lantraner entschlüsselt«, teilte er mit. »Nach der völligen Zerlegung des Triebwerkes und seiner Steuerung, sind wir auf diverse Feinheiten gestoßen. Wissen sie, auch die Lantraner können sich nur an die Gegebenheiten der Wissenschaft, oder der Physik halten. Die Naturgesetze sind vorgegeben. Es können keine neuen herbeigezaubert werden. Ihre Energie wird über klassische Meiler erzeugt, ähnlich wie bei unseren. Doch bei ihren Wurmloch-Antrieben gibt es kleine interessante Unterschiede. Das besondere bei diesen Antrieben sind 16 Energie-Komprimierungs-Konverter, welche die erzeugte Energie bündeln und auf Lichtgeschwindigkeit beschleunigen. Diese, für das menschliche Auge nicht sichtbare Energie, wird bei Aktivierung des Triebwerkes mit einem Schlag freigegeben und nach vorne abgestrahlt. Sie bewirkt eine Zapf-Wirkung, die den Eingang zu einem Wurmloch öffnet. «

Die Zuhörer schauten den Professor verständnislos an.
»Ich will es einmal so erklären«, sagte der Professor. »Schneidet man die oberste Schicht des Hyperraumes auf, trifft man zwangsweise auf dieses Netz von unzähligen Wurmlöchern, die man als Brücke zu anderen Koordinaten verwenden kann. Wir empfehlen die Geschwindigkeit in so einem Wurmloch konstant zu halten. Uns fehlen bisher die Praxis-Erfahrungen im Umgang mit Wurmlöchern. «

»Das hört sich alles schön an«, erwiderte General Poison. »Ich habe folgende Frage an sie. Können wir diese Wurmloch-Antriebe nachbauen? «

»Ich sehe keine Probleme in dem Nachbau«, antwortete Professor Augenzell. »Es ist alles eine Frage des Materials und der Komprimierung von Energie. «

»Warum wartet den Heran immer noch die Kontroll-Stationen von Wurmlöchern? «, fragte Captain Hunter.

Professor Augenzell schaute ihn an.

»Das ist eine gute Frage«, antwortete er. »Unsere Vermutung ist folgende. Es gibt bei vielen Völkern Antriebe, die diese große Energie, die für Öffnung von Wurmlöchern benötigt wird, nicht erzeugen können. In einem solchen Fall kann ich über einen Code, die Steuer-Station anfunken, welche die Öffnung des Wurmloches für das betreffende Raumschiff ermöglicht. Diese Stationen sind nichts anderes als stationäre ummantelte Antriebe, die das gleiche Verfahren anwenden, wie die lantranischen Wurmloch-Antriebe. «

»Ich verstehe«, antwortete Captain Hunter. »Dann ist es nichts anderes als Luxus, den die Lantraner betreiben. «

Professor Augenzell nickte.
»Ganz recht«, erwiderte er. »Ich sehe schon, Captain Hunter hat das System verstanden. Ich habe einen Fracht-Gleiter mitgebracht. Seine Fracht ist der lantranische Wurmloch-Antrieb und ein Nachbau. Ich schlage vor, wir machen einen Testflug mit einem robotgesteuerten Raumschiff. Falls etwas schiefgehen sollte, verlieren wir kein wertvolles Personal. «

General Poison riss seine Augen auf.
»Heißt das, sie haben bereits einen Prototyp fertig? «, sagte er. » Das wird ein weiterer Meilenstein in der Erforschung des Weltraums werden. «

Professor Augenzell lachte.

»Auch wir sitzen nicht tatenlos herum, General«, bemerkte er. »Obwohl uns das zwischendurch immer wieder unterstellt wird.«

Auch Noel war erstaunt.

»Ich fordere ein Schiff der Taluk-Klasse an«, sagte er monoton. »Hierauf kann ihr Test-Antrieb eingebaut werden. «

»Das Schiff reicht völlig aus«, bedankte sich Professor Augenzell. »Ich habe das Fracht-Schiff zu unseren modernen Montage-Werften nach Titan geschickt. Wenn sie die Freundlichkeit haben, ihr Schiff ebenfalls dorthin zu entsenden, dann wäre ich ihnen dankbar. «

»Ich veranlasse alles Notwendige, antwortete Noel.

»Wie lange dauert der Einbau? «, fragte General Poison.

»Das hängt noch von unterschiedlichen Gegebenheiten ab«, antwortete der Professor. »Es kann durchaus sein, dass wir die Aufhängungen der Antriebe ändern müssen. Der zusätzliche Wurmloch-Antrieb stößt die Energie gebündelt nach vorne aus, um so das Eintrittsfeld zu erzeugen. Unsere Idee ist es, ein freies Abstrahlfeld unter dem Boden der Raumschiffe anzulegen. «

»Major Travis hat doch auch bereits einen Wurmloch-Antrieb in seinem Schiff«, bemerkte Noel. » Wie ist das dort gelöst? «

»Das Treibwerk wurde unter der Regie der Lantraner eingebaut«, antwortete der Professor. » Leider steht die Termar 1 steht im Moment nicht zur Verfügung. Das würde uns die Arbeit wesentlich erleichtern. «

»Es kommt nicht auf ein paar Tage an«, sagte der General. »Major Travis wird bald wieder hier sein. Dann können sie sich ansehen, wie die Lantraner den Einbau vorgenommen haben. «

Professor Augenzell wollte etwas sagen, doch der Kommunikator von General Poison summte.

Dies griff danach und öffnet die Verbindung.
»Hier spricht Poison«, sagte er in das Gerät.

»Hier ist der diensthabende Leutnant der System-Überwachung«, tönte es aus dem Gerät. »Wir haben einen starken Resonanz-Kontakt im Sol-System geortet. Es ist Major Travis mit seiner Flotte. Die ID's wurden bestätigt. «

»Der Major ist zurück? «, fragte General Poison.

Der Offizier der System-Aufklärung bestätigte dies ein zweites Mal.

»Informieren sie Commander Giacombo von der Heimat-Flotte«, befahl der General. »Er möchte die Flotte von Major Travis empfangen. Funken sie den Major an und bitten sie ihn direkt in die Zentrale zur Berichterstattung zu kommen. «

»Gilt das auch für den Commander des lantranischen Schiffes? «, fragte der Leutnant.

»Hat sich dieses Schiff auch identifiziert? «, erkundigte sich der General.

»Nein«, antwortete der diensthabende Offizier. » Aber wir haben seine Schiffsdaten zwischenzeitlich in der Groß-Hypertronic abgelegt. Sie hat uns auf das Schiff von Heran aufmerksam gemacht. «

»Das gilt auch für den Lantraner«, knurrte der General. »Er soll endlich einmal lernen sich vernünftig zu identifizieren. «

»Soll ich das Schiff anfunken und ihre Worte übermitteln?«, fragte der Leutnant.

Die Gesichtsfarbe des Generals hatte sich rötlich verfärbt. Er blickte die lächelnden Gäste an.

»Nein«, antwortete er merklich ruhiger. »Bitten sie ihn ebenfalls zu einem Gespräch. «

Sabotage

Kragphan hatte einen Weg zu dem Waffen-Depot gefunden. Keine Sicherheits-Patrouille hatte ihn aufgehalten. Der Körper von Korporal Finley gefiel dem Worgass immer besser.

»Ich hätte nicht gedacht, dass es noch eine Steigerung zu dem atlantischen Körpers geben könnte«, gestand er sich ein. »Dieser Körper ist wesentlich trainierter und flexibler.«

Er blickte den nur mäßig beleuchteten Gang entlang. Fünf Schritte vor ihm befand sich eine Tür. Ein Schild prangerte auf ihr.

»Achtung, Waffen und Munitionslager«, las er.

Vorsichtig näherte er sich der Tür. Das Code-Schloss kannte er bereits von vorigen Schleusen. Er tippte den Sicherheits-Schlüssel ein und drückte den Öffner.

Die Türe sprang auf. Er drehte sich noch einmal um, konnte aber keine weitere Person entdecken. Schnell schlich er durch den Eingang und schloss die Türe hinter sich. Das Licht flutete den Raum. Es hatte sich selbstständig aktiviert.

»Bewegungsmelder«, dachte Kragphan. »Hoffentlich melden die Sensoren mein Eindringen nicht an die Zentrale. Ich muss mich beeilen. Die Terraner sind von mir derzeit noch nicht einzuschätzen. Es sind fleißige Humanoiden. Doch jetzt sind sie eine wirklich Gefahr für meine Meister geworden. Ich werde den Stand ihrer Entwicklung melden müssen. «

Er lief zu den Regalen. Hier war alles ordentlich gestapelt.

»Laser-Gewehre«, dachte er.

Er überlegte kurz und suchte nach den Informationen des Korporals. Er griff nach einem Gewehr und zog es aus der Halterung. Er drückte den Aktivierungs-Knopf. Ein kurzes Summen zeigte ihm die Bereitschaft des Gewehres an. Schnell schulterte er es. Er ging an den Regalen vorbei.

»Zeitzünder-Kapseln«, las er auf einem Regal.
»Das wird genügen«, dachte er. »Diese Sprengkapseln sind eine Neuentwicklung der EWK und beinhalten eine massive Kraftentfaltung. «

Der Worgass hatte die kompletten Informationen des Gedächtnisses des kopierten Korporals offengelegt. Diese Daten reichten aus, um alle vor ihm liegenden militärischen Materialien zu identifizieren. Er steckte sich vier Stück der Kapseln in die Seitentasche seiner Uniform. Dann drehte er sich um und ging zu dem Ausgang. Vorsichtig öffnete er die Türe und steckte seinen Kopf aus der Tür.

»Alles ist ruhig«, bemerkte er.
Er schritt hinaus und ging den gleichen Weg zurück, den er gekommen war.

»Mut ist keine Frage eines Volkes«, dachte er. »Mut kann jeder beweisen, der ein Ziel seiner Meister verfolgt. Lediglich die Hilfsmittel hierfür sollten ausreichen. «

Seine Hände fuhren in seine Taschen. Er fühlte die Sprengkapseln wohlbehalten in ihnen.

»Beweist, dass ihr einer guten Entwicklung entstammt«, murmelte er zu sich selbst. »Leider ist jetzt nur noch wenig Kreativität durch meine Person erforderlich. Jetzt muss ich nur noch in den Forschungsraum und die Antriebs-Einheit sabotieren. «

Er schlich weiter, durch die zahlreichen Zwischengänge und vermied bewusst die zentralen Verbindungs-Gänge zu benutzen.

»Diese sind in normalen Betriebs-Zeiten sehr stark frequentiert«, dachte er.

Er blickte auf seine Uhr. Der digitale Zeitmesser zeigte 18:10 Uhr an.

»Die Wissenschaftler werden ihren Arbeitsbereich verlassen haben«, erkannte er. »Sie haben von meinem Eindringen nicht viel mitbekommen. «

Schnellen Schrittes durchquerte er die Gänge. Dann hatte er wieder den öffentlichen Bereich erreicht. Er schritt durch die Türe und nahm seitlich von ihr eine starre Haltung ein.

Der Raum hatte sich gefüllt. Viele Wissenschaftler hatten ihre heutige Arbeit beendet und saßen mit Kollegen zusammen, um sich auszutauschen. Vor ihnen standen zahlreiche Getränke.

Kragphan ließ seine Blicke schweifen. Doch er konnte nichts Verdächtiges erkennen. Er blickte zu den großen

Fenstern der Anlage und sah, wie außerhalb drei Soldaten mit ihren Hunden patrouillierten.

»Ist das Zufall, dass sie noch nichts bemerkt haben? «, dachte er. » Stimmt hier vielleicht etwas nicht? «

Sein Blick intensivierte sich und schweifte weiter durch den Raum. Es war weitläufig, geräumig und sauber. Ein Service-Robot fragte die Gäste nach ihren Wünschen.

Er erkannte, dass niemand von seiner Anwesenheit Notiz nahm. Plötzlich versteifte er sich. Die Türe zu dem großen Aufenthaltsraum wurde geöffnet und drei Soldaten, mit der gleichen Kleidung, wie er sie trug, traten ein. Sie schritten durch den Raum und blickten ihn an. Er nickte ihnen zu und salutierte. Sie erwiderten den Gruß und verließen auf der gegenüberliegenden Seite den großen Raum.

Kragphan atmete sichtbar aus.
»Es ist Zeit zu handeln«, dachte er. »Die Zusammenhänge der humanoiden Rassen kann ich später noch erforschen. Die alten Atlanter, die Natrader und die Barbaren von Tarid, müssen eine gemeinsame Geschichte haben. Oder gibt es noch andere Rassen in der Milchstraße, die mit ihnen verwandt sind? «

Er schritt zu dem Terminal an der Wand und fragte den Weg zu den Forschungs-Stationen ab. Hier sollte der neue Wurmloch-Antrieb der Terraner getestet werden. Er prägte sich den Weg ein und schaltete das Terminal wieder in die Grundeinstellung.

»Meine Meister waren lange nicht mehr in dieser Galaxie«, dachte er. »Vermutlich viel zu lange. Die humanoiden Völker haben einen gewaltigen Sprung nach vorne gemacht. Unsere Meister sind davon ausgegangen, dass durch den Krieg der Rigo-Sauroiden, alle humanoiden Rassen in dieser Sterneninsel in die Primitivität zurückgefallen waren. Vielmehr sollte die größte Anzahl von ihnen vernichtet sein. Was war hier seit den Jahrtausenden geschehen? Unsere Herren hätten diese Sterneninsel nicht unbeobachtet lassen dürfen. «

Er wartete auf eine Antwort seines Gehirns, doch diese blieb aus. Er wusste, dass seine Antwort an die Meister möglicherweise einen neuen Krieg in der Milchstraße, so nannten die Terraner ihre Sterneninsel, heraufbeschwören würde. Die Zierrakies würden, ohne zu warten, ihre Kriegs-Maschinerie anlaufen lassen.

Er blickte sich um.
»Die dritte Türe ist der Zugang zu den Forschungs-Einrichtungen«, erinnerte er sich.

Er schritt hierauf zu und gab seinen ID-Code an der Türe ein. Sie öffnete sich, ohne eine weitere Abfrage zu verlangen. Kragphan schritt hindurch und schloss sie hinter sich. Vor ihm lag ein langer Gang. Er aktivierte vorsichtshalber seinen Individual-Schirm. Die militärische Ausrüstung des Korporals war komplett. Er hatte dem Gedächtnis von Finley entnommen, dass der Multifunktions-Gürtel seiner Uniform, mit dieser Technik ausgestattet war. Er drückte auf den grünen Knopf und bemerkte, wie ein leichtes Energienetz sich um ihn legte. Eilig schritt er weiter vorwärts. Am Ende des Ganges lag eine weitere Sicherheits-Schleuse. Er verlangsamte seinen Schritt und blieb vor der eingelassenen Tastatur an der Wand stehen.

»Sollte es so einfach sein? «, dachte er. » Alle Schotts lassen sich nur mit einem Sicherheits-Code öffnen? «

Korporal Finley gab seinen ID-Code ein und staunte, wie die Sicherheits-Türe sich öffnete.

Er schüttelte seinen Kopf.
»Sie fühlen sich zu sicher«, erkannte er.

Er atmete kräftig durch. Die Anspannung machte sich bemerkbar.

»Die Unterwerfung dieser Welt der Terraner wird interessant werden«, lächelte er. »Ich werde mir alles sehr genau ansehen. «

Er schritt durch dir Türe. Vor ihm war eine große beleuchtete Halle. Durch die großen Fenster konnte er sehen, dass nur noch drei Wissenschaftler in der Halle tätig waren. In ihrer Mitte war ein Gerüst aufgebaut. Es reicht fast bis zur der Decke. Hierin lag das schwere, trichterförmige Wurmloch-Triebwerk. Zahlreiche Versorgungskabel waren mit mobilen Energie-Meilern verbunden. Kragphan schätzte, dass es fast zwölf Stück waren.

»Das ergibt eine riesige Kraftentfaltung«, dachte er zu sich selbst.

Er öffnete die Pforte und schritt in die Halle. Zielstrebig steuerte er auf die zentrale Konsole der Energie-Verteilung zu. Er blickte auf die Display-Anzeigen.

»Das Energienetz ist auf 75 Prozent der Leistung geschaltet«, registrierte er.

»Stimmt etwas nicht? «, hörte er eine Stimme hinter sich. » Was machen sie in unserem Sicherheits-Bereich, Korporal? «

Ohne sich etwas anmerken zu lassen, drehte er sich um. Ein Wissenschaftler war hinter ihn getreten.

»Das will ich herausfinden«, antwortete er. »Mein Name ist Korporal Finley. Ich wurde hierhergeschickt, um die Energie-Verteilung zu überprüfen. Wir haben Energie-Abfälle in unseren System-Rechnern festgestellt. «

»Seltsam«, antwortete der Wissenschaftler. »Wir haben 1/3 der Energie zurückgenommen«, erklärte er. »Doch laut Professor Augenzell sollte das keine große Beeinträchtigung der Versorgung der Rechner unserer Station verursachen. «

Kragphan lächelte den Wissenschaftler an.
»Das weiß man vorher nie ganz genau«, antwortete er. »Können sie die Energie wieder auf volle Leistung hochfahren? Jetzt, um diese Zeit, werden sie ja keine großen Forschungen mehr betreiben. «

»Das ist richtig«, antwortete der Wissenschaftler. » Ich werde die Einstellung wieder korrigieren. «

»Danke«, antwortete Korporal Finley. »Damit wäre uns sehr geholfen. Die EWK hat ein Sicherheits-Update beschlossen. Wir müssen alle Systeme überprüfen. «

»Dann wollen wir die EWK nicht warten lassen«, antwortete der Wissenschaftler.

Er schritt an die Schalttafel und drehte einige Regler hoch. Der Pegel der Anzeigen schnellte nach oben und zeigte die maximale Energie-Verteilung an.

»Jetzt haben sie wieder die volle Leistung«, lächelte er dem Korporal zu.

»Ich bleibe noch einen Augenblick und beobachte die Anzeige«, sagte Korporal Finley. »Ich möchte sicher sein, dass keine Abfälle mehr angezeigt werden. «

»Machen sie das«, erwiderte der Wissenschaftler. » Ich widme mich wieder meiner Arbeit. «

Der Wissenschaftler drehte sich um und wollte gehen. Blitzartig riss sich Korporal Finley das Laser-Gewehr von der Schulter und schlug dem Wissenschaftler den Schaft fest auf den Hinterkopf.

Wie vom Blitzschlag getroffen, sackte der ahnungslose Wissenschaftler zusammen. Der Worgass zog die am Boden liegende Person hinter eine große Maschine, bis sie von der Halle aus nicht mehr gesehen werden konnte.

Er erkannte, dass der Hinterkopf des Wissenschaftlers leicht blutete. Er streckte die Hand aus und berührte das Blut.

Noch hinter der großen Maschine versteckt, veränderte der Worgass seine Gestalt. Er hatte den Körper des Wissenschaftlers exakt nachgebildet. Dank des Blutes hatte er Zugriff auf das vollständige Gedächtnis des Forschers.

»Sein Name ist Georg Baldwin«, dachte der Worgass.
Er suchte den Puls des am Boden liegenden Wissenschaftlers. Erleichtert atmete er auf.

»Er lebt noch«, erkannte der Formwandler. »Das Abschlachten von Rassen übernehmen andere unseres Volkes. «

Er richtet sich auf und trat hinter der Maschine hervor und näherte sich wieder der zentralen Energie-Versorgung.

Vorsichtig nahm er eine Sprengkapsel aus seiner Tasche und haftete sie, kaum sichtbar für Außenstehende, an der Unterseite des Energiekastens an. Den Zünder hatte er bereits auf 90 Minuten eingestellt.

»Das wird sie von der wirklichen Detonation ablenken«, dachte Kragphan. »Fertig, es ist geschafft. Jetzt brauche ich noch drei aktive Energie-Meiler in der Nähe des Wurmloch-Antriebes.

Er schlenderte in die Mitte der Halle und näherte sich dem Gerüst mit dem Wurmloch-Antrieb. Überall waren Monitore und Testgeräte installiert. Der Worgass, in dem nachgebildeten Körper des Wissenschaftlers, blickte auf die Anzeigen.

»Sie scheinen bereits alles verstanden zu haben«, dachte er. »Nichts deutet mehr auf ein fehlerhaftes Triebwerk hin. Ich bin zur rechten Zeit alarmiert worden. «

Sein Blick schweifte unter das Triebwerk. Dort standen vier aktive Meiler.

Kragphan schlenderte zu der Position. Unauffällig hob er seinen Kopf und schaute auf die Unterseite des Triebwerks. Er schien so, als ab er etwas suchte. Mit seiner rechten Hand öffnete er die Wartungsklappe an einem Meiler und steckte einen aktivierten Sprengsatz in den Schlitz. Ein letzter Blick zeigte ihm die eingestellte Zeit von 100 Minuten an. Schnell schloss er die Klappe wieder. Prüfend drehte sich sein Kopf nach allen Seiten. Keiner seiner Wissenschaftler-Kollegen war zu sehen. Er eilte zu dem nächsten Meiler und wiederholte den Vorgang. Tief atmete er aus.

»Jetzt der letzte Generator«, dachte Wissenschaftler Baldwin.

Er schritt zu dem dritten Meiler und versteckte die Sprengkapsel in dem Wartungs-Schlitz.

Sein Blick glitt nach oben zu dem Wurmloch-Triebwerk. »Feierabend«, sagte Jemand hinter ihm. »Wir gehen, mach das Licht aus. Morgen geht es weiter. «

Er drehte sich um und erkannte die zwei weiteren Wissenschaftler. Schnell winkte er ihnen zu.

»Ich komme«, sagte der Worgass. »Die Arbeit kann warten.«

Langsam schritt er den Wissenschaftlern nach. Sie hatten bereits die große Forschungs-Halle verlassen.

Am Ausgang zog er den Hebel der Beleuchtung nach unten. Schlagartig erlosch das Licht in der Halle. Er ging durch die Pforte und zog sie hinter sich zu. Schnell schritt er die Gänge zurück und trat durch die Türe in den

Aufenthaltsraum der Forscher. Es war noch voller geworden als vorher. Er suchte sich einen freien Platz.

»Noch ist genügend Zeit vorhanden«, erkannte er.
Ein Service-Roboter trat vor ihn.

»Ihren Wunsch bitte«, fragte er blechern.
»Wasser«, antwortete der Worgass. »Möglichst frisch.

»Wir haben Mineralwasser, Stilles Wasser, Süßwasser, Bio-Wasser«, entgegnete er. »Was wünschen sie? «

Baldwin wollte nicht auffallen.
»Bringen sie das erstgenannte Mineralwasser«, antwortete er.

Der Robot drehte sich um und ging zu dem Tresen.
Alarmsirenen erfüllten den Raum. Der Worgass sah, wie zahlreiche Soldaten, gefolgt von zehn Kampf-Robotern, in den Aufenthaltsraum eindrangen. Sie nahmen an den Wänden Aufstellung. Ihre Laser-Gewehre lagen locker in ihren Armbeugen.

Ein ranghoher Soldat trat vor. Seine Abzeichen wiesen ihn als Anführer des Sicherheits-Trupps aus.

»Mein Name ist Sergeant Veggas«, teilte er mit. »Wir haben den Sicherheits-Alarm ausgelöst. Auf einen unserer Soldaten, außerhalb der Anlage, wurde ein Anschlag durchgeführt. Er wurde vergiftet. Es besteht die Annahme, dass es durch einen Zugriff von außen erfolgte. Ich bitte um ihr Verständnis, da wir der Angelegenheit nachgehen müssen. «

»Ist der Sicherheits-Zaun beschädigt? «, fragte ein Wissenschaftler.

»Nein«, antwortete der Sergeant.
»Wie kommen sie dann zu der Vermutung, dass wir von außen infiltriert wurden? «

Der Sergeant blickte den Fragenden missbilligend an.
»Durch das Gift, das wir in seinem Körper gefunden haben«, antwortete er. » Es stammt nicht von der Erde. «

Ein Aufschrei ging durch die Menge.
»Bleiben sie ruhig«, ergänzte der Sergeant. »Wir sind der Sache auf der Spur. Niemand verlässt die Anlage. Das ist eine Alpha-Order. Lassen sie sich einige Getränke bringen. Sie gehen auf das Konto des ISD. «

Beifall wurde hörbar.
Lediglich Kragphan gefror das Lächeln ins seinem Gesicht.

»Daran hätte ich mir denken müssen«, rügte er sich. »Ich bin in einer Forschungs-Station. Sie werden hier genügend Experten stationiert haben, die alle Gifte zuordnen können. «

Er zwang sich dazu, gleichgültig zu wirken.
Er blickte auf seinen Zeitmesser.

»Ganze 15 Minuten sind vergangen«, dachte er. »Ich muss einen Weg aus der Anlage finden. Möglichst ohne den Verdacht auf mich zu ziehen. Die Zeit läuft mir davon.«

Er dachte nach und rief sich den Bauplan der Station in sein Gedächtnis. Viele Türen führen nach außen, erkannte er. Doch er wusste auch, dass sie gemäß den Vorschriften der EWK verschlossen waren.

»Es muss einen anderen Weg geben«, überlegte er.
Unruhig stellte er fest, dass die Soldaten des Sicherheits-Dienstes nach den Personalien und den ID-Codes der Anwesenden fragten. Diese führten sie in ein mobiles Lesegerät ein.

Seine Hand fuhr in die Tasche seines weißen Kittels.

Erleichtert stellte er fest, dass die ID-Card, die er vorsichtshalber dem Wissenschaftler abgenommen hatte, noch an seinem Platz war.

Die Türe des Büros von General Poison wurde geöffnet. Major Travis, Heran, Commander Brenzby, Sirin, Barenseigs und Heinze traten ein.

Die Miene des Generals hellte sich auf.
»Es ist schön, sie alle gesund zu sehen«, sagte er. »Ich hoffe, sie waren erfolgreich auf ihrer Mission? «

Major Travis und seine Crew salutierten.
»Auch uns freut es wieder in der Heimat zu sein«, erwiderte Major Travis. »Wir haben viel zu berichten. «

»Lassen sie hören«, sagte Noel. »Haben sie Kontakt zu den ausgewanderten Natradern herstellen können? «

Major Travis blickte ihn an.
»Das haben wir«, antwortete er. »Doch stellen sie sich ihre ehemaligen Erbauer nicht mehr so vor, wie sie vor 100.000 Jahren, unter der kaiserlichen Verwaltung waren.«

Noel blickte ihn interessiert an.
»Wie kann ich ihre Aussage deuten? «, entgegnete er.

Die Crew der Termar 1 blickte ihn an und suchte sich freie Stühle in dem Büro des Generals.

»Ihre ehemaligen Natrader haben sich zu einer nicht mehr expansionsfreudigen Rasse entwickelt«, erklärte Major Travis. »Wie Barenseigs uns schon mitgeteilt hatte, haben sie sich in ihrem Kunst-System versteckt und darauf gehofft, dass sie niemand findet. Ihr großes Auditorium, das für ihre Gesetzgebung zuständig, hatte vor langer Zeit einen Entschluss gefasst und die Weiterentwicklung an allen technischen Forschungen und an allen Waffen-Systemen und Raumschiffen verboten. Sie wollten so den Drang ihres Volkes nach stetiger Expansion eindämmen. Dieser Schuss ging leider nach hinten los.

Durch die Stagnation ihrer Technik, die vermutlich heute noch auf dem Stand von vor 100.000 Jahres ist, konnten andere Rassen technisch aufholen und ihnen auf Augenhöhe gegenübertreten. Selbst ihre Schiffsverbände wurden auf 30 Kohorten beschränkt. Jede Kohorte umfasst einen Schiffs-Verband von 600 Schiffen. Entsprechend dieser Vorgabe, unterhalten sie eine Flotte von insgesamt 18.000 Schiffen. Diese ist wieder unterteilt in die Klassen von 250-Metern, 400-Metern, 600-Metern und 800-Metern Schiffen. Die letztgenannten sind derzeit ihre größten Schiffs-Einheiten. «

Noel blickte ihn an.

»Was ist aus den großen Schiffen geworden, die wir bei uns einsetzten? «, fragte Noel. »Meine Mutter-KI ist im Besitz fertiger Konstruktion-Pläne von 2.500-Meter, 3.000-Meter und 5.000 Meter-Zerstörern. «

General Poison riss seine Augen auf.

»Davon weiß ich ja noch gar nichts? «, fluchte er. » Wann wollten sie mich denn informieren? «

Emotionslos blickte der Klon der großen Natrid-Hypertronic-KI den General an.

»Weil meine Mutter noch an der Optimierung der Konstruktions-Pläne arbeitet«, entgegnete er. »Diese Pläne werden erst präsentiert, wenn wir die optimale Lösung gefunden haben. Diese Konstruktionen sind nicht nur als Zerstörer der schwersten natradischen Gewichtung, sondern bereits als eigenständige Kampf-Basen angesehen. Sie werden informiert werden, wenn die Hypertronic-KI die Konstruktions-Pläne freigibt. Bis dahin werden sie sich noch etwas gedulden müssen. «

»Darf ich mit meiner Schilderung fortfahren? «, fragte Major Travis.

»Entschuldigen sie Major«, bemerkte der General. »Diese Zwischenfrage musste erlaubt sein. Fahren sie fort. «

Heran lachte laut auf.
»Der General kann es wieder nicht abwarten«, sagte er.

Verärgert schaute Poison zu ihm herüber.
»Wir müssen uns auch noch einmal unterhalten«, entgegnete er an die Adresse von Heran.

Dieser zog seine verzog keine Miene und schmunzelte.

»Jedenfalls kamen wir dank der Unterstützung unserer lantranischen Freunde, rechtzeitig nahe des Sombrero-Nebels an«, erklärte Major Travis. »Von dort aus war es nicht mehr weit zu dem Kunst-System der Santaraner. Unsere Ortungen ergaben, dass eine insektoide Rasse, die sich Daraner nannten, mit einer Flotte von 5.000 Schiffen den Sicherheits-Schutzschirm der Santaraner attackierte. Unsere Unterstützung bewirkte einen positiven Verlauf der Kampfhandlungen. Dank der Superwaffe der Lantraner und unseren überlegenen Waffen-Systemen, konnten wir schrittweise die Flotte der Daraner aufreiben, die nicht an einen Rückzug dachte. Die ausführlichen Berichte werden ihnen und Noel noch von unserer Schiffs-KI überspielt. Wir haben die Königin der Daraner, den ersten Offizier und einige wenige

Überlebende, von ihrem Flaggschiff evakuiert und arretiert. Sie werden Noel, zwecks eines natradischen Intensiv-Verhöres übergeben. «

Major Travis blickte den Kunst-Klon an.
»Gehen sie vorsichtig bei diesem Verhör vor«, entgegnete er. »Wir kennen die körperlichen Eigenschaften dieser Rasse nicht. Ich möchte nicht, dass ihre natradische Chemie den Körper der Insektoiden schädigt und absterben lässt, bevor wir die benötigten Informationen haben. «

Noel blickte ihn an.
»Wir haben schon früher Experimente mit insektoiden Rassen durchgeführt«, erwiderte er. » Ich werden die alten Archive öffnen lassen und schrittweise mit einem Wahrheits-Serum anfangen. Ich verspreche ihnen, dass wir vorsichtig sein werden. «

Major Travis blickte ihn an.
»Das erwarte ich von ihnen«, entgegnete er. »Falls sie nicht weiterkommen, kontaktiere ich Heran. Seine Rasse ist mit solchen Befragungen bereits weiter fortgeschritten. «

Major Travis blickte General Poison und Noel an.

»Jedenfalls konnten wir die Flotte der Daraner vernichten«, fuhr er fort. »Jegliche Kommunikation scheiterte, durch die wir uns bemühten, die Daraner zu einem Abbruch ihres Angriffes zu bewegen. Ihr Hass auf die Santaraner scheint immens zu sein. Als wir ihnen zu Hilfe kamen, hatten die Daraner bereits den systemumspannenden Sicherheits-Schirm durchbrochen. Eine Flotte von 1.000 Schiffen stürzte sich auf die Heimat-Verteidigung der Santaraner.

Die Flotte der Daraner bestand überwiegend aus Walzen-Schiffen einer 500-Meter Klasse. Die Schiffe der Heimat-Verteidigung der Santaraner wies eine Größe von 250-Metern auf. Im gleichen Verhältnis kann man auch die Stärke der Waffen-Systeme messen. Die Heimat-Flotte der Santaraner, die ansonsten normale Polizei-Aufgaben in dem Kunst-System übernimmt, war mit den großen Schiffen der Daraner überfordert. Als wir eintrafen, mussten sie bereits viele Verluste an ihren Schiffen und Besatzungen beklagen. «

Major Travis legte eine kurze Pause ein.

»Es ist mir unverständlich, wie ein solcher technischer Rückschritt unseres ehemaligen Volkes passieren konnte«, bemerkte Noel. »Die technische Überlegenheit der Waffensysteme, war unter dem Kaiser eines der wichtigen Merkmale für eine effiziente Verteidigung nach außen.«

»Das scheint unser großes Auditorium über die lange Zeit der Erneuerung anderes gesehen zu haben«, bemerkte Barenseigs. » Sie wurden von dem großen Krieg, gegen die Rigo-Sauroiden derart geprägt, dass sie der Kriegs-Industrie von Natrid die Schuld für den Verlust des Heimat-Planeten und der vielen Leben gegeben haben. Entsprechend dieser Tatsache haben sie Admiral Tarin entmachtet und ihn in eine Stasis-Kammer gepackt. «

»Bedeutet, dass ihr letzter großer Admiral noch in einer Kälte-Schlafkammer lebt? «, fragte General Poison erstaunt.

Sirin nickte.
»So wie ich die Zeit überdauert habe, schläft der Admiral ebenfalls in einer kontrollierten Stasis-Kammer. Die evakuierten Natrader, die sich heute Santaraner nennen, haben ihn eingefroren und für die Nachwelt aufbewahrt. Sie geben ihm die Schuld für die Ereignisse des großen Krieges. Admiral Cartero befürchtet, wenn er den General erweckt, dass er wieder die Macht für sich beansprucht und das santaranische Kunst-System zu einer neuen Kriegsmacht aufbaut. «

»Wer ist Admiral Cartero? «, entgegnete General Poison.

»Dazu komme ich jetzt«, entgegnete Major Travis. »Nach dem Sieg über die daranische Flotte, bat Admiral Gentrin uns an einem Festakt der Admiralität teilzunehmen. Er war bis dato der oberste Befehlshaber der militärischen Streitkräfte des Kunst-Systems. Sie wollten uns für den Bestand ehren und auszeichnen. Doch wir erkannten, dass dies eine Falle war. Er konnte nicht akzeptieren, dass die Barbaren des dritten Planeten ihres ehemaligen Heimat-Systems, die Santaraner technisch überholt hatten. Die Admiralität beanspruchte die natradischen Hinterlassenschaften für sich selbst.

Er wollte uns inhaftieren und die technischen Errungenschaften für sich beanspruchen. Dank dem gemäßigten Admiral Cartero, wurden wir entsprechend gewarnt. Er versuchte den Führer der Admiralität zu einem Umdenken zu bewegen, leider ohne Erfolg. Er wurde arretiert und sollte wegen Hochverrats hingerichtet werden. Ebenfalls das hohe Auditorium, das sich bislang den Wünschen des Admirals entgegengestellt hatte. Sie erkennen also hier, das letzte Aufbäumen von Admiral Gentrin, der die technische Unterlegenheit der Santaraner erkannt hatte.

Dank der Tarnfähigkeit unserer Raumschiffe, konnten wir unbemerkt landen, Kampf-Roboter und Einheiten von Marines ausschleusen. Diese erledigten die Kampf-Truppen der Admiralität. Wir konnten Admiral Cartero und das hohe Auditorium befreien und wieder rechtmäßig einsetzen. Admiral Cartero wurde von dem Auditorium als neuer Leiter der Admiralität berufen. Dank der anschließenden Gespräche ist man bereit, mit dem Neuen-Imperium politische Gespräche aufzunehmen, Handels-Vereinbarungen zu unterzeichnen und zukünftig verstärkt zusammen zu arbeiten. Wir haben zugesagt, langfristig eine Wurmloch-Verbindung aufzubauen, die den Transport und den Waren-Austausch zwischen unseren Systemen ermöglich. Die Wurmloch-Brücke wird unter der Verwaltung von Tarid stehen. «

»Das hört sich vielversprechend an«, antwortete General Poison. »Professor Augenzell hat uns heute bereits mitgeteilt, dass er die Wurmloch-Technik der Lantraner entschlüsselt hat. Ich bin mir sicher, dass wir in Kürze mit dem Bau eigener Triebwerke beginnen können. «

Heran zog seine Augenbraue nach oben.
»Respekt«, sagte er. »Ich hätte so schnell nicht mit einer Entschlüsselung unserer Technik gerechnet. «

»Die von uns gebauten Wurmloch-Antriebe, werden erst nach mehrfachen Tests und Kontrollen durch die Lantraner in Serienreife gehen«, sagte Major Travis. »Vorher möchte ich kein Risiko eingehen. Das ist eine neue Technik für uns. Wir müssen sicher sein, dass sie problemlos funktioniert. «

»Es ist kein Problem für uns, ihre Wurmloch-Antriebe zu überprüfen«, bemerkte Heran. »Ich denke, dass würde auch in dem Sinne von Aritron sein, der immer noch Bedenken hat, dass eine Weitergabe von Technik an mindere Rassen ein großes Unglück bedeuten kann. «

»Stehen wir jetzt unter der Aufsicht der Lantraner? «, fragte General Poison.

»Nein«, antwortete Major Travis. »Aber ihnen sollte auch klar sein, dass unsere Freunde auf einer technisch weiter entwickelten Stufe stehen als wir. Es kann uns nur Vorteile bringen, wenn die Lantraner die korrekte Funktionsweise des Wurmloch-Antriebes bestätigen. Sehen sie das bitte als zusätzliche Sicherheits-Maßnahme an. «

Noel nickte.
»Ich stimme Major Travis zu«, sagte er. »Die Entwicklung geht derzeit rasant weiter. Es kann nicht schaden, wenn

Heran und sein Volk sich diese von uns nachgebaute Technik ansieht.«

Major Travis blickte in die Runde der Zuhörer.
»Kurz vor unserem Abflug haben wir einen Notruf von Sil'drock erhalten. Wir hatten ihn bei unserer Exkursion in die zweite Dimension kennengelernt. Er ist ein Angehöriger der Ablonder, die sich aufmachen und nach ihren Herren zu suchen. Diese sind uns unter dem Namen der „Aller-Ersten" bekannt. Heran vermutet, dass sie für die genetische Erzeugung der Worgass verantwortlich sind.«

»Nicht nur dass«, bemerkte der Lantraner. »Wir sind im Besitz von Daten, dass sie aufgebrochen sind, um der unkontrolliert auswuchernden Rasse der Worgass, Einhalt zu Gebieten. Die Worgass-Keimlinge reifen auf wasserreichen Planeten heran. Noch bevor sie ihre ursprüngliche Form ausgebildet haben, können sie gentechnisch manipuliert werden. Wir haben uns mit diesem Thema nicht weiter beschäftigt. Unser Volk benötigte nie genmanipulierte Hilfsvölker in diesem Umfang. Doch es zeigt sich heute, dass anscheinend die Worgass von unterschiedlichen Rassen manipuliert wurden. Eine weitergehende Analyse kann erst nach Erhalt weiterer Daten durchgeführt werden.«

Major Travis blickte den General an.

»Als wir an den Koordinaten des Hilferufes von Sil'drock ankamen, wurde der Versorgungs-Planet von ihnen durch drei schwere Raumschiffe einer 2.500-Meter-Klasse angegriffen. Diese Raumschiffe wiesen eine fast identische Bauform auf, vergleichbar mit den Schiffen der Worgass, die wir auf der Andromeda-Seite gestellt hatten. Nach einem kurzen Gefecht konnten die Schiffe, die ebenfalls nicht über sehr intensive Waffen-Systeme verfügten, eliminiert werden. Der Commander des letzten Schiffes konnte als ein Gefangener auf unserem Schiff verhört werden. Es handelte sich um einen Worgass, der aus einer weißen Barriere in der zweiten. Dimension stammt.

Wir konnten einige Informationen aus ihm herausbekommen. Seltsamerweise hat er bereitwillig auf unsere Fragen geantwortet. Er dienst einer Rasse, die sich Zierrakies nennen. Sie haben diese weiße Barriere zu ihrem Stützpunkt gemacht. Es handelt sich um eine Anomalie, die sich von Zeit zu Zeit selbstständig weiter ausdehnt. Alles, was sich in ihrer Nähe befindet, wird bei der nächsten Ausdehnung automatisch in die Anomalie übernommen. Diese Zierrakies entscheiden darüber, welche Species erhaltungswürdig sind, oder welche vernichtet werden. Sie haben in der Anomalie 8.300 Planeten, auf denen viele als Reservats-Gebiete für unterschiedliche Arten eingerichtet wurden. Auf einem dieser Planeten leben auch die letzten der „Aller-Ersten", die anscheinend von den Zierrakies besiegt wurden. «

Die Zuhörer wirkten nachdenklich.
»Ich gebe das Wort an Heran weiter«, entschied der Major. » Er kann uns noch einige Hinweise zu dieser Rasse geben. «

»Danke«, antwortete der Lantraner.
Er blickte in die kleine Runde der Zuhörer.

»Die Zierrakies sind Methan-Atmer. Wir vermuten, dass es sich um eine insektoide Rasse handelt. Keiner hat bisher ihr wahres Aussehen kennengelernt. Schon damals traten sie immer in geschützten Sicherheits-Anzügen auf. In der Zeit der großen Zusammenkünfte waren sie überwiegend in der Whirlpool-Galaxie beheimatet. Schon damals konnten wir bei ihnen starke Expansions-Gedanken ausmachen. Doch die Whirlpool-Galaxie schien uns weit genug entfernt zu sein, um keine Gefahren für die Milchstraße entstehen zu lassen. Zusätzlich wussten die Zierrakies, dass wir Lantraner über diese Sternen-Insel wachten. Damals bedeuteten sie keine Gefahr für uns. Sie wären nicht in der Lage gewesen siegreich anzugreifen. Immer wieder sprachen sie von einer immensen Gefahr für das ganze Universum, welche von humanoiden Rassen verbreitet werden sollte. Auf unsere Bitte nach näheren Informationen, konnten sie diese aber nicht preisgeben.«

»Wann war die letzte dieser Zusammenkunft? «, fragte Noel.

Heran dachte nach.
»Das war zu einer Zeit, in der wir noch aktiv das Universum erforschten«, antwortete Heran. »Lassen sie mich jetzt nicht lügen, aber es wird mindestens 1 Million Jahre her sein. «

Das war selbst für Noel eine lange Zeit.
»Ihnen ist schon klar, dass sich in der Zeit viel getan haben kann«, fragte er den Lantraner.

Dieser blickte ihn irritiert an.
»Zeit ist für uns nicht der Maßstab«, erwiderte er. »Wir haben schon viele Rassen kommen und gehen sehen. Doch wie es scheint, haben die Zierrakies auch diese lange Zeit unbeschadet überstanden. «

»Wie hilft uns das jetzt weiter? «, fragte General Poison. »Hat jemand eine Idee? «

»Mir ist bewusst, dass wir mit unserem neuen Imperium genug Arbeit vor uns liegen haben«, sagte Major Travis.

»Die Grenzen unseres Wirkungskreises scheinen vorgegeben, doch verschwimmen sie im Strudel der Ereignisse. Rassen und Völker, die einen gemäßigten Kurs verfolgen, werden eliminiert und ausgerottet. Nur dank unserem Eingreifen, konnten wir größere Gefahren für das santaranischen Kunst-System abwehren. Durch diese Mission konnten wir Freunde und Unterstützung im All finden. Nach den ganzen Missionen, die wir bisher durchgeführt haben, zeigt sich leider auch, diese Rassen nicht zahlreich zu finden sind. Es liegt an uns, dafür zu sorgen, es nicht noch weniger humanoide Völker in der Galaxie gibt.

Die Ablonder, das ehemalige Hilfsvolk der „Aller-Ersten" sucht nach den verbleibenden Versorgungs-Planeten ihrer Rassen. Sie erwecken alle Schläfer und aktivieren ihre Schiffe, um in die Anomalie der Zierrakies vorzustoßen. Sie besitzen überwiegend Kampf-Schiffe der 250-Meter-Klasse. Ich spreche vermutlich auch die Gedanken von Heran aus, indem ich allen hier Anwesenden mitteile, dass sie den Schiffen der Zierrakies massiv unterlegen sein werden. Sil'drock hat mich um Hilfe im dem Kampf gegen die Zierrakies gebeten. Er wird zu gegebener Zeit zu uns zukommen, um seine Vorschläge zu unterbreiten. «

»Wir schlittern bei jeder ihrer Missionen in einen neuen Krieg mit anderen Rassen «, erkannte General Poison. »Können sie mir sagen, dass wir nicht irgendwann den Kürzeren hierbei ziehen? «

»Solange sie unseren Freund Heran nicht mit ihren Einflug-Bestimmungen ins Sol-System verärgern, weiß ich ihn an unserer Seite«, lächelte der Major. »Was ich bisher von der lantranischen Waffentechnik kennengelernt habe, lässt uns wie Schulanfänger aussehen. Ich bin mir sicher, dass die lantranische Regierung das Vordringen der Zierrakies ebenfalls als eine Bedrohung ansehen wird. Falls wir nichts unternehmen, werden wir irgendwann sowieso auf sie stoßen. Ihre Ausdehnungs-Pläne werden nicht vor unserem Anspruchsgebiet halt machen. «

»Das sehe ich genauso«, erwiderte Heran. »Lieber General, ihnen sollte bewusste sein, dass sie jetzt auf einer ganz anderen Bühne spielen als noch vor einigen Jahren. Selbst wir Lantraner wissen nicht, was noch alles auf uns zukommen wird. Von daher sollten sie, mögliche Expansionsgedanken der Zierrakies, bereits im Keim ersticken. Wir müssen sie in ihren Heimatbereich, die Whirlpool-Galaxie, zurückdrängen. Wir wissen, dass die Zierrakies sich auch wieder einer eigenen Züchtung von Worgass bedienen. Wie Major Travis bereits mitteilte, ist der von uns gefangengenommene Commander Sirgphan, auch ein Worgass. «

»Es scheint tatsächlich eine Pest im Universum zu sein«, entgegnete General Poison. »Falls wir intervenieren, welchen Schiffs-Verband brauchen sie hierfür? «

Heran kam der Antwort von Major Travis zuvor.
»Sie wissen, dass wir mit 1.000 Schiffen den Ablondern geholfen haben«, erwiderte der Lantraner. » Hierauf werden sie sich einstellen. Ich empfehle ihnen eine Flotte von 5.000 Zerstörern der 2.000-Meter Klasse zu mobilisieren. «

General Poison Gesicht wurde kreidebleich. Die Anwesenden wussten bereits was passierte.

»Habe ich es nur mit Wahnsinnigen zu tun? «, schimpfte er. » Glauben sie, ich brauche nur zu pfeifen, dann stehen die Zerstörer zur Verfügung? Wer bezahlt die Kosten? «

»Die Kosten zahlen alle Menschen, falls wir einem Angriff der Zierrakies nicht zuvorkommen«, antwortete Heran emotionslos. »Das können sie ihrem Prüfungs-Ausschuss mitteilen. Falls sie zugehört hätten, wüssten sie jetzt, dass die Zierrakies entscheiden, welche Rasse überleben darf und welche nicht. «

»Wie bezahlen denn die Lantraner diese Missionen? «, erkundigte sich der General plötzlich.

Heran lachte.
»Bei uns gibt es bereits lange keine Zahlungsmittel mehr«, erwiderte er. » Wir leben, um uns zu vervollkommnen. Jedes Mitglied unserer Rasse hat seine Aufgabe. Wir forschen, entwickeln und produzieren für die Allgemeinheit. Falls etwas notwendig wird, können wir das über unsere Duplikations-Technik erstellen. «

»Das ist interessant zu hören«, antwortete der General. »Erstellen sie ihre Raumschiffe über eine Duplikation der Einzelteile, oder duplizieren sie bereits vollständige Raumschiffe? «

»Das ist geheim«, antwortete Heran. »Aber ihnen als Freund unserer Rasse kann ich ja vertrauen. Unsere Duplikations-Anlagen sind sehr fortgeschritten, dass sie fünfdimensional duplizieren können. Wir erstellen direkt bezugsfertige Raumschiffe. «

General Poison und Professor Augenzell funktioniertet ihre Mundkiefer nach unten
.
»So eine Anlage brauchen wir«, stimmte der General. zu

Heran lachte laut auf.

»Das menschliche Gehirn ist noch nicht so weit«, antwortete er. »Es bereitet ihm Schwierigkeiten fünfdimensional zu denken. Was passiert wohl, wenn sie Technik erhalten, die fünfdimensional arbeitet? «

»Es gibt eine andere Möglichkeit«, antwortete Heinze. Er hatte sich bisher mit Kommentaren zurückgehalten. Alle Zuhörer blickten ihn erstaunt an.

»Wie ich ihren Gesprächen entnommen habe, sind die Ablonder ein Hilfsvolk der Aller-Ersten gewesen«, fuhr er fort. »Die Worgass dienen als Hilfsvolk für viele unterschiedliche Rassen. Es scheinen sich also Koalitionen in der Galaxie zu bilden. Wir, ich spreche hier von dem neuen Imperium, holen auch für die Lantraner immer wieder die Kohlen aus dem Feuer. Warum stufen sie uns nicht als ein sich selbstverwaltendes Hilfsvolk der Lantraner ein. Sie teilten uns mit, dass die Bedrohung auf uns zukommt. Stellen sie eine Duplikations-Maschine bei uns auf, die wie bei einem Konsulat, unter der Aufsicht von lantranischen Wissenschaftlern produziert. Sie hätten somit die Oberaufsicht über diese Maschine. Lediglich würde sie nicht auf ihrem Planeten, sondern auf Tarid stehen. «

Heran dachte nach.

»Ich muss wirklich sagen, dass ist der erste vernünftige Vorschlag, den ich heute höre. Respekt Heinze, diese Idee hätte auch von mir kommen können«, bestätigte er. »Das einzige Problem ist, unsere Hohe-Empore zu überzeugen. Bisher haben sie uns lediglich ein gemäßigtes Vorgehen gestattet. Sie gilt es zu überzeugen. «

Der interne Funksignalgeber von General Poison summte. Er griff nach dem Kommunikator.

»Hier ist Poison«, sprach er in das Gerät.
»Hier ist der diensthabende Leutnant der Flugaufklärung von Tarid«, hallte es aus dem Gerät. »Unsere 25 Aufklärer sind zurückgekommen. Sie haben befohlen, nach einem möglichen Flugobjekt zu suchen, dass einen Hyperfunk-Impuls abgestrahlt hat. Wir haben alles mehrfach abgeflogen, konnten jedoch nichts feststellen. Auch wurden keine weiteren Funksprüche geortet. «

»Danke«, antwortete General Poison. »Bleiben sie weiter wachsam und überwachen sie die Zone.

»Falls wir weitere Informationen haben, melde ich mich, antwortete der Leutnant.«
Die Verbindung erstarb.

General Poison blickte Noel an.

»Die 25 Aufklärer sind zurück«, teilte er mit. »Sie haben nichts finden können. Sämtliche Gebiete wurden mehrfach abgeflogen und gescannt. «

»Das Objekt wird zu klein und vermutlich auch noch getarnt sein«, antwortete der Klon der natradischen Hypertronic-KI. » Selbst die Sensoren von Atlantis haben nichts feststellen können. «

»Was für ein Objekt? «, fragte Major Travis erstaunt.

Der General druckste herum.
»Wie soll ich es sagen«, antwortete er. » Wir haben heute Morgen die Nachricht erhalten, dass ein unbekannter Hyperkomm-Funkspruch von der Erde aus ins All geschickt wurde.
«
Er blickte Noel an.
»Informieren sie den Major«, bemerkte er. »Das Flugobjekt ist durch ihre Sicherheits-Systeme geflutscht.«

»General«, antwortete Noel. »Ich aber ihnen bereits erklärt, die dieser Hyperkomm-Funkspruch nicht durch unsere Systeme geflutscht ist.«

Er blickte die interessierten Zuhörer an.

»Ich erhielt heute Morgen einen wichtigen Hinweis von der großen Hypertronic-KI«, teilte er mit. »Die Atlantis-Hypertronic-KI und die Natrid-Hypertronic-KI konnten fast gleichzeitig das Abstrahlen einer Hyperkomm-Funknachricht aus der unteren Atmosphäre von Tarid registrieren. Dieser Funkspruch konnte von uns nicht dekodiert werden. Es scheint sich um ein Datenpaket zu handeln, das kurz nach dem Abstrahlen den Hyperraum und kurz hiernach den Zwischenraum durchbrochen hat. Wir konnten zwei geringe Verzerrungen der Räume aufzeichnen. Das alles fand noch innerhalb der Atmosphäre von Tarid statt. Ich habe dem General erklärt, dass es noch viel Unbekanntes im Universum gibt, das wir nicht kennen.

Ausgesuchte natradische Wissenschaftler hatten unter dem Kaiser-Imperium herausgefunden, dass es überall im Universum Energie-Adern gibt. Sie durchziehen das ganze Universum, nicht sichtbar, aber sie sind da. Die wissenschaftliche Kaste, des ehemaligen natradischen Kaiser-Imperiums vermutete, dass diese Adern durch Energie aus dem Zwischenraum gespeist werden. Man muss sich das wie ein Geflecht von Wurzeln eines alten Baumes vorstellen. Jedenfalls konnten unsere Wissenschaftler diese Energie-Adern nachweisen. Sie vermuteten, dass sie diese Adern für Raumschiff-Reisen, Datentransporte, oder Funksprüche nutzbar gemacht werden können. Leider sind ihre Forschungen zu keinem kurzfristigen Ergebnis gekommen. Während des Krieges wurden die Forschungen eingestellt und den Wissenschaftlern andere, überwiegend militärische Projekte zugeteilt. Wie sie ja wissen, konnte später die Forschung zu diesem Thema nicht mehr aufgenommen werden. «

»Konnte der Ursprung der Abstrahlung registriert werden? «, fragte Major Travis.

Noel nickte
»Es scheint sich um ein mobiles Gefährt gehandelt zu haben, dass die Sendung abgestrahlt hat«, erwiderte Noel. »In der Zeit der Abstrahlung bewegte sich das Objekt 150 Meter vorwärts. Es ist nicht sehr groß, daher kann es von uns nicht geortet werden. Vermutlich fliegt es auch sehr tief, um unseren Ortungen zu entgehen. Es ist davon auszugehen, dass dieses Datenpaket nicht irdischen Ursprungs entstammt. Es sah so aus, als ob es sich auf die Arktis zubewegte. Dann brach leider die Abstrahlung ab. Seitdem tappen wir im Dunkel. «

Danke«, antwortete der General. » Die von mir ausgesandte Staffel Suchflugzeuge, konnte nichts finden. Wir sind wieder am Anfang. «

»Vielleicht war es auch eine Verzerrung durch Sonnenwinde«, sagte Heran. »Das kommt bei unterentwickelten Geräten schon mal öfter vor. «

Major Travis schüttelte seinen Kopf.
»Das glaube ich nicht«, erwiderte er. »Unsere Frühwarn-Systeme sind schon auf einem hochwertigen Level und sehr sensibel. Wenn sie etwas melden, dann war da auch etwas. Haben wir das Datenpaket speichern können? «

Noel nickte.
»Wir haben es gespeichert, doch leider bekommen wir es nicht dekodiert. Mit so etwas haben wir es noch nie zu tun gehabt. «

Er blickte Heran an.
»Kann deine Schiffs-KI möglicherweise das Paket zu entschlüsseln? «

Heran blickte ihn an.
»Sie kann es versuchen«, antwortete der Lantraner. »Vorausgesetzt, die Datei ist nicht beschädigt. Meine Hypertronic muss sie öffnen, um Bruchstücke der verwendeten Sprache, oder der Zeichen rekonstruieren zu können. Nur so erhält sie Zugriff auf eine mögliche außerirdische Sprache. «

»Noel, bitte senden sie eine Kopie an das Schiff von Heran«, sagte Major Travis.

»Musst du hierfür auf dein Schiff, oder kannst du deine KI von hier aus instruieren? «

»Das geht natürlich von hieraus«, antwortete Heran. » Ich informiere sie über den bevorstehenden Eingang des Datenpaketes und weise sie an, es zu dekodieren. «

Er griff nach seinem Kommunikator und informierte die Hypertronic-KI seines Schiffes.

»Alles ist bereits«, meldete er. »Noel lassen sie das Datenpaket senden. «

»Ich kümmere mich persönlich hierum«, antwortete der Kunst-Klon.

Er sprang auf und eilte aus dem Büro des Generals.

»Kann er seine Mutter nicht von hieraus anweisen, das Datenpaket zu senden? «, fragte Heran irritiert.

»Doch«, antwortete der General. »Ich glaube, ihm ist es peinlich, dass seine Geräte die Dekodierung nicht hinbekommen haben. Lassen wir ihn das persönlich erledigen. Er wird bestimmt gleich zurückkommen. «

***

Kragphan blickte auf den Zeitmesser an seinem Handgelenk.

»Nur noch 17 Minuten bis zu der ersten Explosion«, dachte er. »Die Zeit wird knapp. Bisher konnte ich keine Möglichkeit zu Flucht finden. 6 Soldaten sichern den Ausgang. Ihre Laser-Gewehre sind aktiviert und auf die Personen in dem Aufenthaltsraum gerichtet. Ich muss etwas tun. «

Langsam stand er auf und schlenderte zu dem Ausgang. Ein Kampf-Roboter versperrte ihm den Weg.

»Wo wollen sie hin Doktor? «, fragte einer der Soldaten.

Der Worgass drehte sich zu ihm um.
»Ich braue frische Luft«, antwortete er. »Mir geht es nicht besonders gut. «

»Das geht jetzt nicht«, antwortete der Soldat. »Das ist eine Alpha-Order. Gehen sie wieder zu ihrem Platz und setzen sie sich. Niemand darf die Anlage verlassen. Wir nehmen eine Sicherheits-Überprüfung des kompletten Personals vor. «

Kragphan wusste, dass weitere Diskussionen mit dem Soldaten unangebracht waren.

Er nickte kurz, drehte sich um und ging zu seinem Sitzplatz zurück.

Unruhig schaute er wieder auf seinen Zeitmesser.
»Noch sieben Minuten«, las er. »Vielleicht kann ich die Unruhe nach der ersten Explosion nutzen, um zu fliehen.«

Er schwellte in seinen Erinnerungen. Er war davon überzeugt, dass in der Vergangenheit bereits viele Kundschafter ihr Leben lassen mussten, weil sie keinen Ausweg mehr fanden. Es ging nicht darum Agenten zur Strecke zu bringen. Das größte Problem stellte die Situation dar, auf sich allein gestellt zu sein. Kragphan hatte plötzlich Mühe, seine eigene Unruhe niederkämpfen zu müssen.

»Ich darf nicht auffallen«, bemerkte er. »Die Terraner haben sich entwickelt. Sie sind in jedem Fall bedeutungsvoll geworden. «

Wieder schaute er auf den Zeitmesser.

»Nur noch 1 Minute«, dachte er. »Gleich wird hier ein Sturm ausbrechen. «

Bedächtig stand er auf. Er machte einen Bogen um die Sicherheits-Kontrolleure. Er näherte sich den großen Fenstern und blickte unauffällig hinaus.

»Vielleicht stößt der Druck die Fenster aus der Verankerung«, überlegte er.

Er suchte sich Schutz hinter einem massiven Betonpfeiler. Dann war es so weit.

Die Explosion der Sprengkapsel entlud sich brachial. Die Flure und Korridore der Halle wurden förmlich weggeblasen. Alle Personen, die sich in dem öffentlichen Raum aufhielten, wurden von ihren Beinen gerissen. Kunststoffteile und Reste von Wandverankerungen flogen durch die Luft und verletzten zahlreiche Personen. Die kräftige Druckwelle ließ die Fensterscheiben der Forschungs-Station zerplatzen. Staub lag in der Luft. Die Hand vor Augen war nicht mehr zu sehen.

Diesen Moment nutzte Kragphan. Mit einem Satz sprang er aus dem Fenster. Noch im Flug veränderte er seine Form. Er wählte wieder die weiße Schlange. Sie tauchte in dem Schnee ein und verschwand hier drin. Für intensive

Beobachter war nur noch ein leichtes Perlen des Neuschnees ersichtlich.

Schnell schlängelte er sich dem Sicherheits-Zaun entgegen. Er durchquerte den Zaun und entfernte sich weiter in der Dämmerung. Als er genügend Abstand zwischen sich und der Station gebracht hatte, wählte der Formwandler wieder die Form eines Eisbären. Mit kräftigen Sprüngen lief er der Position seiner Biosphären-Kapsel entgegen.

Auf einer Anhöhe blieb er stehen und drehte sich um. Die Zeit war abgelaufen.

Er stieg auf seine Hinterbeine und blickte zurück. Gerade noch rechtzeitig sah er am Horizont drei große Feuerpilze in den Himmel steigen. Die Nacht wurde von den Explosionen erhellt, die vermutlich von dem Wurmloch-Triebwerk noch verstärkt wurden.

»Da gehen alle ihre Träume hin«, dachte er. »Der terranische Wurmloch-Antrieb wurde vernichtet. Die Meister können mit mir zufrieden sein. In meiner Kapsel werde ich eine Nachricht absetzen. «

Die erste Explosion hatte bereits großen Schaden angerichtet. Die Druckwelle kam so unverhofft, dass die

Sicherheits-Systeme nicht mehr reagieren konnten. Erst Sekunden später baute sich ein energetisches Eindämmungsfeld auf. Dieses sicherte die Halle ab. Leider war es nicht ein lantranischer Super-Schirm. Die alarmierten Löschdienste eilten zu der Unglücksstelle und versuchten die Ursache zu finden. Sie betraten die verwüstete Halle und suchten nach der Fehlfunktion. In dem Moment zündeten gleichzeitig die drei Sprengkapseln in den Energiemeilern.

Durch die verstärkte Kraft, der durch Masarith-Energiekristallen bestückten Meiler, baute sich ein gewaltiger Plasmaball auf, der das Eindämmungsfeld sofort zum Kollabieren brachte. Er sprengte das Dach der Forschungs-Station aus seiner Verankerung und verschaffte sich Platz nach außen. Die Teams der Löschdienste wurden innerhalb von Sekunden, von der heißen sich ausdehnenden Plasmawolke erfasst und verkohlt. Nicht einmal Asche blieb von ihnen zurück.

Alarmsirenen heulten in der verbliebenen Station auf. Sämtliche Sicherheits-Kräfte waren überfordert. Die Einsatzleitung kontaktierte die EWK und bat um weitere Unterstützung.

Kragphan hatte genug gesehen. Der gigantische Feuerball in der dunkeln Nach sagte genügend aus.

Er war mit sich zufrieden. Wieder konnte er einen erledigten Auftrag an seine Meister melden.

Mit eiligen Schritten lief er vorwärts. Die kräftigen Klauen schlugen taktmäßig in den verkrusteten Neuschnee.

»Nur noch wenige Kilometer«, dachte er. »Dann habe ich meine Kapsel erreicht. «

Er spurtete vorwärts und holte die letzte Kraft aus dem Körper des Eisbären heraus. Der kalte Polarwind machte ihm nichts aus. Tief sog er die frische Luft in seine Lungen. Dort am Horizont nahm er etwas wahr. Wieder beschleunigte er seinen Lauf.

Schwer schnaubend blieb er vor seinem Ziel stehen. Er veränderte seine Körperform und wählte wieder die bekannte Gestalt des Atlanter's.

»Schon lange lebe ich mit dieser Körperform«, dachte er. »Es wäre wirklich schade, sie nicht mehr benutzen zu können. «

Er breitete seine Arme aus und streckte sich. Schnell aktivierte er das Schott der Kapsel. Es glitt geräuschlos auf. Er stieg in seine Biosphären-Kapsel und schaltet die Heizung auf höchste Leistung.

Kräftig trommelte er mit seinen Händen auf seine Brust. Ihm wurde kalt.

»Bei aller Liebe zu diesem Körper«, dachte er. »Diese eisige Kälte verträgt er nicht besonders gut. Ein Fell wäre nicht schlecht gewesen. «

Seine Finger glitten über die Konsole der Kapsel. Der Antrieb sprang an. Kragphan zog das Steuer zu sich. Die Kapsel sprang förmlich aus dem Schnee und flog vorwärts. Der Worgass achtete darauf, dass er nur wenige Meter über dem Boden flog. Hier war die beste Tarnung gegeben. Die Koordinaten des Rückfluges waren bereits seit vielen Jahrtausenden einprogrammiert. Er schaltete auf Automatik und lehnte sich zurück.

»Genießen wir den Flug«, dachte er.

Er blickte aus dem Cockpit und sah am Horizont Wasser auftauchen. Die kleine Kapsel schoss mit immenser Geschwindigkeit ihrem Ziel entgegen. Vergleichbar mit einem Raketengeschoss, dass sich selbstständig ihr Ziel suchte.

»Ich muss noch den Erfolg meiner Aufgabe bestätigen«, dachte er.

Sein Blick trübte sich.

»Eine Kurzkorrektur werde ich vornehmen«, dachte er. »Meine Basis darf von den Terranern nicht entdeckt werden. «

Die Basis des Worgass, lag in dem 928 Meter hohen Berg Hiorthfjellet, auf der Insel Spitzbergen. Die Zierrakies hatten diesen Ort in einer Zeit als Späh-Stützpunkt gewählt, als die Natur sich hier noch freundlicher zeigte. Trotzdem war die Basis über die vielen Jahrtausenden unentdeckt geblieben. Die autarke und sich immer wieder selbst wartende Basis erfüllte alle Anforderungen, die an eine Späh-Station gestellt wurden. Dem Zufall war es zu verdanken, dass sie sich heute in einer Kältezone befand, die nur recht dünn besiedelt war. Hier waren auch die Keimlinge für seinen neuen Körper eingelagert.

Kragphan wischte seine Gedanken beiseite. Er flog eine Kurve von 90 Grad und hielt mit seiner Kapsel auf Grönland zu.

»Die Terraner gegen ihren Kontinenten seltsame Namen«, lächelte er. » Doch das sei ihnen gestattet. Solange sie uns nicht in die Quere kommen, ist alles gut. Doch dieser Wurmloch-Antrieb verhieß nichts Gutes. Eigentlich müssen sie mir dankbar sein, dass ich ihnen die Möglichkeit genommen habe, auf unsere Meister zu treffen. Sie hätten den Kürzeren gezogen. Ich habe förmlich ihr Leben noch etwas verlängert.«

Kragphan verschwendet keinen Gedanken mehr an die Explosion der Forschungs-Anlage und die vielen Verletzen, die vermutlich noch geborgen werden mussten.

»Ich glaube zwar nicht, dass sie meine Biosphären-Kapsel orten können, doch eine gewisse Vorsicht ist der bessere Weg«, dachte er.

Er beschleunigte die Kapsel und jagte mit ihr in extremer Geschwindigkeit, ganze zehn Meter über der Wasseroberfläche, dem vor ihm auftauchenden Kontinent entgegen.

»Das wird Grönland sein?«, dachte er. » Ebenfalls fast nur von Eis bedeckt. Ich wünsche mir so gerne, einmal wieder eine warme Region besuchen zu dürfen. Leider ist bisher ein entsprechender Auftrag nicht eingegangen.«

Er blickte auf seine Anzeige und stutzte.
»Ich muss abdrehen«, erkannte er erschreckt. »Vor mir liegt die Station Nord. Sie ist die nördlichste Militärstation der dänischen Streitkräfte auf Grönland und besteht aus 35 Gebäuden und einer Landebahn. Vermutlich sind auch

Techniker und Wissenschaftler anwesend. Sie werden bestimmt schon von dem Unglück in der Arktis wissen und verstärkt nach Objekten Ausschau halten. «

Während er das Steuermodul nach links drehte, drückte er auf den Sendeknopf, der sein Datenpaket ins All schleuderte.

»Die Nachricht wurde gesendet«, meldete ihm seine KI. Kragphan nickte mit einem leichten Lächeln und schaltete die Sendeeinheit komplett ab.

»Nicht zu viele Energiewerte anmessen lassen«, dachte er. »Meinen Funkspruch werden sie sicherlich registriert haben. «

Der drückte den Flug seiner Kapsel wieder dem Wasser entgegen. Mit knapp 8 Metern über dem Meeresspiegel schoss die Biosphären-Kapsel der Insel Spitzbergen entgegen.

»Ganze 15 Zeiteinheiten bis zu meiner Ankunft«, erkannte er. »Erst in meiner Basis fühle ich mich sicher. Die ganze Aktion wird vermutlich viel Wirbel bei den Terranern aufgewirbelt haben. «

Er schaltete die Kapsel wieder auf Automatik und lehnte sich zurück. Seine Arme verschränkte er vor seinem Bauch. Die Kälte dieser Region fraß sich langsam durch die Metallkonstruktion seiner Kapsel.

»Die Wärmeregulierung anpassen«, sagte er. »Die Kälte ist kaum noch zum Aushalten. «

»Der Befehl wird ausgeführt«, antwortete die kleine KI der Kapsel. » Ich weise auf den erhöhten Energie-Verbrauch hin. Die Möglichkeit einer Anpassung ist gegeben. «

»Wem nützt es etwas, wenn ich erfriere«, grollte er die Hypertronic-KI an.

Kragphan wurde schläfrig. Seine Augen formten sich zu kleinen Schlitzen. Nur monotones Wasser, wohin sein Blick sich auch richtete, trug noch hierzu bei.

»Wir nähern uns dem Ziel«, meldet die KI. »Darf ich die Geschwindigkeit reduzieren? «

»Anfrage genehmigt«, antwortete der Worgass. »Auf Sicherheits-Modus schalten und die Geschwindigkeit anpassen. Automatisches Landemanöver aktivieren. «

Die Kapsel hatte die Insel Spitzbergen erreicht. Es war dunkle Nacht. Mit wesentlich geringerem Schub flog Kragphan über das Festland und näherte sich dem Berg, in der seine Basis lag. Dieser einsame und kalte Berg lag gegenüber dem Hauptort Longyearbyen der Insel.

»Die Besiedlung dieser kalten Zone hat erst vor 180 Jahren terranischer Zeitrechnung begonnen«, dachte er. »Doch viele Menschen hat es nicht hierhin gezogen. Die Entdeckung meiner Station ist weiterhin nicht gegeben. «

Er bemerkte, wie die Kapsel abbremste und sich für den Durchbruch in den Hohlraum des Berges bereit machte.

»Dekristallisation, sind die Daten korrekt? «, fragte er ein letztes Mal.

Die KI bestätigte.
»Die Einflug-Daten wurden unverändert übernommen«, teilte sie mit.

»Den Molekül-Dekristallisations-Strahl aktivieren«, befahl Kragphan.

Gleichzeitig schlug er mit seiner Faust auf einen schwarzen Knopf an der Konsole.

Vom Bug der Kapsel aus, löste sich ein dicker Strahl, der auf den harten Fels aufschlug. Innerhalb von Sekunden bildete sich eine rotierende molekulare Wolke, die wie eine Art Staubnebel aussah. Die festen Moleküle des Felsen wurden neutralisiert und bewegten sich in einer kreisrunden Bewegung.

»Dekristallisation erfolgreich«, teilte die KI mit. »Der Durchflug ist jetzt möglich. «

Kragphan beschleunigte die Kapsel und tauchte in die Staubwolke ein. Nur Millisekunden später blendeten hin helles Licht in der Späh-Basis. Punktgenau setzte die Kapsel auf dem Landezeichen auf. Der Vorschub ließ sie noch einige Meter über den Boden rutschen. Dann blieb sie stehen.

»Es bleibt eine unangenehme Prozedur«, dachte er.

»Falls die Dekristallisation nicht exakt durchführt wird, zerplatze ich im dichten Felsen. Eine Einflugs-Schleuse wäre mir lieber gewesen. Doch diese wäre den Terranern bestimmt aufgefallen. «

Er schalte die Energie der Kapsel ab und öffnete den Schott. Schnell sprang er heraus. Er wollte in seine Zentrale und die aufgefangenen Berichte abfragen.

Service-Roboter zogen Schläuche an die Kapsel und schlossen sie an.

»Die Kapsel wird automatisch gewartet«, dachte Kragphan. »Hierum muss ich mich nicht auch noch kümmern.

Heran hielt die Dekodierung des Datenpaketes in seinen Händen. Die Hypertronic-KI seines Schiffes hatte es problemlos übersetzen können.

»Hier ist die Info-Folie, sagte er. Ich hoffe, sie erkennen die Vielseitigkeit lantranischer Hypertronic-KIs. «

»Wir sind begeistert«, antwortete General Poison. »Niemand will ihnen den technischen Vorsprung ihres Volkes aberkennen. «

»Das hatte sich aber vorhin noch anders dargestellt, bemerkte Heran. «

Er blickte auf die Folie und hielt inne.
»So wie ich das sehe, ist das eine Antwort eines Schläfers auf den Befehl der Zierrakies«, verkündete er. »Ich zitiere die Übersetzung.
Bestätigung der Kontroll-Station 39567, Standort Tarid.
Die angeforderte Kontrolle der Weiterentwicklung

humanoider Species wird bestätigt. Ihre Entwicklung wurde weit über dem festgesetzten Standardwert eingestuft. Ein Eingriff ist unbedingt erforderlich. Die Fertigstellung eines Wurmloch-Antriebes steht kurz bevor. Der Schläfer wurde aktiviert und mit Gegenmaßnahmen beauftragt. Die Vernichtung des Wurmloch-Triebwerkes und der Forschungs-Station wird vollzogen. «

Er blickte seine Freunde an.
»Das ist alles der Übersetzung«, teilte Heran mit.

Er blickte die erstaunten Zuhörer an.
»So wie ich das sehe, haben sie noch eine nicht entdeckte Schläfer-Station auf ihrem Planeten«, lachte er. »Ich bin aber genauso erstaunt, dass es den Zierrakies gelungen ist, eine oder mehrere Späh-Stationen in der Milchstraße zu installieren. «

»Warum haben wir diese bisher nicht geortet? «, fragte General Poison.

»Vermutlich ist sie tief in einem Felsmassiv angelegt«, erwiderte Heran. »Der Betrieb wird auf Notstrom laufen, um nur unwesentliche Aggregate mit wenig Energie-Bedarf zu betreiben. Wie sie wissen, braucht eine Stasis-Kammer sehr wenig Energie. Sie ist so aufgelegt, um viele

Jahrzehnte in Betrieb bleiben zu können. Eine ähnliche Station haben sie in der Beobachtungs-Station der Ablonder auf ihrem Planeten entdeckt. Das Problem wird sein, dass wir nicht wissen, wie weit die Technik der Zierrakies entwickelt ist. Wir Lantraner hatten bekanntlich lange Zeit keinen Kontakt mehr zu ihnen. «

»Wir werden sämtliche Sensoren auf die letzte Position des Hyperfunk-Impulses ausrichten«, teilte Noel mit. »Es muss eine Spur zu finden sein. Der Schläfer wird sich nicht zu Fuß fortbewegen. «

»Was kann das Ziel des Schläfers sein? «, fragte General Poison. » Warum ist er erst jetzt aktiviert worden. « »Vermutlich haben wir und die Ablonder, die Zierrakies aufgescheucht«, bemerkte Major Travis. » Sie haben erkannt, dass vor ihrer Haustüre humanoide Lebewesen aufgetaucht sind, die es nach ihren Vorstellungen gar nicht mehr geben durfte. Die Frage ist nur, ob sie in der 2. Dimension bleiben, oder ob ihr Hass sie ins normale Universum springen lässt. Dass sie über die Möglichkeiten verfügen, sollte uns klar sein. «

Heran dachte nach.
»Das ist jetzt nicht nur ein Problem des Neuen-Imperiums«, erklärte er. » Das betrifft auch uns Lantraner. Wenn ich mich recht besinne, haben sie

Zierrakies Verträge unterschrieben, die ihnen klar untersagen, ihre Expansions-Pläne auf die Milchstraße auszudehnen. Ich werde zurück nach Centros fliegen und Aritron informieren. Er muss entscheiden, ob die Hohe-Empore eingeschaltet wird und ob Tyran, der Meister des Krieges gerufen werden muss. «

»Was würde das bedeuten? «, fragte General Poison.

»Im ungünstigsten Fall bedeutet das Krieg«, antwortete Heran. »Die Zierrakies breiten sich immer weiter aus, ohne Rücksicht auf alle lebenden Rassen des Universums. Falls unsere Empore zustimmt, müssen die Zierrakies auf die bestehenden Verträge hingewiesen werden. Falls diese einseitig von ihnen gebrochen wurden, bedeutet das eine direkte Kriegserklärung. Doch am Anfang von allen Kriegshandlungen stehen zunächst einmal Gespräche. «

Heran blickte Major Travis an.
»Versucht noch mehr Informationen aus der Königin der Daraner herauszubekommen«, schlug Heran vor. »Möglicherweise weiß sie mehr zu berichten, als sie im Moment von sich gibt. Nach unseren Erkenntnissen, tauschen sich alle nicht humanoiden Rassen des Universums zwischendurch aus. «

Der Major nickte.

»Wir probieren es gerne«, antwortete er. »Heinze wird mich dabei unterstützen. «

»Mehr können wir nicht tun«, erwiderte Heran. »Informieren sie mich, wenn es neue Informationen gibt. Ich werde mich auf den Rückflug machen. «

Er gab Major Travis die Hand und verabschiedete sich bei den restlichen Gästen. Commander Brenzby begleitete ihn zu dem Hangar.

»Wir gehen wir weiter vor? «, fragte General Poison. » Der Schläfer muss gefasst werden, bevor er größeren Schaden anrichten kann. «

Die Offiziere der EWK dachten angestrengt nach.
»Mir ist immer noch nicht schlüssig, warum der Schläfer jetzt gerade aktiviert wurde«, teilte Captain Hunter mit. »Kann es überhaupt sein, dass Major Travis hierfür verantwortlich ist? Vielleicht handelt es sich um ein automatisches Update für die Zierrakies. Falls sie Späh-Stationen eingerichtet haben, werden auch von Fall zu Fall Berichte über den Entwicklungsstand der beobachteten Rassen erhalten wollen. Nach meiner Meinung kann es sich um einen Zufall handeln, dass gerade jetzt ein Schläfer der Zierrakies aktiv wird. «

Alarm-Sirenen heulten auf.

»Was ist jetzt wieder passiert? «, fragte General Poison.

In dem gleichen Moment kam ein Leutnant der System-Überwachung hereingelaufen.

»Herr General«, sagte er laut. »Wir haben einen neuen Zwischenfall auf Tarid. «

Die Anwesenden blickten den Leutnant fragend an.

»Sprechen sie schon«, knurrte der General. » Was ist passiert? «

Der Leutnant zeigte auf Professor Augenzell.

»Ihre neue Forschungs-Anlage für die lantranischen Wurmloch-Antriebe wurde sabotiert«, sagte er. »Die ganze Forschungs- und Entwicklungs-Halle für die Prototypen wurde in die Luft gejagt. Es gibt zahlreiche Tote und Verletzte unseres Personals. Ganz zu schweigen von dem materiellen Schaden. «

»Nicht meine Basis«, klagte Professor Augenzell entsetzt. »Dort lagern alle wichtigen Forschungs-Ergebnisse. «

Noel gab dem Professor ein Zeichen sich zu setzen. Aufgebracht folgte er der Anweisung.

Der Leutnant reichte dem General die Infofolie.

Das Gesicht des Generals wurde bleich.

Mit seiner Faust schlug er auf eine rote Taste auf der Konsole vor sich. Die Sirenen heulten noch intensiver auf. Das helle Licht änderte sich in ein aktives Rotlicht.

Der General riss das Mikrofon der Konsole aus der Verankerung und hielt es sich an den Mund.

»Hier spricht General Poison«, sprach er hinein. »Ab sofort gilt Alpha-Alarm für das ganze System an. Das ist ein Befehl der obersten Führung der EWK. Ich erwarte die unverzüglichen Bestätigungen aller Kolonien, Basen und Stationen und Einheiten. General Poison, Ende der Mitteilung. «

Die Türe des Büros wurde aufgerissen und Commodore Von Häussen, Commodore McGregor, sowie die 5 Adjutanten des Generals kamen in den Raum gelaufen und bauten sich neben dem General auf.

Der General nickte.

»Ich befehle den sofortigen Start aller schweren Schiffs-Verbände, « befahl er. »Die Kampf-Stationen haben erhöhte Alarmbereitschaft. Das Soll-System ist vollständig abzusichern, es werden ausschließlich Flächen-Formationen gebildet. Alle Werft- und Startbasen bringen ihre Kampf-Verbände in die Luft. Die Heimat-Verteidigung, unter Commander Giacombo legt einen Riegel um die Erde. Kein Schiff landet, oder startet, bis auf unseren ausdrücklichen Widerruf. Ich befehle eine absolute Nachrichtensperre. Ferner ist das ganze Sol-System abzuriegeln. Sämtliche einfliegenden Schiffe brauchen eine Sondergenehmigung. «

Er blickte seine Adjutanten an.

»Informieren sie sofort die UN und die WB über unsere Maßnahmen«, fuhr er fort. »Sämtliche Staaten der Erde müssen eingeweiht werden. Sie sollen alle Auffälligkeiten melden. Wir haben es mit einem Angriff von außen zu tun. Die Saboteure müssen unter allen Umständen gefasst werden. Störung aller möglichen, nicht irdischen Hyperkomm-Funksprüche. Es muss unter allen Umständen vermieden werden, dass weitere Informationen ins All gelangen. «

Er winkte Commodore McGregor zu sich.

»Veranlassen sie die sofortige Entsendung von Medi-Verbänden, 10 Marines-Einheiten und Techniker Trupps zu dem Forschungs-Zentrum. Stationieren sie ausreichende Einheiten von Kampf-Roboter, die weiträumig die Anlage sichern. «

Er blickte zu einem wartenden Mitarbeiter.

»Stellen sie den Alarm ab«, befahl er dem Adjutanten.

»Der bringt jetzt auch nichts mehr.

«

Sein eisiger Blick richtete sich auf Oberst Cameron und Captain Hunter.

»Sie meine Herren, werden die Aktionen leiten«, befahl er. »Arbeiten sie Hand in Hand. Der ISD ist befehlsführend. Captain Hunter wird Oberst Cameron unterstützen und eigene Recherchen anstellen. Es kann nicht schaden, wenn zwei Experten an der Lösung dieses Problems arbeiten. Ihre Aufgabe wird die Spurensicherung sein, alle Hinweise auf Fremdverschulden zu sichern und den Aufenthaltsort des Saboteurs zu ermitteln. Ist ihnen ihre Aufgabe klar? «

Oberst Cameron und Captain Hunter sprangen auf uns salutierten.

»Völlig klar«, antworteten beide Offiziere fast zeitgleich. »Wir machen uns sofort an die Arbeit. «

Auf dem Absatz drehten sie sich zackig um und liefen aus dem Büro.

Alle Anwesenden wussten, dass jetzt die große Maschinerie des Neuen-Imperiums zum Leben erwachte.

Professor Augenzell stand auf.
»Ich darf mich ebenfalls verabschieden«, sagte er schockiert. »Ich muss in die Arktis, zu meinem Team. «

»Kommt nicht in Frage«, entschied General Poison. »Wir werden ihr Team bergen und informieren sie, welche Personen ihrer Forschergruppe es nicht geschafft haben. Sie sind zu wertvoll für uns, als dass sie sich noch einmal zu der Forschungs-Station begeben können. Vielleicht ist der Saboteur noch in der Nähe. Aus Sicherheitsgründen werden sie nach Atlantis verlegt. Der Hochsicherheits-Trakt ist nur schwer zu überwinden. Zusätzlich wird Atlanta die Schutz-Schirme aktivieren. Die Transmitter-Verbindungen werden abgeschaltet. Zusätzlich Einheiten Marines, die atlantischen Kampf-Truppen und moderne Shy-Ha-Narde sichern den inneren Bereich. Sie halten ausschließlich Hyperkomm-Funkkontakt zu mir, oder zu Noel. «

Der Professor wollte protestieren, jedoch General Poison hob seine Hand.

»Keine Diskussion über diese Entscheidung«, sagte er. »Sie ist nicht verhandelbar. «

Er drückte auf einen weiteren Knopf vor sich auf dem Display. Sechs Marines der Sicherheits-Abteilung von Tattarr traten ein.

»Bringen sie den Professor wohlbehalten nach Atlantis«, befahl er. »Er darf Atlantis bis zur Aufhebung des Alpha-Alarms nicht mehr verlassen. «

Er blickte den Anführer der Gruppe Marines an.
»Sergeant Puretti«, sprach er den Marine an. »Sie sind mir persönlich für die Gesundheit des Professors verantwortlich. «

»Befehl verstanden«, antwortete der Sergeant. »Ich lasse ihn nicht mehr aus den Augen. «

Der General nickte.
»Danke, für ihr Verständnis. «

Der Sergeant salutiert, General Poison erwiderte den Gruß.

Major Travis und sein Team blickten General Poison und Noel an.
»Was können wir tun? «, fragte der Major.

»Sie kommen gerade von einer Mission zurück«, antwortete der General. »Machen sie einige Tage Urlaub. Dann hat sich auch sicherlich die Hektik wieder gelegt. Falls sie mir einen Gefallen erweisen möchten, begleiten sie den Gleiter und das Transport-Schiff von Professor Augenzell nach Atlantis. Sorgen sie dafür, dass es wohlbehalten ankommt. Der Professor hatte die richtige Nase, als er die Idee hatte, das lantranische Triebwerk wieder zurück zur EWK bringen. Falls er sich anders entschieden hätte, wäre es wohl vernichtet worden. «

»Sie haben Recht«, antwortete der Major. »Es ist gut, dass Heran unsere Misere nicht mitbekommen hat. Das ist genau das, wovor die Hohe-Empore der Lantraner gewarnt hat. Zu fortschrittliche Techniken in den Händen von zu leichtfertigen Rassen. «

»Was wollen sie hiermit andeuten«, fragte Noel.

Major Travis blickte ihn an.
»Das kann ich ihnen sagen«, erwiderte er. »Es darf nicht passieren, dass hier im Sol-System Späh-Posten fremder Rassen entdeckt werden. Wir sollten vorrangig unsere Langstrecken-Sensoren, unsere Aufklärung und unsere Frühwarn-Systeme optimieren. Haben wir alle Planeten unseres Systems ausgiebig gescannt? Ist es

ausgeschlossen, dass es noch weitere Späh-Posten in unserem System gibt? «

»Eine gute Frage«, entgegnete Noel. »Alle Planeten, Monde und Asteroiden, wurden oberflächlich gescannt. Es wurde nichts gefunden. Ein intensiver und zeitaufwendiger Tiefenscan wurde nicht durchgeführt. Sie wissen, mit welchen Aufgaben wir uns vorrangig beschäftigt haben und auch weiter beschäftigen müssen.«

»Trotzdem sollte unsere Systems-Sicherheit ebenfalls von oberster Priorität sein«, sagte der Major. » Sie sehen es an dem Beispiel von Admiral Tarin, dass eine zu leichtfertige Handhabung dieses Themas, große Schwierigkeiten mit sich bringen kann. «

Noel überlegte und schloss sich mit seiner Mutter kurz.

»Die große Natrid-KI begrüßt ihren Vorschlag«, antwortete er. »Was schlagen sie vor? «

»Wir brauchen einen Experten, der sich mit allen Artefakten, mysteriösen Geschichten, sowie unerklärlichen Dingen beschäftigt«, antwortete Major Travis. »So eine Art Abteilung Secret X. Ausgestattet mit Sonderbefugnissen, kann sie allen sichtbaren Spuren nachgehen. Diese Abteilung kann Hinweise, Schrittrollen und Artefakte suchen, um sie zu analysieren und um ihre Bedeutung zu verstehen. Es wird sicherlich auch in der natradischen Geschichte solche Hinterlassenschaften geben. «

Noel hatte interessiert zugehört.
»Es gibt einige ungeklärte Hinweise, die nicht mehr geprüft werden konnten«, entgegnete er. »Wer könnte hierfür geeignet sein? «

»Keine andere Person als ein Altertumsforscher, der sich bereits seit langem dieser Suche verschrieben hat«, erwiderte der Major.

Er lächelte Barenseigs an.
»Unser Gildor ist der richtige Mann hierfür«, lächelte der Major. »Er wird nur ihnen, General Poison und mir unterstellt sein. Sämtliche Informationen werden streng vertraulich behandelt. Später, wenn einmal die Wurmloch-Brücke zu den Santaraner errichtet ist, wird er die Aufgaben eines Konsuls übernehmen. Doch bis zu diesem Zeitpunkt, könnte er sich auf die Suche nach unbekannten Hinterlassenschaften fremder Völker begeben. «

Barenseigs wirkte erstaunt.

»Wollen sie mich loswerden?«, fragte er.» Gerade jetzt, wo ich mich mit Sirin besser verstehe als je zuvor.«

»Keineswegs«, antwortete der Major.»Doch ich halte sie für prädestiniert, um solche Artefakte zu finden. Sie haben sich bereits viele Jahre auf die Suche nach diesen Dingen gemacht und wissen, worauf es hierbei ankommt. Selbstverständlich erhalten sie ein eigenes Büro und ein kleines Team. Falls sie diese Aufgabe übernehmen könnten, wäre ich ihnen sehr dankbar.«

»Wie könnte ich ihren Wunsch ablehnen«, antwortete der Gildor.»Ich stehe in ihrer Schuld. Nach alle dem, was sie für mich gemacht haben, besteht für mich keine andere Möglichkeit, als ihren Wunsch nachzukommen.«

»Dann sind wir uns einig«, antwortete der Major »Noel wird für sie ein Büro einrichten und sie mit allem versorgen. Suchen sie sich ein Team aus, das für ihre Aufgaben geeignet erscheint.«

General Poison und Noel standen auf.
»So machen wir das«, antwortete General Poison.»Es tut mir leid, ich muss in die Einsatz-Zentrale. Der Schläfer geht mir nicht mehr aus dem Kopf. Genießen sie einige Tage Dienstfreiheit und melden sie sich danach wieder bei mir.«

»Das machen wir«, antwortete Major Travis. »Wir begleiten die Schiffe von Professor Augenzell nach Atlantis. Dann sehen wir weiter. «

Das Team der Termar 1 stand auf, salutierte und verabschiedet sich von den beiden Vorgesetzten. Langsam schritten sie auf den großen Hangar-Bereich, der unterirdischen natradischen Stadt zu.

Die Ansprache des Groß-Kaisers

Prinz Sirthrith, der Neffe des Groß-Kaisers der Zierrakies, hatte eine Audienz erhalten. Er wurde von den Dienern des Kaisers durch den Palast geführt. Jeder seiner Schritte wurde überwacht. An den Wänden stand schwer bewaffnetes Sicherheits-Personal, dass aufmerksam jede Kleinigkeit registrierte.

»Hier hat sich vieles verändert«, dachte der Prinz. »Der Kaiser wird wie ein Edelstein bewacht. «

Er kannte den Palast auswendig. Hier war er wohlbehütet aufgewachsen und nach der Vorgabe des Hofstaates ausgebildet worden. Schon damals war er sich bewusst, dass er es nie in der Hierarchie zum Kaiser schaffen würde. Zu viele eigene Nachkommen des Kaisers standen ihm im Wege. Er konnte sie unmöglich alle aus dem Wege räumen.

Die schwere Gala-Kleidung bereitet ihm Unbehagen. Sie kratzte und drückte auf seiner empfindlichen Haut. Endlich blieben sie vor der Pforte des großen Audienzraumes stehen.

Zwei zierrakische Gardisten versperrten ihm den Weg.

»Ich habe eine Audienz beim Groß-Kaiser«, sagte er. »Lassen sie mich durch. Ich bin Prinz Sirthrith. «

Die beiden Gardisten kreuzten ihre Sperre übereinander.

»Sie werden gerufen, wenn sie an der Reihe sind«, antwortete einer abfällig. »Warten sie gefälligst ab. «

Der Prinz verzichtete auf eine Antwort. So hochnäsig, wie es ihm möglich war, vermied er einen Augenkontakt mit den Gardisten. Er schlenderte zu einem großen Fenster, von dem er über die Stadt schauen konnte. Der Ursprungs-Planet der Zierrakies war alt. Wie alt, konnte der Prinz nicht sagen. Er bestand seit dem Anbeginn der Zeit. Sein Blick durchdrang die Scheiben und folgte Linie der Stadt. Die Konturen der Stadt konnte er nicht vollständig erfassen. Die Ausdehnung breitete sich weit über den Horizont aus. Stinkendes Gas stieg von zahlreichen Industrie-Komplexen auf und färbte die Methan-Luft des Planeten schwarz.

»Der ganze Planet ist mittlerweile eine große Produktions-Stätte«, dachte der Prinz. »Lebensqualität gibt es kaum noch. Sklavenhaltung, Roboterfertigung und mutierte Lebewesen, arbeiteten für das kaiserliche Imperium. «

Unzählige Raumschiffe und Atmosphären-Schiffe kreuzten auf unterschiedlichen Flugbahnen seinen Blick. Auf den großen Raumschiff-Häfen herrschte rege

Betriebsamkeit. Startende und landende Schiffe reihten sich dicht aneinander. Unzählige Arbeits- und Lade-Roboter fuhren zu Schiffen und entluden sie.

»Sie können eintreten«, sagte einer der Gardisten. »Der Groß-Kaiser erwartet sie. «

Prinz Sirthrith drehte sich zu ihnen um.
Ohne etwas zu antworten, schritt er auf die Pforte zu. Die Gardisten öffneten vorschriftsmäßig die Türe. Eiligst trat er hindurch.

Er beugte sich tief, wie es die formelle Begrüßung des Kaisers vorsah.

»Erhebe dich «, ertönte eine tiefe Stimme. »Trete bitte näher und nenne den Grund deines Erscheinens. «

Prinz Sirthrith hob seinen Kopf. Der Groß-Kaiser thronte auf seinem erhobenen Podest und blickte ihn bedeutungslos an. Tiefrote Schärpen hingen von seinem Thron zu Boden. Der ganze Thronbereich wurde von einem Schutz-Schirm gesichert. Auf jeder Seite wachten 12 Kampf-Roboter mit aktivierten Laser-Gewehren. Vor dem Thron des Kaisers standen wie gewohnt seine zahlreichen Berater. Sie blickten den Prinz allwissend an.

»Prinz Sirthrith, Abkömmling der Zyrid-Dynastie, bittet um Anhörung. «, kommentierte er sein Erscheinen.

»Was verschafft uns die Ehre ihres Besuches? «, fragte die dunkle Stimme. » Warum haben sie den weiten Weg auf sich genommen, um eine direkte Audienz am Hofe zu bekommen. Gibt es etwas, dass nicht per Hyperkomm-Datenpaket mitgeteilt werden kann? «

Die Berater des Kaisers tuschelten ihm einige Informationen zu.

»Wie ich höre, wurden sie strafversetzt und sind in der 2. Dimension für unser Reich tätig«, bemerkte der Kaiser. »Nach meiner Einschätzung, haben sie eine gute Option gezogen. Unser dortiger Brückenkopf ist besser als sämtliche Optionen in einer Straf-Kolonie. In beiden Fällen liegt es in ihrer Verantwortung, die Schande von ihrer Person abzustreifen. «

»Ich danke für eure weise Entscheidung, Groß-Kaiser«, antwortete Prinz Sirthrith. »Aus diesem Grunde bin ich nicht zu euch gekommen. Es ist nicht in meiner Absicht, die von euch getroffene Entscheidung zu kritisieren.«

Der Groß-Kaiser wirkte irritiert und blickte seine Berater an. Auch diese wurden unruhig. Ihre Blicke wanderten hin und her.

»Was ist der Grund ihres Besuches? «, erkundigte sich der Kaiser erneut.

»Getadelt stehe ich vor ihnen«, antwortete Prinz Sirthrith. »In meinem Interesse ist es, die Belange unseres Reiches sorgsam zu überwachen und zu sichern. Die Prächtigkeit eures Imperiums weiter auszubauen, um ihren Ansprüchen und Wünschen gerecht zu werden. «

»Lassen wir die höflichen Floskeln«, sagte der Kaiser. »Meine Zeit ist begrenzt, was ist der Grund ihrer beantragten Audienz. «

Prinz Sirthrith schaute sich in dem Raum um.
»Der hier anwesende Hofstaat ist mehr als eine Belustigung für den Kaiser zu verstehen, als dass er Regierungs-Aufgaben wahrnehmen könnte«, dachte er.
»Ich verabscheue diese degenerierte Brut von alten, sabbernden Zierrakies, die alle nur auf ihr eigenes Wohlergehen bedacht sind. Keiner von ihnen hat das Rückgrat dem Kaiser negative Mitteilungen zu überbringen. «

Er lächelte den Kaiser an.

»Die wichtigen Informationen, die euch überbringe, ließen mir keine andere Möglichkeit, als persönlich bei ihnen vorzusprechen«, antwortete der Prinz. »Sie durften auf keinen Fall in falsche Hände gelangen. «

Der Kaiser blickte ihn an.

»Das Interesse des Groß-Kaisers scheint geweckt«, dachte der Prinz.

»Schwarze Wolken ziehen sich am Horizont zusammen«, teilte er mit. »Eine lange totgesagte humanoide Rasse formiert sich neu, direkt vor unserer Anomalie in der 2. Dimension. «

»Wer sollte diese humanoide Rasse sein? «, fragte der Groß-Kaiser. »Unsere Vernichtungswellen waren erfolgreich. In allen bekannten Sterneninseln sind keine bedeutungsvollen, humanoiden Rassen mehr anzutreffen. Die Säuberungswelle unserer Vorfahren hat gefruchtet. Falls sich neue Rassen entwickelt haben sollten, sind sie der Anzahl unserer Jäger, Kreuzer und Zerstörer massiv unterlegen. Ihnen braucht daher keine Bedeutung geschenkt zu werden. «

»Diesen Einwand möchte ich so nicht stehen lassen«, antwortete Prinz Sirthrith. »Wir haben Kontakt außerhalb unserer weißen Anomalie geortet. Unsere Fernaufklärung konnte die Energie-Emissionen eines robotergesteuerten fremden Stützpunktes aufzeichnen. So wie sie mir ihre Gedanken gerade mitteilten, dachten auch unsere Offiziere. Alle humanoiden Rassen galten seit langer Zeit als ausgelöscht. Von daher analysierten wir diesen Stützpunkt als eine von Robotern gesteuerte Basis. Wir schickten drei zierrakische Groß-Raumschiffe zu den Koordinaten, um die vermutlich humanoide Hinterlassenschaft zu vernichten. Als die Schiffe an ihrem Ziel ankamen, aktivierte die Station, welche auf einem Mond angesiedelt war, ihren Schutzschirm. Gleichzeitig wurden zahlreiche Laser-Geschütze auf unsere Schiffe gerichtet. «

Prinz Sirthrith sah den Kaiser und seine Berater an.

»Jetzt werden sie sagen, dass solche Dinge öfter vorkommen und dies alles noch kein Grund ist, um in Panik zu verfallen«, teilte der Prinz emotionslos mit. »Der von uns ausgesandte Commander, ließ sich nicht einschüchtern und begann mit dem Beschuss der Basis. Es schien so, als ob das Schutzfeld der Station dem Beschuss durch drei Groß-Raumschiffe der 2.500-Meter-Klasse, nicht lange standhalten würde. «

»Was nicht verwunderlich ist«, lachte der Kaiser selbstsicher. »Es handelt sich ja auch um unsere schwersten Zerstörer. «

Der Prinz schaute ihn an.
»Sie haben Recht«, antwortete er. »Das dachten wir auch. Jedenfalls tauchte nach wenigen Minuten eine Armada von 1.000 Schiffen aus dem Hyperraum auf. Es waren überwiegend Schiffe einer unbekannten 2.000 Meter-Klasse, die unsere Schiffe aufforderten, den Beschuss einzustellen. Sie teilten uns mit, dass es sich bei der Basis um Eigentum der Ablonder handeln würde. Sie werden einer Vernichtung nicht tatenlos zusehen. Wie es die Befehle eines Commanders von zierrakischen Großkampf-Schiffen vorsah, ignorierte er den Einwand der fremden Schiffe. Er intensivierte den Beschuss der Basis. Daraufhin eröffneten die fremden Schiffe ihr Feuer auf unseren Aufklärungs-Verband. Im Rahmen dieser Kampf-Handlungen wurden unsere drei Groß-Kampf-Schiffe vernichtet. «

Dem Groß-Kaiser entgleisten die Gesichtszüge.
»Das ist nicht möglich«, erwiderte er.

Voller Wut schlug der mit seinem Stock auf seine nahestehenden Berater ein.

»Keine fremde Rasse ist der Technik unserer Waffen-Systeme gewachsen«, ergänzte er. »Es handelt sich um eine kontinuierliche Entwicklung von vielen Tausenden von Jahren. Wie konnte das passieren? Ich möchte die Schuldigen vor einem Gericht sehen. «

Die Berater der Kaisers diskutierten aufregt untereinander. Sie flüsterten dem Kaiser etwas zu.

»Seit mehr als 100.000 Jahres gab es keinen vergleichbaren Vorfall mehr«, ergänzten sie.

Prinz Sirthrith lachte innerlich.
»Dieser allgegenwärtige Kaiser ist nicht in der Lage die Wahrheit in seinem Reich zu erkennen«, dachte er.

»Alle früheren Feinde unseres Reiches wurden in schweren Kriegen vernichtend besiegt«, teilte der Groß-Kaiser mit. »Keinen von ihnen wurde gestattet, sich wieder zu erheben. Wir sprechen hier von den Rassen, die von uns als erhaltungswürdig eingestuft werden. Alle anderen wurden ausgelöscht und die Hinweise auf ihre frühere Existenz vernichtet. Sie brachten Schmach über unser Reich.«

Dreist unterbrach Prinz Sirthrith den Tobsuchtsanfall des Groß-Kaisers.

»Aus diesem Grund bin ich zu ihnen gekommen«, antwortete er. »Der Schwachpunkt unserer militärischen Führung sollte zunächst nur für ihre Ohren bestimmt sein. Ihr Einverständnis vorausgesetzt, fahre ich mit meinem Bericht fort. «

Abwartend blickte Prinz Sirthrith den Kaiser an.

Dieser beruhigte sich und nickte dem Prinz zu.
»Dies sei ihnen gestattet«, entschied er. »Berichten sie weiter. «

Der Prinz verbeugte sich respektvoll.
»Jedenfalls gelang es dem Commander des führenden Schiffes noch einen Notruf abzusetzen. Dieser wurde von dem leitenden Admiral unserer Fernaufklärung empfangen. Die sofort ausgesandte Flotte von 200 Groß-Raumschiffen musste die Entfernung von 170 Lichtjahren überbrücken. Sie kam noch rechtzeitig, um die Unterstützungs-Flotte der Ablonder zu stellen. Der führende Commander forderte die Schiffe auf, Rechenschaft über den Angriff auf unsere drei Schiffe zu geben. Er wurde verhöhnt und ausgelacht. Er befahl daraufhin den Angriff auf die fremden Schiffe, um sie zu eliminieren. Diese Schlacht wurde zu einem Desaster für unseren Kampfverband. Nach kurzer Zeit verzeichnen wir 75 Schiffe als Totalverlust und 39 Schiffe als beschädigt

und nicht mehr einsatzfähig. Der Commander des Schiffs-Verbandes brach den Angriff ab und flüchtete in den Hyperraum. «

»Das ist Fahnenflucht«, bemerkte der Kaiser. »Der feige Commander muss zu Rechenschaft gezogen werden. «

»Dafür hat der Zierr-Rat bereits gesorgt«, antwortete der Prinz. » Doch es wurde noch eine Botschaft aufgezeichnet, die für sie gedacht war. Ich zitiere sie aus meinem Gedächtnis. Sie lautete wie folgt. Teilen sie ihren Meistern mit, dass wir auf sie aufmerksam geworden sind. Wir fordern die sofortige Freilassung aller Rassen und Species, die sie in ihrer Ausdehnungs-Zone gefangen halten. Speziell die mit uns befreundete Rasse der Macoronarus, möchten wir unverzüglich in der Freiheit sehen. Kehren sie um und fliegen sie zurück. Wir werden uns wieder bei ihnen melden. «

»Das ist eine Drohung und eine Missachtung der zierrakischen Gesetze«, tobte der Kaiser. »Wer sind diese Fremden? Sie müssen ermittelt werden. Unsere Zerstörer-Flotten werden sie eliminieren. «

»Den Namen der Fremden nannte ich ihnen bereits«, teilte der Prinz mit. »Sie nennen sich Ablonder. Nach unserem Datenarchiv waren sie ein Hilfsvolk der „Aller-

Ersten". Aus den Aufzeichnungen geht hervor, dass sie so etwas wie Götter waren. Die Aufforderung der Fremden, das mit ihnen befreundet Volk der Macoronarus freizulassen, ist trotzdem möglich. Die wenigen Überlebenden dieses Volkes werden auf Planet 429 in unserem Reservats-Bereich für die Nachwelt erhalten. «

»Tötete sie«, tobte der Kaiser. »Es soll ein Exempel an ihnen statuiert werden. Niemand erpresst den Groß-Kaiser. Eher werde ich die weiße Anomalie mit allen Planeten kollabieren lassen. «

Der Kaiser tobte und warf seinen kaiserlichen Stab in den Saal. Die Wut stand ihm im Gesicht geschrieben.

»Der Verlust von 75 unserer Groß-Raumschiffe, bedeutet bereits eine Kriegserklärung«, fauchte der Kaiser. »Allen hier im Raum ist klar, dass wir das nicht auf uns sitzen lassen können. Welche Flotten-Stärke kann in den Kampf entsandt werden? «

Die Berater schwänzelten von einem Bein auf das andere. Einer von ihnen trat zaghaft vor.

»Hochgeschätzte Majestät«, stotterte er. »Wir kämpfen an zu vielen Fronten. Alle Kampf-Verbände sind gebunden. Bei einem Abzug von schweren Zerstörern könnte das Niederlage an der betreffenden Sternen-Insel bedeuten. «

»Warum erfahre ich das erst jetzt? «, knurrte der Groß-König.

Der Kriegsminister trat vor.
»Wir hielten bisher diese Erkenntnis nicht für relevant«, antwortete er. »Es ist eine Frage der Zeit, bis unsere Flotten-Verbände die Oberhand gewinnen. Die Rebellen haben unseren schweren Schiffen nichts entgegenzusetzen. Die durchkämen derzeit die neuen Galaxien und radieren die Schiffs-Verbände der Rebellen aus. «

Der Kaiser überlegte.
»Wie viele Schiffs-Neubauten stehen uns zur Verfügung? «, fragte er.

Der Kriegs-Minister dachte nach.
»Nach meinen Informationen werden in den nächsten acht Tagen vermutlich 120 Schiffe aus den Werften freigegeben«, teilte er mit. »Weitere folgen dann erst wieder in vier Monaten. «

»Diese Schiffe werden als Verstärkung der 2. Dimension übereignet«, befahl der Groß-Kaiser. » Sie werden sich auf die Suche nach den Schiffen der Ablonder begeben. «

Er blickte Prinz Sirthrith eindringend an.
»Über welche Anzahl von Schiffen verfügt unser Brückenkopf in der 2. Dimension? «, erkundigte er sich.

»Derzeit sind bei uns 4.300 Groß-Raumschiffe stationiert«, teilte der Prinz mit. »Jets und Transport-Schiffe nicht mitgerechnet. «

»Gut«, antwortete der Kaiser. »Mit unseren neuen Schiffen steht ihnen eine Armada von 4.420 Schiffen zur Verfügung. Diese Anzahl sollte für die Ergreifung der 1.000 fremden Schiffe ausreichen. Der erfolgreiche Abschluss dieser Schändung unseres Reiches ist zwangsweise mit ihrer Person verknüpft. Sorgen sie dafür, dass die Schuldigen bestraft werden. Alle Entscheidungen liegen in ihrer Hand. Wir werden den Zierr-Rat entsprechend informieren. Er wird alle in der Anomalie stationierten Schiffe ihrem Kommando zu unterstellen. «

Der Kaiser wirkte nachdenklich.
»Die Netzwerk-Denker müssen informiert werden«, ergänzte der Kaiser. »Sie werden eine große Flotte zur Unterstützung senden. «

»Das Gremium der Worgass in Andromeda, wurde von uns bereits kontaktiert«, antwortete der Prinz. »Der Worgass-Senat scheint uns derzeit nicht besonders wohl gesonnen zu sein. Ihre eigenen Probleme verstehen sie als vordringlich. Eine starke Invasions-Flotte mit über 600.000 Schiffen, die vor Lizzit stationiert war, wurde von einer fremden Rasse vollständig vernichtet. Ebenso ihre Wurmloch-Knoten in Andromeda und in der Milchstraße. Sämtliche Brut-Anlagen ihres Hilfsvolkes wurden ausgelöscht. Die Bevölkerung auf dem Planeten Ihres Hilfsvolkes rebelliert, sofern sie nicht von den Fremden evakuiert wurde. Die Netzwerkdenker beschäftigen sich vollständig mit der Suche nach den Schuldigen. Sie teilten uns mit, dass wir unsere Probleme selbst lösen müssen. Bisher konnten sie aus dem geschlossenen Bündnis mit uns keine Vorteile für sie ziehen. Sie teilten uns zum Abschluss mit, dass wir sie nicht weiter belästigen möchten. «

»Der ist eine Unverschämtheit«, antwortete der Kaiser. »Dafür wurde dieser Beistandspakt nicht geschlossen. Allein die Verbindung unserer gemeinsamen Worgass-Keimlinge sollte für eine stabile Verbindung sorgen. «

Der Prinz zuckte mit seinen Schultern.
»Ich gebe hier nur den exakten genauen Wortlaut der Netzwerkdenker wieder «, antwortete er.

Der Kaiser blickte seine Berater an.

»Notieren sie diesen Vorfall«, entschied er. »Den Netzwerk-Denkern werden wir uns zu einem anderen Zeitpunkt widmen. «

Wieder überlegte der Kaiser ausgiebig.

»Was ist mit den Daranern? «, entgegnete der Kaiser. » Ist von dieser Seite Hilfe zu erwarten? «

Prinz Sirthrith schüttelte seinen Kopf.

»Auch bei dieser Rasse bestehen derzeit Probleme«, erklärte er. »Sie haben ihre Königin verloren und suchen sie verzweifelt. Sämtliche Schiffs-Verbände der Daraner durchforsten das Universum, auf der Suche nach einer Spur ihrer verschollenen Königin. Sie ist mit einer Flotte von 5.000 Schiffen mit unbekanntem Ziel aufgebrochen. Dann riss der Kontakt ab. Niemand von den Daraner weiß exakt, wohin die Flotte gesprungen ist. Falls sie nicht gefunden wird, dann benötigen die Daraner eine Dauer von 12 Monaten, um eine neue Königin zu erheben. Erst danach sind sie wieder ansprechbar. «

»Es ist kein Verlass auf unsere Hilfsvölker«, erwiderte der Kaiser. »Wenn man sie einmal braucht, dann sind sie nicht zu einsatzfähig. Warum kappen wir nicht die Kontakte zu diesen Völkern und eliminieren sie? «

»Weil sie in der Vergangenheit sehr nützlich waren«, antwortete ein Berater. »Sie unterhalten starke Flotten und könnten eine Bereicherung darstellen. Aus diesem Grunde wurde bislang auf einen Angriff verzichtet.

»Wir sehen jetzt, wie zuverlässig diese Rassen sind«, tobte der Kaiser.

Er blickte den Prinz erneut an.
»Es bleibt dabei«, entschied er. »Mit einer Armada von 4.420 Groß-Raumschiffen, sollte der Vergeltung nichts im Wege stehen. Kümmern sie sich nach ihrer Rückkehr nur noch um diese Aufgabe. «

Prinz Sirthrith verbeugte sich extra tief.
»Das ist mehr als ich zu hoffen gewagt hatte«, antwortete er. »Die Fremden werden ihre gerechte Strafe erhalten. Wir haben bereits alle Späh-Stationen im Universum aktiviert und warten auf neue eingehende Informationen. Vielleicht gehen auf diesem Wege neue Daten zu. «

Der Kaiser hob seine Hand.
»Ihre Zeit ist überschritten«, teilte er mit. »Führen sie ihren Auftrag aus. «

»Gewürdigt sind die Zierrakies«, sagte Prinz Sirthrith.

»Die Zierrakies sind gewürdigt«, antworteten alle Anwesenden im Audienzraum des Kaisers.

Der Prinz drehte sich um und schritt zur Pforte hinaus. Noch im Hindurchgehen, lächelte er.

»Meine Position ist massiv gestärkt worden«, dachte er. »Die weiße Anomalie der 2. Dimension untersteht ab sofort meinem Befehl. «

***

Sil'drock und Ras'ekin Schiff stand mit einer Flotte von 30.000 Schiffen versteckt in einem Asteroiden-Feld, um einer unliebsamen Entdeckung durch die Zerstörer zu entgehen. Sie waren auf der Suche nach ihren Herren, die als die „Aller-Ersten" bekannt waren. Dank der Hilfe von Major Travis und dem Neuen-Imperiums von Natrid & Tarid konnten erste Hinweise entdeckt werden. Nicht ganz 170 Lichtjahren. hinter dem ersten wieder entdeckten Versorgungs-Planeten der Ablonder, wurde eine sich immer weiter ausdehnende weiße Anomalie entdeckt. Diese hatte eine alte Rasse namens Zierrakies für sich entdeckt und zu Nutze gemacht. Nur durch die Hilfe des Neuen-Imperiums konnte die Vernichtung des Versorgungs-Planeten der Ablonder verhindert werden. Kurz vor der Zerstörung der drei übergroßen zierrakischen Raumschiffe konnte der befehlende Commander inhaftiert werden. Durch eine Befragung dieses Formwandlers konnten erste neue Erkenntnisse auf den Verbleib der Herren der Ablonder gefunden werden. Er teilte freiwillig mit, dass sie den letzten Kampf gegen die Zerstörer verloren hätten. Die Überlebenden wurden vor langer Zeit auf einem Reservats-Planeten in der Anomalie ausgesetzt und sich selbst überlassen. Die übermächtige Kontrolle dieses Raumes durch die Flotte der Zierrakies verhinderte jeglichen Fluchtversuch. Jetzt wurde bekannt, dass nur noch wenige Überlebende diese ehemaligen so stolzen Volkes lebten.

Die Ablonder Sil'drock und Ras'ekin baten Major Travis um Hilfe. Zuerst wollten sie jedoch alle noch verbleibenden Versorgungs-Planeten ihres Volkes ansteuern und sich der Ressourcen bedienen. Entgegen der Empfehlung von Major Travis den Gefangenen in einer Rettungskapsel vor der weißen Barriere auszusetzen, hatten sich Sil'drock und Ras'ekin dafür entschieden, ihn für weitere Verhöre in seiner Arrestzelle zu belassen.

Sil'drock blickte auf die Anzeigen.
»Alles ist ruhig«, meldete er. »Keine fremden Schiffe weit und breit zu orten. «

»Wir sollten möglichst wenig Energie-Verbraucher einschalten«, riet Ras'ekin. »Die sensiblen Ortungsgeräte der Zierrakies messen diese Streuquelle über weite Strecken an. «

»Das ist mir bewusst«, antwortete Sil'drock. »Wenn alles gut läuft, werden wir schneller fertig sein als gedacht. Dein Vorschlag war entscheidend. Durch die Aufteilung der Flotte sparen wir eine große Zeitspanne. Unser Ziel rückt in greifbarer Nähe. Zu jedem Planeten sind mindestens 5.000 Einheiten unserer Schiffe aufgebrochen. Sie sondieren die Lage, erwecken die Schläfer und weisen sie ein. Dann kommen sie hoffentlich mit weiteren intakten Schiffen zu unserem vereinbarten Treffpunkt. «

Sein Kopf wendete sich und suchte seinen Gefährten. Ras'ekin legte das Amulett seiner Herren auf die gebaute Apparatur.

»Wenn wir Glück haben, bekommen wir die Codes für den direkten Weg zu unserer Flotten-Admiralität heraus«, freute er sich. »Es muss doch einen Weg geben, diese Flugstrecke über das Amulett zu verkürzen. «

»Dieser Code wurde gehütet wie ein Augapfel«, bemerkte Sil'drock. » Er war nur der hohen Admiralität bekannt. «

»Trotzdem müssen wir dort nach dem Rechten sehen«, antwortete Ras'ekin. »Mir will es einfach nicht in den Kopf, dass sich unsere so hochgelobte Flotten-Admiralität so einfach hat überrumpeln und ausschalten lassen. «

»Das ist jetzt viele Jahrtausende her«, antwortete Sil'drock. »Meinst du nicht, dass sie von sich aus auf die vorhandenen Ressourcen zugegriffen hätten? «

»Das haben sie aber nicht«, erwiderte Ras'ekin. »Entweder sind sie alle vernichtet worden, oder sie arbeiten an einem neuen Plan. «

»Deine Zuversicht möchte ich haben«, entgegnete der Wächter der Außenstadt. »Unsere ganze Lebens-Ordnung ist von den Zierrakies über den Haufen geworfen worden. Wir haben das in keiner Weise kommen sehen. «

»Niemand konnte die Zerstörer aufhalten«, antwortete Ras'ekin. »Sie kamen von einer fremden Sternen-Insel und sind förmlich wie Heuschrecken über uns hergefallen. Es blieb kaum Zeit zu reagieren. Wir sind es unserem Volk schuldig, nach dem Verbleib unserer Führung zu suchen.«

Sil'drock wollte etwas sagen, doch Ras'ekin kam ihm zuvor.

»Ich habe einen Zugang«, lachte er. »Wusste ich es doch. Das Amulett ist ein reiner Datenträger mit eigener Energie-Gewinnung. Das Datenmodul muss separat angesteuert werden. Erst dann können die Informationen ausgelesen werden. «

Er schloss eine weitere Verbindung an.
»KI«, sagte er. »Bereite die Daten-Auslesung in die zentrale Schiffs Hypertronic vor. Stelle den Kontakt zu dem Amulett her und übertrage die Daten. «

»Der Zugriff auf die Daten erfolgt«, antwortete die KI. »Es wird eine Weile dauern. Es handelt sich um sich selbstentfaltende Großdaten-Pakete. «

»Den Prozess einleiten«, antwortete Ras'ekin.
Sil'drock war neben ihn getreten. Gemeinsam blickten sie auf den großen Bildschirm des Schiffes. Unzählige Daten, Zeichen und Zahlen wurden angezeigt. Die Schnelligkeit war immens. In Sekundenbruchteilen zogen ganze Seiten an den Augen der Beobachter vorbei. Immer wieder glaubte Ras'ekin verborgene Codes entdeckt zu haben.

Er setzte sich auf seinen Stuhl und griff nach einem Gefäß Wasser. Geduldig lehnte er sich zurück.

»Das kann jetzt mehrere Stunden dauern«, vermutete er. »Wir wissen nicht, wie viele Daten auf dem Amulett gespeichert sind. Wie wollen wir denn später aus den ganzen Datenkolonnen die Passage zu dem Flotten-Hauptquartier herausfiltern. «

Ras'ekin schaute ihn an.
»Alle Koordinaten besitzen Namen und Beschreibungen«, antwortete er. »Das ergibt sich später aus den zusammengesetzten Dateien. «

Sie blickten auf die fließenden Daten auf dem Bildschirm. Ruckartig brach der Datenfluss ab.

»Alle Informationen wurden ausgelesen«, meldete die KI. »Soll ich eine Zuordnung anzeigen? «

»Nein«, antwortete Ras'ekin. »Speichern und archivieren. Lokalisiere die Passage zu dem Flotten-Hauptquartier der Ablonder. «

»Die Suche läuft«, bestätigte die KI. »Die Datei ist zusätzlich gesichert. Ein militärischer Code muss eingegeben werden. «

Sil'drock und Ras'ekin sahen sich an.

»Ich werde den Notfall-Code eingeben«, entschied Ras'ekin. »Das hatte auch bei dem Versorgungs-Planeten funktioniert. «

»KI«, bitte den Notfall-Code X37800 eingeben«, befahl Ras'ekin.

»Der Code wird akzeptiert«, antwortete die KI. »Der Befehls-Code für das Amulett, für die Aktivierung der Passage zu dem Flotten-Hauptquartier, wird auf dem Bildschirm angezeigt. «

Ras'ekin notierte sich den Aktivierungs-Code und schaute Sil'drock schmunzelnd an.

»Hat doch gut funktioniert«, teilte er mit. »Jetzt brauchen wir nicht 12 Monate mit unseren Schiffen in die Richtung unseres Hauptquartiers zu tuckern. Wir können die Strecke in einem einzigen Sprung bewältigen. «

»Hoffentlich springen wir nicht in eine Falle der Zerstörer«, teilte Sil'drock mit. »Die Flotten-Befehlszentrale war der wichtigste Planet in unserem System. Vermutlich wissen das auch die Fremden. Mich sollte es nicht wundern, wenn sie eine Amulett-Falle installiert haben. «

»Du bist schon ein alter negativer Außen-Wächter«, antwortete Ras'ekin. »Wir können eine unbesetzte Sonde zur Prüfung entsenden. Dann haben wir Gewissheit. «

»Das ist mir recht«, erwiderte sein Partner.

Alarmsirenen heulten auf.
»Ich messe eine starke Erschütterung des Raum-Zeitgefüges an«, meldete die KI des Schiffes. »Eine Flotte von Raumschiffen materialisiert in unserer Nähe. «

»Ist bereits eine Identifizierung möglich? «, fragte Sil'drock aufgeregt.

»Die ID's der Schiffe werden erfasst«, antwortete die KI. »Es sind ablondische Schiffe. Sie kommen von einem geheimen Versorgungs-Stützpunkt. «

»Wie viele sind es? «, fragte Ras'ekin.
»Die Auswertung läuft«, erwiderte die KI emotionslos. »Die Zählung wurde abgeschlossen. Es handelt sich exakt um 75.000 Schiffe der 250-Meter-Klasse. «

Ras'ekin klatschte in seine Hände.
»Unsere Flotte hat sich soeben auf 225.000 Schiffe vergrößert. Was sagst du hierzu? «

»Gut«, antwortete Sil'drock.

Er war wesentlich älter als sein junger Kollege und hatte bereits mehr Erfahrungen gesammelt.

»Wo sind die großen Zerstörer unserer Flotte? «, fragte er. »Es kommen immer nur wieder die kleinen Schiffe hinzu. Diese werden lediglich die Vorspeise für das Mal der Zerstörer darstellen. «

»Du schon wieder«, erwiderte Ras'ekin.

»Die großen Schiffe der Flotte werden unsere Herren mit in ihre letzte Schlacht genommen haben. «

»Ich registriere einen weiteren Einflug in unser System«, meldete die KI des Schiffes. »Bei einer konstanten Aufweckphase unserer Schläfer, werden jetzt nach und nach die Flotten in unser System stoßen. «

»Danke für die Info«, antwortete Sil'drock. »Hiermit habe ich bereits gerechnet. Vorausgesetzt alle Anlagen auf den Versorgungs-Planeten arbeiten korrekt. «

Er blickte seine Kollegen an.

»Ich informiere die Flotte über den aktuellen Stand«, teilte Sil'drock mit. »Öffne mir bitte eine Hyperkomm-Verbindung an alle Schiffe. «

»Die Verbindung steht«, antwortete die KI. »Die Schiffe empfangen dich. «

»Hier spricht Sil'drock«, sprach er in das Kommunikations-Gerät. »Außenwächter und Erneuerer unseres Systems. Wir erwarten in kurzen Abständen neue einfliegende Verbände von unseren Schläfern. Formieren sie sich in Gruppen. Halten sie bitte Abstand zu dem Hyperraum-Sprungfenster unserer Schiffe. Uns ist es gelungen, die Koordinaten zum Planeten unseres Flotten-Oberkommandos zu entschlüsseln. Wir werden zuerst eine Sonde schicken, um die Situation zu erkunden. Es könnte sich um eine Falle der Zerstörer handeln. Geduldigen sie sich etwas. Dann setzen wir unsere Reise fort. «

Die Bestätigungen kamen reihenweise zurück.
»Unsere Flotte ist einverstanden«, bemerkte Ras'ekin. »Sie akzeptieren dich als Wortführer. «

»Warum sollten sie das auch nicht«, antwortete der Außenwächter. »Es ist kein anderer Offizier zugegen. «

»Testen wir die Koordinaten«, sagte Ras'ekin. »Schleusen wir eine Drohne aus. «

Sil'drock nickte.

»Die Drohne ist programmiert«, teilte er mit. »Ich habe sie auf 30 Minuten eingestellt. Das sollte für entsprechende Aufnahmen reichen. Es geht ausschließlich darum zu prüfen, ob der Raum dieses Sektors frei von feindlichen Schiffen der Zerstörer ist. «

»Warum sollten sie die lange Zeit, bis zu unserem Erwachen, warten? «, fragte Ras'ekin. » Sie können genauso gut Sicherheits-Vorkehrungen getroffen haben. Ausgeschleuste Drohnen und Warnbojen können ihnen Aktivitäten in diesem Sektor anzeigen. «

Sil'drock schaute ihn an.
»Du könntest Recht haben«, erwiderte er. »Doch nach dieser langen Zeit, werden sich die Zerstörer sicher fühlen. Sie werden denken, alle ihre Feinde vernichtet zu haben. Unsere Flotte ist am stärksten gefährdet, wenn sie nach und nach aus dem Tor fliegt und dann möglicherweise in das Abwehrfeuer der fremden Flotte gerät. Das will ich vermeiden. «

»Versuche dein Glück«, antwortete Ras'ekin.
Sil'drock informierte die wartende Flotte über den geplanten Abschuss einer Spionage-Drohne. Zwischenzeitlich waren 425.000 Schiffe der Ablonder in dem System versammelt. Weitere Schiffe von Versorgungs-Planeten waren hinzugestoßen.

»Ich messe wieder drei starke Erschütterungen des Raum-Zeitgefüges«, melde die KI erneut.

Gespannt blickte Sil'drock und Ras'ekin auf ihren zentralen Monitor.

»Liegen ID's schon vor? «, fragte der Außenwächter.

»Die Schiffe identifizieren sich«, meldete die Schiffs-Hypertronic. »Es sind ausnahmslos Schiffe ablondischer Bauart. Es handelt sich diesmal um 15.000 Groß-Kampf-Schiffe der 1.000-Meter-Klasse. Die zweite Gruppe besteht aus 75.000 Schiffen der 250-Meter-Klasse und die dritte Gruppe ebenfalls aus 25.000 Schiffen der gleichen Klasse. Es liegen insgesamt 540.000 Schiffe auf Stand-Bye-Modus in diesem System. «

Der junge Ablonder, Schläfer einer ablondischen Basis, schlug sich mit den Händen auf die Beine.

»Ich habe es dir gesagt«, teilte er mit. »Die geheimen Codes der Versorgungs-Basen wurden von den Worgass nicht erkannt. Wir können froh sein, dass unsere Herren so weitsichtig waren. «

Sil'drock schaute ihn an. Er wollte seinem jungen Kollegen nicht die Euphorie nehmen.

»Der Krieg gegen die Zerstörer hätte von unseren Herren anders geplant werden müssen«, antwortete er. »Vermutlich hatten sie zu wenige Informationen über die Flottenstärke der Zierrakies gehabt. Ansonsten wären wir nicht in unserem heutigen Dilemma. Unsere ganze Lebenssphäre wurde vernichtet. Die bewohnten Welten zerstört, unser Flotten-Oberkommando überlistet und geschlagen. «

»Ich kann es nicht mehr hören«, erwiderte Ras'ekin. »Rückschläge wird es immer geben. Keine Zivilisation ist nur von Erfolgen gekrönt. Warten wir ab, welche Informationen die Drohne mitbringt. Ist sie bereit? «

Sil'drock nickte und blickte auf das Display. »Der Befehlsspeicher ist aktiviert«, antwortete er. »Die Drohne ist bereit für den Flug. «

»Dann lass uns nicht länger warten«, sagte Ras'ekin.

Sil'drock Hand fuhr über die Steuerkonsole und legte Hebel um und drückte Knöpfe hinein. Dann blickte er auf seine Anzeigen.

»Die Drohne wurde erfolgreich ausgeschleust«, meldete er.

Er griff nach seinem Amulett und drückte die geheime Zahlen-Kombination, die das Tor in das System des Flotten-Oberkommandos öffnete.

Die Drohne flog eine Schleife und schwand in dem hellen Ereignishorizont des künstlichen geschaffenen Tores.

»Weitere Erschütterungen des Hyperraumes werden registriert«, meldete die KI des Schiffes. »Ich messe gleichzeitige Gruppen an, die aus unterschiedlichen Richtungen zu uns stoßen. Ich zähle insgesamt 530.000 Schiffe. Hiervon sind 20.000 Einheiten der ablondischen Groß-Raum-Klasse von 1.000 Metern zu orten. Die wartende Flotte hat sich auf 1.070.000 Schiffe erhöht. «

Sil'drock schmunzelte zum ersten Mal.
»Das ist eine prächtige Armada«, bestätigte er. »Mit einem geplanten Gruppen-Angriff unserer Schiffe auf die Zerstörer, ist viel auszurichten. Die Schiffe der Zierrakies sollten ab jetzt auf der Hut sein. «

Sil'drock blickte auf seine Instrumente.
»Noch 17 Minuten«, teilte er mit. »Dann werde ich das Tor wieder öffnen. Ich hoffe sehr, dass die Drohne

unversehrt zurückkommt. Erst dann können wir unser weiteres Vorgehen besprechen.

Ungeduldig schauten die beiden Ablonder auf den Zeitmesser ihrer Anzeige. Die Hypertronic-KI des Schiffes meldete weiterhin den Aufriss von Hypersprung-Fenstern, durch den weitere Schiffe, gesteuert von aktivierten Schläfern der 23 Versorgungs-Planeten, in das System drangen. Doch das schien momentan für sie unwichtig zu sein. Die KI ihres Schiffes übersandte den Neuankömmlingen automatisch ihre Befehle.

»Noch 13 Minuten«, bemerkte Sil'drock. »Dann wissen wir mehr. «

Die Anspannung wurde stärker. Ras'ekin sprang auf und kontrollierte Anzeigen der Bordsensoren.

»Es sind nur unsere Schiffe im System«, teilte er mit. »Alle Schiffs-Verbände haben sich formiert und warten auf unsere Befehle. «

Sil'drock blickte ihn an, doch er verzichtete auf eine Antwort. Die Zeit lief nur langsam ab. Noch zeigte der Zeitmesser lange 7 Minuten an.

Ungeduldig verharrten die Ablonder.

»Hoffentlich haben wir Glück«, bemerkte Ras'ekin.

»Warum sollte das Glück nicht einmal auf unserer Seite sein? «

»Weil es sich normalerweise auf die Seite des Stärkeren schlägt«, erwiderte der Wächter der Außenstadt. »Warten wir es einfach ab. «

Die letzten Minuten schienen noch langsamer zu vergehen.

»Es ist so weit«, sagte Sil'drock. »Die Zeit ist um. Ich öffne den Durchgang für den Rückflug der Drohne. «

Er nahm eine Tastenkombination an seinem Amulett vor. Vor ihnen öffnete sich der bekannte künstliche Horizont und strahlte in hellem energetischen Blau. Der Durchgang stabilisierte sich.

Die beiden Ablonder starrten ungeduldig auf den Schiffs-Bildschirm.

»Es tut sich nichts«, bemerkte Ras'ekin. »Die Drohne kommt nicht zurück. «

»Geben wir ihr etwas Zeit«, antwortete Sil'drock. »Sie muss sich erst den Koordinaten des Durchganges nähern. «

»Deine Programmierung war auf 30 Minuten ausgelegt«, erwiderte der junge Ablonder. »Die Zeit ist überschritten. «»Die Maschine wird sich hieran halten, wenn sie noch dazu in der Lage ist«, antwortete Sil'drock.

In diesem Moment trat die Drohne aus dem Tor aus. Sil'drock atmete erleichtert aus und schloss den Durchgang.

»Da ist sie«, sagte er. »Öffne bitte den Einflugs-Schacht für sie. Ihre Daten müssen sofort ausgelesen werden. «

»Ich kümmere mich darum«, antwortete Ras'ekin.

Er sprang von seinem Stuhl auf und lief aus der Zentrale des 250-Meter langen Raumschiffes.

»KI«, fragte Sil'drock. »Wie viele neue Schiffe haben sich am Rendezvous-Platz versammelt? «

»Die Zählung wurde abgeschlossen«, antwortete die KI blechern. »Es liegen 1.318.000 Schiffe in geordneter Formation in unserem Sektor. Hiervon erkenne ich Signaturen von 43.000 Groß-Schiffen der 1.000 Meter-Klasse. «

Sil'drock verzog sein Gesicht.

»Ich hätte mit mehr gerechnet«, murmelte er zu sich selbst. »Aber wir können froh sein, dass es noch so viele Schiffe sind. Hiermit sollte sich doch etwas bewegen lassen. «

»Die Erweckung der vorhandenen Schläfer ist hiermit abgeschlossen«, ergänzte die KI. »Von Versorgungs-Planet 11 und 23 wurde keine Rückmeldung gegeben. Es ist davon auszugehen, dass diese Versorgungs-Basen zerstört wurden. Die ausgesandten Flotten-Verbände sind unverrichteter Dinge zurückgekehrt. Sie konnte keine Basen auf den Planeten vorfinden. Es ist möglich, dass diese bereits vor vielen tausenden Jahren ausgelöscht wurden. «

»Ich unterstütze deine Einschätzung«, bestätigte Sil'drock.

Ras'ekin kam zurück hielt eine schwarz Box mit einer Hand hoch.

»Hier ist sie«, sagte er. »Jetzt werden wir gleich wissen, woran wir sind. «

Der lief zu einem Gerät an der Wand der Zentrale und schob die Box hinein.

»KI«, befahl er. »Sofort mit der Wiedergabe der aufgezeichneten Daten beginnen. «

»Die Wiedergabe wird auf den zentralen Bildschirm übertragen«, antwortete die Schiffs-Hypertronic.

Die beiden Ablonder schauten gespannt auf dem Bildschirm. Nach ersten Verzerrungen stabilisierte sich das Bild und zeigte den Flug der Drohne durch den Heimat-Sektor des Flotten-Oberkommandos an. Die Kamera schwenkte von rechts und nach links, dann kreisrund in alle Richtungen. Die Drohne sondierte das System nach fremden Schiffen. Sie suchte jeden Blickwinkel ab, ohne etwas Auffälliges zu entdecken.

» Es sind keine Schiffe zu sehen«, bemerkte Ras'ekin. »Alles scheint ruhig und verlassen zu sein. «

Sil'drock nickte.
» Das ist nach dieser langen Zeit natürlich auch nicht verwunderlich«, bemerkte er. » KI, können wir das Bild etwas zoomen? «

Die Schiffs-Hypertronic bestätigte und vergrößerte das Bild der sechs Planeten des Systems.

»Der dritte Planet dieses Systems war der Geheim-Stützpunkt unseres Oberkommandos«, bemerkte Ras'ekin. » Er schimmert noch immer einem bläulich, grünen Farbton, ähnlich einem großen Edelstein. Von hier aus betrachtet, deutet nichts auf eine Verwüstung des Planeten hin. «

Sil'drock lachte laut auf.
»Es sind mittlerweile 250.000 Jahre vergangen, die Natur wird sich vollständig erneuert haben. Warten wir ab, bis die Drohne Boden-Aufnahmen wiedergeben kann. Für eine Analyse ist es jetzt noch zu früh. «

Die Drohne näherte sich dem dritten Planeten und schwenkte in eine Umlaufbahn ein. Sie justierte ihre Sonden, durchbrach die Wolkendecke und speicherte erste Aufnahmen von dem Boden. Grüne tropische Wälder, durchsetzt von Flüssen und Seen, prägten die Landschaften. Zwischendurch wurden Ruinen sichtbar, die vermutlich auf frühere Städte schließen ließen. Teilweise ragten noch intakte Türme aus dem grünen Dickicht.

»Alle Städte wurden zerstört«, sagte Ras'ekin enttäuscht. »Es sind nur überwucherte Ruinen zu finden. Das ehemals blühende Leben, das hier vor Jahrtausenden stattfand, gibt es nicht mehr. Es wurde von den Zerstörern vollständig ausgelöscht. Das Herz unseres Reiches wurde vernichtet. «

» Ist das nicht immer im Krieg so? «, fragte Sil'drock. » Hast du erwartet, hier eine blühende Kultur vorzufinden, mit einer intakten Flotten-Führung? Die konnte sich nicht melden, weil ihre zentrale Hyper-Funkanlage eine Störung meldete? «

Ras'ekin blickte den älteren Ablonder an.
» Du scheinst es einfach zu genießen, wenn du recht behältst«, bemerkte er.

Sil'drock liegt eine ernste Miene auf.
»Das hat mit Freude nichts zu tun«, erwiderte er. »Es sind Erfahrungswerte, die ich mir im Laufe der vielen Jahre angeeignet habe. Ich habe lediglich die Fakten addiert, um zu einem Resultat zu kommen. Für mich war bereits lange klar, dass wir von unserem Flotten-Oberkommando keine Hilfe erwarten können. «

Die Drohne hatte mehrfach den Planeten umkreist und alle Bilder gespeichert. Nichts deutete mehr auf die ehemals großen Produktions-Anlagen und Raumschiff-Werften hin. Der Planet schien sich in einen unbewohnten naturbelassenen Planeten verwandelt zu haben.

» Sollte unser Ober-Kommando so ungeschützt in die vollständige, globale Vernichtung geraten sein? «, ergänzte Ras'ekin. » Ich kann es mir eigentlich nicht vorstellen, denn Vorsicht und Sorgfalt war immer das oberste Gebot unsere Vorgesetzten. «

» Wir haben nur diese Bilder«, sagte Sil'drock. » Sie zeigen eine tote Welt. Eigentlich lohnt es sich nicht den Durchgang zu öffnen und in diesen Raumsektor zu fliegen. Was wollen wir dort überhaupt finden? «

»Wir wollten nach Unterstützung suchen, eventuell auch nach neueren Kriegs-Schiffen unserer Flotten-Führung«, erwiderte Ras'ekin. » Hast du vergessen, dass wir uns auf die Suche nach unseren Herren begeben wollen? Alles, was wir sehen, kann eine Täuschung sein. Vielleicht hat unser Flotten-Oberkommando den Zerstörern gezielt die Vernichtung unserer wichtigen Welt vorgegaukelt. «

Sil'drock blickte seinen jüngeren Kollegen an.
»Du hoffst immer noch auf ein Wunder? «, fragte er. » Ich will dir diese Hoffnung natürlich nicht nehmen. Gewissheit werden wir erst bekommen, wenn wir uns vor Ort einen eigenen Eindruck verschafft haben. Vielleicht müssen wir auch nur ein Signal senden, um eine Antwort zu erhalten. «

»Kann dieses Signal nicht von den Zerstörern aufgefangen werden? «, fragte Ras'ekin.

»Falls sich ihre Späh-Raumschiffe in der Nähe aufhalten sollten, ist das durchaus möglich«, antwortete Sil'drock »Wenn sie sich uns nähern, werden wir ihre Schiffe abfangen und zerstören. Weißt du auch warum? «

Ras'ekin schüttelte seinen Kopf.
»Nein«, antwortete er. » Was hat sich groß geändert?

»Wir sind nicht mehr allein. Unsere riesige Flotte wird sich auf mögliche Aufklärer stürzen und sie auslöschen. «

Die Drohne driftete von dem dritten Planeten ab und flog den restlichen fünf Planeten entgegen. Auch diese wurden von ihr umrundet und zahlreiche Bilder aufgenommen. Diese Planeten dienten schon seit ewigen Zeiten als Rohstoff-Lieferanten. Hier wurden von den Ablondern sämtliche Erze und Mineralien abgebaut, die sie für den Bau ihrer Raumschiffe brauchten. Die Planeten besaßen keine eigene Zivilisation. Lediglich zu den Hochzeiten des ablondischen Systems, waren auf diesen Planeten zahlreiche Tiefbau-Experten stationiert. Dieses heimatliche System war nur ein kleiner Teil des ehemaligen Versorgungs-Netzwerkes.

»Ich denke wir haben genug gesehen«, sagte Ras'ekin. »Es sind keine fremden Flotten-Verbände in dem ehemaligen System unseres Oberkommandos festzustellen. Lass uns springen und uns einen eigenen Eindruck von dem System machen. Nur so können wir nach Überlebenden unserer Rasse scannen. «

Der Außenwächter einer ablondischen Stadt nickte. »Nehmen wir es in Angriff«, antwortete er.

Seine Hand griff nach dem Kommunikator. Er aktivierte ihn und hielt ihn sich vor seinen Mund.

» Hier spricht Sil'drock, Außenwächter der ersten Stadt der 2. Dimension«, sprach er in das Gerät. »Derzeit obliegt mir, als einziger zur Verfügung stehender Offizier der Oberbefehl unserer Flotte. Wir haben beschlossen einen Durchgang zu öffnen, der uns zu dem System unseres Flotten- Oberkommandos bringt. Die Auswertung unserer entsandten Drohne übermittelte uns ein totes Planeten-System. Es wurde keinerlei Schiffs-Aufkommen angezeigt. Der dritte Planet, der ursprünglich unser Flotten-Oberkommando beherbergte, zeigt sich als grüne Dschungelwelt. Vereinzelt ragen Ruinen aus dem grünen Dach hervor.

Nach der langen Zeit von 250.000 Jahren, die wir in den Stasis-Kammern verbracht haben, hat sich die Natur den Planeten zurückerobert. Die Bildaufnahmen lassen darauf schließen, dass die Zerstörer den Planeten unseres Flotten-Oberkommandos restlos vernichtet haben. Dennoch möchten wir uns selbst davon überzeugen. Gegebenenfalls werden wir auch einen Funkspruch absenden, der von Überlebenden unserer Rasse aufgefangen werden kann. Falls wir wider Erwarten in einen Hinterhalt geraten sollten, ergeht folgender Befehl. Wenn wir auf eine Flotte der Zerstörer stoßen, die mit ihren 2.500-Meter-Schiffen ins System eindringen, befehle ich eine sofortige Gruppen-Formation durchzuführen.

Jeweils 100 Schiffe unserer Flotte bilden eine Angriffs-Gruppe. Diese nimmt sich gezielt ein Raumschiff, oder auch einen Zerstörer vor. Unser Beschluss gilt gezielt ihren Waffen-Systemen und den Antrieben. Es reicht völlig aus, diese auszuschalten. Die Schiffe der Zerstörer müssen nicht zerstört werden. Falls ihre Schiffe in Bedrängnis geraten, springen sie als Gruppe an einem neuen Standort und nehmen von dort den Beschuss weiterer Schiffe vor. Ich weise nochmals darauf hin, dass eine Gruppe jeweils nur ein Schiff synchronisiert angreift. Haben sie alle den Befehl verstanden? Bestätigen sie bitte ihre Zustimmung per Hyperfunk-Signal. «

»Erste Bestätigungen kommen herein«, meldete Ras'ekin.

Sil'drock blickte ihn an und nickte. Er hielt das Kommunikationsgerät immer noch in seiner Hand. erneut hob er es an seinem Mund.

»Hier spricht Sil'drock, Oberbefehlshaber ablondischen Flotte", sprach er in das Gerät. »Machen sie sich bereit für den Sprung durch das Tor. Fliegen sie in geordneter Formation hinein. Vermeiden sie zu lange Abstände zu ihrem voraus fliegenden Schiff. Das Tor bleibt so lange geöffnet, bis alle Schiffe durch sind. Auf der anderen Seite bilden sie wieder ihre bekannte Formation, die sie von ihrem Versorgungs-Planeten her kennen. Achtung, das Tor wird von uns in wenigen Sekunden geöffnet. Bereiten sie sich vor. «

Er blickte seinen Kollegen an.
»Sind alle bereit? «, fragte Sil'drock

Ras'ekin schaute auf die Instrumente und bestätigte.
»Die Bestätigungen sind eingegangen«, antwortete er.

Er blickte nochmals auf die Anzeigen des Schiffes.
»Unsere Flotte ist bereit«, ergänzte er.

Der Wächter der Außen-Stadt griff nach seinem Amulett und drückte die neue Tastenkombination. Er hob seinen Kopf und schaute auf den zentralen Bildschirm. Im dunklen Weltraum vor ihnen öffnete sich ein heller Riss, der sich kontinuierlich ausdehnte. Der künstliche Horizont des Durchganges verbreiterte und stabilisierte sich. Majestätisch entstand eine hellblaue Energiewand, frei im Weltraum schwebend. Für die Ablonder war dies nichts Neues. Die Technik ihrer Herren beherrschten sie bereits viele Jahrtausende.

»Wir fliegen als letztes Schiff durch«, sagte Sil'drock. »Die Steuerung des Durchganges liegt in unseren Händen. Zuerst durchquert unsere Flotte das Tor. «

Ras'ekin nickte und sandte den Befehl an die Flotte das Tor zu durchqueren.

Die Ablonder schauten auf den zentralen Bildschirm des Schiffes. Sie registrierten, wie sich die Flotte in Bewegung setzte und auf das Tor zuflog. Nach und nach durchquerten die Gruppen der ablondischen Schiffe zügig durch das geöffnete Tor.

Zwischenspiel auf Tarid

Heran stand vor Aritron. Der höchste Amtsträger der lantranischen Rasse, unterstand lediglich der hohen Empore. Er war für die Umsetzung der Gesetze der hohen Empore zuständig. Tyran und Thoran waren ebenfalls zugegen und sahen den Wurmloch-Spezialisten erwartungsvoll an.

»Wir begrüßen dich in deiner Heimat«, sagte Tyran. »Du bist mittlerweile länger unterwegs, als du Zeit auf unserem Planeten verbringst. «

» Es ist schön euch zu sehen«, begrüßte Heran seine lantranischen Freunde.

» Giratron hat unsere Flotte unversehrt nach Hause gebracht«, bemerkte Aritron. » Er hat uns bereits über euren erfolgreichen Kampf gegen die Daraner informiert. Wie wir hörten, habt ihr es mit 5.000 Schiffen der insektoiden Rasse zu tun bekommen. «

Heran nickte bedächtig.
»Das ist richtig«, antwortete er. »Unsere erste Vermutung war richtig. Die Ursache dieses Angriffes geht zurück auf die Evakuierung der Natrader durch Admiral Tarin. Er ist scheinbar mit seiner Flotte durch ein Brut-System der Daraner geflogen und hat sich den Weg

freigeschossen. Letztendlich nur, weil ihm die Energie für größere Umwege fehlte. «

»Das dachten wir bereits«, antwortete Thoran. »Viele Fehler liegen in der Vergangenheit unseres Universums. Vielleicht tragen wir hieran eine Mitschuld. Wir hätten uns nicht so lange isolieren dürfen. «

»Daran könne wir jetzt nichts mehr ändern«, erwiderte Heran. »Wichtig ist, dass wir den Weg für eine bessere Zukunft öffnen. Größe zeigt die Rasse, die aus den Fehlern der Vergangenheit lernen kann. «

»Ich sehe, deine Verbundenheit mit den Terranern lässt dich wachsen«, schmunzelte Aritron

Er blickte seinen Freund an und musterte ihn.
»Giratron teilte uns auch mit, dass du dich diesem Major Travis angeschlossen hast, weil er einen Hilferuf der Ablonder empfangen hat. Wir dachten immer, die Ablonder und ihre Herren sind aus dem uns bekannten Universum ausgewandert. Wieso erhält Major Travis jetzt einen Hilferuf von ihnen? «

»Das ist wieder eine ganz neue Geschichte«, antwortete Heran. »Die Ablonder erwecken derzeit ihre Schläfer auf sogenannten Nachschub-Planeten. Ihre Herren haben vor ihrer Abreise zahlreiche Nachschub-Depots angelegt. Dort schlafen auch viele Soldaten von ihnen in Kälteschlaf-Kammern. Sie beabsichtigen die Suche nach ihren Herren aufzunehmen. «

»Sie suchen nach den Aller-Ersten? «, fragte Aritron erstaunt?

»Ja«, bestätigte Heran. »Ihre Herren waren seinerzeit aufgebrochen, um die ausufernde Seuche der Worgass einzudämmen. Bei dieser groß anlegten Eindämmungs-Aktion sind sie vermutlich auf einen mächtigen Feind gestoßen. Wir haben in der zweiten Dimension eine Anomalie entdeckt, die von einer fremden Rasse kontrolliert wird. Jetzt haltet euch fest. Diese fremde Rasse kontrolliert 8.300 Planeten, die von einer weißen Anomalie aufgesaugt wurde. In dieser Anomalie, die auch weiße Barriere genannt wird, werden die Bewohner der unterschiedlichen Planeten von einer mächtigen Rasse, die sich Zierrakies nennt, gnadenlos unterdrückt und kontrolliert. Alle bewohnten Planeten, die von der weißen Wolke integriert wurden, haben ihr individuelles Recht auf Selbstbestimmung verloren. Die Zierrakies kontrollieren sie und entscheiden über Leben oder Tod. «

Die drei Lantraner blickten Heran irritiert an.

»Die Zierrakies kenne ich noch aus der Zeit der großen Zusammenkünfte«, bemerkte Thoran. »Sie waren nie auf einen Expansionskurs aus. «

»Das scheint sich geändert zu haben«, antwortete Heran. »Die kaiserliche Struktur ihres Imperiums muss einen neuen Kurs eingeschlagen haben. Sie breiten sich immer weiter aus. Die von ihnen kontrollierte Anomalie, von den Ablondern weiße Barriere genannt, dehnt sich in unterschiedlichen Abständen immer weiter aus. Alle Sonnen, Planeten und Asteroiden werden dann von ihr vereinnahmt. Mögliche Lebewesen auf diesen Planeten haben keine Chance. Sie sind technisch noch nicht in der Lage, diese Ausdehnung aufzuhalten. Sie geraten ab diesem Zeitpunkt unter die Herrschaft der Zierrakies. Wie ich bereits erwähnte, entscheiden sie über gnadenlos über das Leben und den Tod. Nicht alle Lebensformen werden von den Zierrakies als erhaltungswürdig angesehen. Im schlechtesten Fall werden sie eliminiert und ausgerottet. «

Aritron schüttelte seinen Kopf.
»So etwas hätte ich den Zierrakies nicht zugetraut«, antwortete er. »Ich hatte immer den Eindruck, dass sie sich mit anderen Rassen engagieren möchten. «

»So kann man sich täuschen«, entgegnete Heran. »Die Zierrakies sind eine Bedrohung für das Universum und für die 2. Dimension geworden.«

Das Oberhaupt der lantranischen Rasse dachte nach.
»Aber mit der zweiten Dimension haben wir nicht zu tun«, bemerkte Tyran. »Uns liegt das Normal-Universum, einzig und allein bezogen auf die Milchstraße, am Herzen. Wir können nicht an jeder Front kämpfen.«

Aritron hob seinen Finger.
»Trotzdem sollten wir auf die Anfänge reagieren«, antwortete er. »Uns liegen genügend Beispiele vor, dass durch eine zu aggressive Expansions-Politik das natürliche Gefühl für eine friedliche Koexistenz von Rassen verloren geht.«

Heran nickte.
»Wissen wir, was sich in der Whirlpool-Galaxie abspielt?«, fragte er. »Vielleicht hat dort das gleiche Drama bereits begonnen. Wo ist diese Galaxie angesiedelt?«

»Bekanntlich im normalen Universum«, antwortete Aritron. »Worauf willst du hinaus?«

»Das habt ihr richtig erkannt«, antwortete Heran. »Die Zierrakies haben die Möglichkeit zwischen den

Dimensionen zu pendeln. Wer sagt uns, dass sie nicht bald vor unserer Haustür stehen werden und ihre Ansprüche geltend machen? «

Aritron, Tyran und Thoran dachten nach.

»Aus dieser Sichtweise heraus, heißt es für uns zu handeln«, bemerkte Aritron. »Es kann nicht sein, dass eine Rasse aus der Whirlpool-Galaxie Ansprüche in der Milchstraße geltend macht. Ich bin sehr enttäuscht über das Vorgehen der Zierrakies. Bei unserem letzten Treffen wurde eindeutig vereinbart, dass sie keinen Anspruch auf die Milchstraße erheben wollten. «

»Wie lange ist das her? «, fragte Heran.
Aritron überlegte kurz.

»Ich müsste nachsehen«, antwortete er. »Aber nach grober Schätzung wird das letzte Zusammentreffen über 300.000 Jahre terranischer Zeitrechnung her sein. «

»Das haben wir es«, bemerkte Heran. »Die ganze Entwicklung ist an uns vorbeigelaufen. Wir können froh sein, wenn wir noch die Möglichkeit zu einer Korrektur erhalten. «

Thoran lachte laut auf.

»Die überreagierst wieder«, entgegnete er. »So schnell wird das Universum nicht überlaufen werden. «

Aritron blickte ihn an.
»Trotzdem ist diese Angelegenheit als ernst einzustufen«, bemerkte er. »Die Zierrakies, ich glaube mich daran zu erinnern, dass sie einige der wenigen Methan-Atmer im Universum sind. Sie haben einseitig den Ur-Vertrag zwischen den ersten Rassen des Universums gebrochen. Dies ist nicht zu akzeptieren. Ich stimme in dieser Angelegenheit Heran zu«, entschied er. » Der Rückzug unserer Rasse von der öffentlichen Bühne hat mehr Schaden angerichtet, als wir uns eingestehen möchten. «

Sein Kopf drehte sich Heran zu.
»Gut, dass du die Nachkommen der Natrader als Freunde gefunden hast«, bemerkte er. »Sie dürfen für uns die Fehler korrigieren. «

Heran blickte seinen Vorgesetzten irritiert an.
»Freut euch mal nicht zu früh«, antwortete er. »Die Terraner sind zwar gutmütig und helfen uns, doch geht nicht davon aus, dass es immer so sein wird. Sie werden niemals als ein Hilfsvolk der Lantraner bezeichnet werden können. Dafür sind sie zu stolz. Ihr könnt mit ihnen rechnen, wenn ihr ihnen eine interessante Technik anbietet. «

»Das können wir nicht«, antwortete Aritron. »Du weißt, wie die Hohe-Empore über die Weitergabe von lantranischer Technik denkt. «

»Dann brauchen wir nicht weiter zu diskutieren«, entgegnete Heran. »Warten wir ab, bis die Zierrakies zu uns vorgedrungen sind. Vermutlich wird dann die Hohe-Empore Gegenmaßnahmen empfehlen. «

Aritron lachte laut auf.
»Du bist ein schwieriger Verhandlungspartner geworden«, sagte er. »Wir werden die Empore informieren. Was verlangst du für die Terraner? «

Heran dachte nach.
»Ich verlange für sie den Zugang zu unserem geheimen Wurmloch-Netzwerk«, antwortete er dreist.

Ärgerlich blickte Aritron ihn an.
»Ich frage mich plötzlich, ob du nicht besser auf Tarid aufgehoben wärst als bei uns«, antwortete Thoran. »Du scheinst ja einen Narren an den Terranern gefressen zu haben. Sollen sie vielleicht irgendwann technisch auf unserer Stufe stehen? «

»Was wäre daran auszusetzen? «, fragte Heran. » Sie verhalten sich gewissenhaft und wollen nur ihr altes natradische Imperium wieder zum Leben erwecken. Da sie für uns die Kastanien aus dem Feuer holen, sollten sie auch über eine Technik verfügen, die sie unangreifbar macht. Betrachtet sie als Freunde. «

»Du weißt aus der Vergangenheit, wie viele Rassen sich mit unserer leichtfertig übergebenen Technik in den Untergang gestürzt haben«, antwortete Tyran. »Viele der jungen Rassen sind hierfür nicht bereit. Das ist beim besten Willen nicht verantwortbar. «

»Ich habe bereits eine ganze Weile mit den Terranern verbracht«, erwiderte Heran. »Sie sind nicht wie andere Rassen im Universum. Sie haben Anstand und Gewissen. Die Hohe-Empore braucht sich keine Sorgen zu machen, dass sich ihr Engagement gegen uns richtet. Die Terraner haben einen gewaltigen geistigen Sprung gemacht. Selbst die natradische Technik haben sie sofort verstanden und entwickeln sie sogar weiter. Sie haben zwar einige Jahre in ihrer Entwicklung übersprungen, doch sie sind zu keiner Weise überheblich geworden. «

Thoran und Tyran schüttelten ihren Kopf.
»Weißt du, was du da von uns verlangst? «

Heran antwortete nicht auf die Frage.

Der Führer des lantranischen Volkes dachte nach.
»Alles nur Worte«, antwortete Aritron. »Die Evolution geht ihren Weg. Warum sollte das bei den Terranern anders sein als bei anderen Rassen? «

»Weil sie etwas besonders in unserer Milchstraße darstellen«, antwortete Heran. »Ich weiß nicht, ob das mit der natradischen Gen-Optimierung bei ihrer Rasse zu tun hat, oder es auf die Vermischung mit dem geflüchteten natradischen Volk zurückgeht, als Folge des großen Krieg mit den Rigo-Sauroiden. Diese Frage werden wir vermutlich nie beantworten können. Letztendlich hat sich aber hierdurch die terranische Rasse erstaunlich schnell entwickelt. Ich lege meine Hand für sie ins Feuer und verbürge mich für ihre Species. «

Thoran und Tyran blickten erschrocken auf.
Aritron schaute ihn ernst an.

»Du weißt, was du da sagst? «, antwortete er. » Die ganze Verantwortung liegt dann auf deinen Schultern. Falls deine Aussage nicht zutrifft und die Terraner die Technik gegen unseren Willen einsetzen, wird dich die ganze Härte der hohen Empore treffen. Sie werden dir die alleinige Schuld aufbürden. Das Leben wie du es kennst, wird dann für dich aufhören zu existieren. Ich brauche dir nicht zu sagen, dass dies im äußersten Fall die Verbannung mit sich ziehen kann und die Verweigerung des Zugriffs auf die technischen Hilfsmittel der Unsterblichkeit. Du würdest dann wieder ein normaler Sterblicher sein und nur ein begrenztes Leben genießen dürfen. «

»Das ist mir bewusst«, antwortete Heran. »Ich bin mir aber bei den Terranern sicher, dass es nicht so kommen wird. «

Aritron schaute seinen Freund durchdringend an.
»Wir werden deinen Wunsch der hohen Empore vortragen«, erwiderte er. »Sie haben sicherlich bereits lange einen Träumer wie dich gesucht, auf den sie die ganze Last ihrer Entscheidungen abwälzen können. Kommen wir noch einmal auf die Zierrakies zu sprechen. Wir haben deiner Euphorie entnommen, dass du sie aufhalten möchtest. «

Heran nickte langsam und sah seine Vorgesetzten an.
»Ist das nicht die Richtung, die wir früher immer verfolgt hatten«, bemerkte er. » Wir haben uns dafür eingesetzt, Ungerechtigkeit zu bekämpfen, kriegerischer Rassen in ihre Schranken zu verweisen und auf ein harmonisches

Miteinander in der Milchstraße zu achten. Das wurde mir von den Ältesten unseres Volkes gelehrt. «

»Diese Zeiten sind schon lange vorbei«, antwortete Aritron. »Bekanntlich steht es nur noch so geschrieben, doch es wird nicht mehr praktiziert. Wir waren zu lange untätig und haben nicht mehr in die Entwicklung der Species der Milchstraße eingegriffen. Jetzt alles wieder mit einem Schlag zu korrigieren, wird nicht einfach werden. «

»Ich stimme Heran zu«, entgegnete Thoran. »Wenn wir nicht langsam wieder eine Mitverantwortung für unsere heimatliche Sterneninsel übernehmen, dann wird sich wohl so schnell nichts ändern. Ich wünsche mir, dass die Hohe-Empore das endlich einmal einsieht. «

»Du bist als Meister des Krieges hier nicht gefragt«, bot Aritron ihm Einhalt. »Diese Entscheidung sollte gut überlegt werden. Leider ist die Hohe-Empore in ihrer Denkweise noch nicht in der heutigen Zeit angekommen. Wie oft haben wir bereits bei der Empore vorgesprochen und darauf hingewiesen, dass es an der Zeit ist, mehr Verantwortung zu übernehmen. Das Ergebnis kennt ihr zur Genüge. «

Tyran dachte kurz nach.

»Reicht es nicht einen Gesandten unseres Volkes zu den Zierrakies zu entsenden, um sie auf die Einhaltung ihrer Verträge anzusprechen? «

Heran lachte laut auf.

»Ich glaube, ihr lebt noch in der Vergangenheit«, erwiderte er. »Ihr gefährdet damit nur das Leben des Gesandten. Er wird sicherlich nicht mehr zu uns zurückkehren. Die Zierrakies werden ihn eliminieren. «

»Das werden sie nicht wagen«, antwortete der oberste Hüter des lantranischen Volkes. »Sie wissen, dass sie mit dieser Tat unseren Unmut heraufbeschwören. «

»Was heißt Unmut? «, fragte Heran. » Darüber werden die Zierrakies lachen. Sie werden davon ausgehen, dass wir degeneriert sind und uns auch weiterhin nicht um die Belange der Milchstraße kümmern werden. Ich vermute stark, dass unsere lange Abwesenheit sie erst in ihren Absichten bestärkt hat, auf einen neuen Expansionskurs zu setzen. «

Heran ließ seine Worte wirken, dann fuhr er fort.

»Ihr kennt die Zierrakies von früher«, entgegnete er. » Ich konnte mir nur Daten aus den Archiven herausfiltern. Aber auch aus diesen Dokumenten war ersichtlich, dass dieses Volk den Krieg zu einem Teil ihrer Seele gemacht hat. Es kursieren Gerüchte um eine Machtverschiebung in ihrem kaiserlichen Imperium. Allein der neue Kaiser verfolgt diese expandierende Politik für das Imperium. Nicht nur im Umkreis der Whirlpool-Galaxie, auch in der 2. Dimension, sind die Auswirkungen ersichtlich. Warum sollten sie sich ansonsten dieser Anomalie bedienen? Der Gedanke auf Frieden, scheint ihrem Denken völlig fremd zu sein. Sie sehen sich auf der Gewinnerstraße und werden ihren derzeit noch erfolgreichen Kampf nicht mehr aufgeben. Eine andere Lösung scheint es für sie nicht zu geben. Ihre Gesellschaft basiert mittlerweile auf der totalen Unterwerfung der Schwächeren. Alle Rassen, die ihnen in die Quere kommen, werden eliminiert, oder falls sie als erhaltungswürdig eingestuft werden, auf einem ihrer Reservats-Planeten festgesetzt. In beiden Fällen ist das kein wünschenswerter Aspekt. «

Aritron, Tyran und Thoran hatte interessiert zugehört.
»Du malst natürlich wieder ein Schreckens-Szenarium an die Wand«, entgegnete Tyran langsam. »So kennen wir dich. Ich weiß natürlich, worauf dein Gespräch zielt. Warum sollte kein Frieden möglich sein, wenn der Kaiser einsichtig ist und ihn befiehlt? «

»Das habe ich gerade versucht euch zu vermitteln«, antwortete der Wurmloch-Spezialist. »Die Rasse der Zierrakies scheint sich in der langen Zeit verändert zu haben. Weil sie ihre Macht mittlerweile aus den

Auseinandersetzungen mit anderen Rassen beziehen. «
»Die Zierrakies waren immer schon eine kriegerische Rasse«, bemerkte Aritron. » Wir wollten es uns nur nie eingestehen. «

»Vermutlich liegen ihre kriegerischen Instinkte in ihren Genen verankert«, sagte Heran. »Falls diese nicht nach außen abgeleitet werden, kann es durchaus passieren, dass sich die unterschiedlichen Grafschaften des kaiserlichen Imperiums gegenseitig angreifen. Hierdurch würde sich eine Schwächung ihres ganzen Systems ergeben. Ich bin mir sicher, dass dies der Grund ist, warum sie so expansiv vorgehen. Der heutige Kaiser, der die vollständige Macht über ihr Reich für sich beansprucht, sichert sich die Loyalität der vielen Grafschaften, indem er Andersdenkende in seinem Reich unnachgiebig verfolgt und töten lässt. Es ist für die kaiserliche Elite der Zierrakies sicherlich undenkbar, sich einer nach ihrer Einschätzung minderwertigen Rasse zu unterwerfen, die nicht mit ihrer Lebensvorstellung kompatibel ist. «

»Woher weißt du das alles? «, fragte Aritron.

Heran lächelte ihn an.
»Dankt den Terranern«, antwortete er. »Sie konnten einen Commander, von einem ihrer großen 2.500-Meter-

Schiffe gefangen nehmen. Wie sich herausstellte, war es ein Worgass. Auch die Zierrakies bedienen sich dieser Formwandler. Jedenfalls war er sehr gesprächig und konnte den Terranern einiges über die Struktur in ihrem Kaiserreich mitteilen. «

»Auch dort sind wieder die Worgass aktiv? «, staunte Thoran.» Das ist ja eine Pest mit diesen Wesen.

»Die Frage ist, ob es die Schuld der Worgass ist, oder die Schuld der Rassen, die sich ihrer bedienen?«, bemerkte Tyran.»Was wäre, wenn diese Rasse nicht manipuliert würde? Wären sie dann noch eine Bedrohung für das Universum? «

»Die Frage stellt sich nicht«, antwortete Aritron.»Sie sind nun einmal da und in vielen Sterneninseln aktiv. «

Er blickte den Wurmloch-Spezialisten an.
»Was brauchst du, um mit den Terranern den Zierrakies Einhalt gebieten zu können? «

Heran überlegte intensiv und blickte seine Vorgesetzten mit ernster Miene an.

»Ich denke an eine Flotte von 500 Evolutions-Schiffen und eine Technik, die wir gegen die Anomalie in der 2.

Dimension einsetzen können«, erwiderte er. »Wir sollten diese Anomalie in ihrem Gefüge erschüttern, so dass sich ihr Ausdehnungsprozess ins Gegenteil umkehrt. Falls das nicht funktioniert, sollte es eine Möglichkeit geben, die Anomalie aufzulösen, so dass sie keine Gefahr mehr darstellt. Bekanntlich bildet sich so eine weiße Barriere aus einer rotierenden Wolke aus Gestein. Schutt und Reste von explodierten Planeten, formen sich aufgrund der unnatürlichen Kreiselbewegungen zu einem festen Gebilde. Die Ursache der Rotation muss ausgeschaltet werden. «

»Das ist keine einfache Aufgabe«, antwortete Aritron. »Hier sind gewaltige Gravitationskräfte im Einsatz. So etwas geschieht nur durch das Zusammenspiel mehrerer roter übergroßer Sonnen-Giganten. Eliminiert man die Sonnen, löst sich die Anomalie von selbst auf und Strudel fallen in sich zusammen. «

»Es wurde lange Zeit keine solche Waffe mehr produziert«, entgegnete Tyran. »Ich hoffe sehr, dass unsere Wissenschaftler das hinbekommen. «

»Wir können die Produktion nicht hier auf Centros befehlen«, ergänzte Thoran. »Falls ein Unglück passiert, reißen die Kräfte unseren ganzen Planeten in den Untergang. «

»Sucht einen Weg«, sagte Heran nüchtern. »Ich habe nie gesagt, dass es ein einfacher Weg werden würde. Richtet eine Produktions- und Forschungsstätte auf einem ausreichend entfernten Planeten ein. Dieser sollte möglichst unbewohnt sein. Dort können diese Geschosse hergestellt werden. «

Aritron hob seinen Arm.
»Genug«, sagte er. »Bevor wir ins Detail gehen, brauchen wir die Zusage der hohen Empore. Ohne ihre Zustimmung fällt deine Mission ins Wasser. Ich kann dir nicht sagen, ob sie auf unseren Vorschlag eingehen
werden. «

»Die Zierrakies sind eine Bedrohung«, antwortete Heran. » Überlegt euch etwas, wie ihr sie hiervon überzeugt. Sagt ihnen, dass sie mutwillig die vor langer Zeit unterschriebenen Verträge missachten und dass sie davon ausgehen, dass wir Lantraner nicht mehr in der Lage sind einzugreifen. Berichtet ihnen von 8.300 Planeten, auf denen viele unterschiedliche Rassen die Willkür der Zierrakies ertragen müssen und viele Verluste ihrer Angehörigen zu beklagen haben. «

»Sie werden Beweise fordern? «, sagte Thoran.

»Was für Beweise soll ich präsentieren? «, fragte Heran. » Ich war noch nicht in der Anomalie. Die Terraner verfügen lediglich über Aufzeichnungen, wie die drei übergroßen Schiffe der Zierrakies die Station der Ablonder angegriffen haben, um sie auszuradieren. Ob diese Daten ausreichen werden, das weiß ich nicht. «

»Wir werden in deinem und in unserem Sinne versuchen die Hohe-Empore von der Notwendigkeit eines Eingreifens zu überzeugen«, entschied Aritron. »Das dauert ein wenig. Fliege in der Zwischenzeit zu den Terranern und versuche mehr Informationen von dem gefangenen Worgass zu erhalten. Wir müssen wissen, wie viele unterschiedliche Stämme der Worgass existieren und in welchen Regionen sie sich niedergelassen haben. Nur so in ein späteres Eindämmen möglich. Siehst du eine Möglichkeit an diese Informationen zu kommen? «

»Das ist kein Problem«, antwortete Heran. »Ich teilte euch bereits mit, solange wir uns loyal und hilfsbereit zu den Terranern verhalten, können wir sie als Freunde und Alliierte betrachten. «

»Gehe jetzt und halte uns nicht länger auf«, beendete Aritron das Gespräch.

Heran verbeugte sich und bedankte sich bei seinen Vorgesetzten die der Anhörung. Dann drehte er sich um und schritt dem Ausgang des Büros von Aritron entgegen.

***

Auf der Erde herrschte völliges Flugverbot. Die EWK hatte mit Genehmigung der UN, sämtliche zivilen und militärischen Flugzeuge in ihre Werfthallen befohlen. Es sollte eine globale, intensive Suche nach der Basis des außerirdischen Schläfers durchgeführt werden. General Poison hatte Noel in sein Büro, auf dem Gelände der EWK, der Isle Of Man, gebeten. Hier liefen derzeit alle wichtigen Informationen zusammen. Der imperiale Notfallplan besagte, dass die globale Suche gemeinsam von drei unterschiedlichen Einheiten durchgeführt werden sollte. General Poison und sein Stab, konnten in Absprache mit Noel und der großen Hypertronic-KI, drei Schiffs-Verbände für diese Aufgabe einteilen. Oberst Cameron wurde mit 100 Prinz-Schiffen in den Einsatz gerufen.

Als zweiter Verband wurde Captain Hunter mit 100 Cuuda-Schiffen alarmiert. Der ihnen zur Seite gestellte dritte Schiffs-Verband, wurde von Commander Senga-Hol befehligt. Der Atlanter befehligte eine Flotte von 100 neuen Naada-Angriffs-Kreuzern. Ihnen oblag es die Fläche der Erde intensiv zu scannen. Der General hatte ihnen befohlen, die Erde nach Längen- und Breitengraden aufzuteilen und jeweils in Formationen von je 10 Schiffen eine Gruppe zu bilden. Diese Gruppen werden einen intensiven Flächen- und Tiefenscan in den ihnen zugeteilten Flugzonen durchführen. Auf den Befehl des Generals hin, mussten sämtliche Sensoren, Taster, Echolots und Tiefenraum-Orter, auf die feinste Sensibilität eingestellt werden. Gemäß den technischen Beratern des Generals, konnte nur so eine versteckte Basis, oder ein Hohlraum in den Erdschichten von Tarid entdeckt werden. In der Zeit, in der die Einsatz-Verbände ihre Startvorbereitungen trafen, warteten in dem Kontroll-Zentrum der EWK, General Poison und Noel bereits ungeduldig auf erste Ergebnisse.

»Leutnant«, sagte der General ungeduldig. »Haben wir neue Informationen? «

Der Leutnant von Dienst kam zu ihm geeilt.
» Leider noch nicht«, teilte er mit. » Es konnte kein weiterer Funkspruch isoliert werden. «

»Haben wir nicht irgendwelche energetische Strahlung aus dem Erdinneren ausmachen können? «, fragte Noel.

Der Leutnant schüttelte seinen Kopf.
»Die alarmierten Flug-Verbände sind noch nicht gestartet«, antwortete er. »Das Flugpersonal sammelt

sich noch. Die Startvorbereitungen laufen gut an. Es können noch keine neuen Informationen vorliegen. «
Der General schlug mit seiner Faust auf den Schreibtisch. » Das dauert alles zu lange«, fluchte er. » Machen sie ihnen Feuer unter ihrem Hinterteil. Ich will einen beschleunigten Start sehen. «

Bleich und erschreckt salutierte der Leutnant und lief aus dem Büro des Generals.

Noel blickte ihn an und erkannte, dass der Kopf des Generals rot angelaufen war.

»Beruhigen sie sich wieder«, sagte er in seiner ruhigen Art. »Es kommt nicht auf einige Minuten an. «

Der General schien die Bemerkung des natradischen Klons nicht gehört zu haben.

»Das gibt es nicht«, sagte er. »Irgendwo muss die Basis des Schläfers sein. Zumindest die Geräte für die Lebenserhaltung müssen aktiv sein. Wir können den Flugverkehr auf die Erde nicht auf Dauer blockieren. Ein schnelles Ergebnis muss her. Jede Stunde kostet das unserer Wirtschaft Beträge in Millionenhöhe. «

Noel blickte ihn an und wartete bis der General Luft abgelassen hatte.

» Es ist natürlich auch schwierig, den ganzen Planeten Tarid zu sondieren«, bemerkte er. » Wir sehen jetzt, dass dies keinen schnellen Erfolg bringen wird. Meine Mutter hat errechnet, dass der Schläfer nicht unbemerkt eine größere Entfernung zurücklegen kann. Irgendeine Ortungs-Station von Tarid hätte ihn registriert. Sie schlägt daher vor, die Koordinaten des letzten aufgefangen Funk-Spruches intensiv zu scannen. Sie empfiehlt die Entfernung auf einen Umkreis von 1.500 Kilometern zu intensivieren. «

Er blickte den General an und bemerkte, wie dessen Körper anfing zu zittern. Der Kunst-Klon kannte den General der EWK bereits eine längere Zeit.

Doch immer wieder fielen ihm neue Gebaren des obersten Befehlsgebers der EWK auf, die ihm missfielen.

»Ihr körperlicher Zustand gefällt mir nicht«, bemerkte Noel. »Ich sollte sie in unsere zentrale Medi-Abteilung befehlen. «

Der General ignorierte die Bemerkung von Noel.

»Zum Teufel mit den Ärzten«, erwiderte der General. »Warum rückt ihre Mutter jetzt erst mit den Informationen heraus? «

Noel ich blickte ihn gedrungen an.

» Es wurde bekanntlich keine Anfrage an die Hypertronic-KI gestellt«, antwortete er.

Der General winkte ab.
»Braucht sie immer erst eine Extra-Einladung«, ereiferte er sich. »Ich bin mir bewusst, dass die Natrid-KI mitten in den Vorbereitungen zahlreicher neuer Missionen steckt.«

»Wir haben in den letzten Monaten durchweg Erfolge verzeichnen können«, antwortete Noel. » Allein die Handelsbeziehungen zu den Morina laufen auf Hochtouren. Die neuen Verträge mit den Argonern stehen kurz vor dem Abschluss. Dabei scheinen wir vergessen zu haben, mögliche Altlasten in unserem Sonnen-System aufzuspüren. Wir wissen nicht, was in den 100.000 Jahren unserer Deaktivierung, im Sol-System alles passiert ist. «

Der General schaute ihn irritiert an.

» Glauben sie, dass unser System noch von weiteren Rassen aufgesucht worden ist? «, fragte er.

» Wer kann das schon mit Bestimmtheit sagen«, antwortete Noel. » Die Deaktivierungsphase meiner Mutter-KI dehnte sich über eine lange Zeit aus. Die Menschheit war noch nicht so weit, um irgendwelche Besucher aus dem All zu registrieren. «

» Wollen sie mir jetzt einen Schrecken einjagen? «, erkundigte sich General Poison.

» Keineswegs«, antwortete der Kunst-Klon. » Deswegen bin ich zu ihnen gekommen. Ich möchte ihnen noch einmal unsere rückhaltlose Unterstützung zusichern. Wir besitzen eine fortschrittliche Technik, unsere Teams wurden hervorragend ausgebildet und wir können auf wirklich gute Freunde zurückgreifen. «

»Sie sprechen von Heran und seinen Lantranern? «, erwiderte der General.

» Das ist korrekt«, antwortete Noel.

» Das ändert alles nichts«, antwortete der General. » Wir müssen die Suchverbände neu einteilen. «

Er griff nach dem Kommunikations-Gerät, welches vor ihm auf dem Schreibtisch stand. Der General drückte einen Knopf.

Noel hörte, wie sich eine seiner Sekretärinnen meldete. »Frau Eisenhut«, sprach der General in das Gerät. »Schicken sie mir bitte einen Adjutanten herein. «

Ohne die Antwort abzuwarten, legte der General den Hörer auf.

Es dauerte nur Sekunden, als die Türe aufklappte und ein Mitarbeiter seines Stabes hereintrat.

Nach kurzer gegenseitiger Salutation, sprach der Adjutant seinen Vorgesetzten an.

»Was kann ich für sie tun, Herr General? «, fragte er.

» Leutnant Moldrisch, stellen sie bitte eine Konferenz-Schaltung zu den Such-Verbänden her«, antwortete General Poison. » Ich möchte den leitenden Offizieren neue Befehle erteilen. «

Der Leutnant und lief zu der Funkanlage, die in der Wand des Büro des Generals eingebaut war.

»Die Schaltung steht«, bemerkte der Adjutant. »Ich habe die Flaggschiffe von Oberst Cameron, Captain Hunter und Commander Senga-Hol aufeinandergelegt.

»Das ging aber schnell? «, bemerkte der General. » Ich danke ihnen Leutnant. «

»Hier spricht das Kommando-Center der EWK«, sprach er in das Mikrofon. »General Poison spricht, ich rufe die Einsatzleiter der Such-Verbände. Oberst Cameron, Commander Senga-Hol und Captain Hunter, bitte melden sie sich. «

Es dauerte nur wenige Sekunden, bis die drei Offiziere auf den dazu geschalteten Bildschirmen auftauchten.

General Poison und Noel waren aufgestanden und an den förmlichen Befehlsstand der EWK getreten. Dieser stand mittig in dem Büro des Generals. Auf der Vorderseite des Befehlsstandes leuchte groß das Logo der EWK und des Neuen-Imperiums. Rechts und links waren die dazugehörigen Fahnen aufgebaut.

»Wie weit sind sie? «, fragte der General ungeduldig. » Diese Mission ist mit Alpha-Order 1 belegt und äußerst wichtig. Sie überlagert alle weiteren Befehle. «

»Das ist uns bekannt«, antwortete Captain Hunter. »Dürfen wir noch kurz unsere Einsatz-Kleidung anziehen, oder sollen wir nackt starten? «

Noel blickte den General an und schüttelte seinen Kopf.

»Lassen sie ihre unangebrachten Äußerungen«, fuhr der General den Captain an. »Ich hoffe, sie wollen nicht strafversetzt werden. Antworten sie gefälligst auf meine Frage. «

»Mein Verband ist bereit und startet in wenigen Minuten«, erwiderte der Captain. »Ich habe gerade die Rückmeldung von den restlichen zwei Verbänden erhalten. Sie sind ebenfalls bereit. Beruhigen sie sich General, ich ergreife den Schläfer schon. «

»Wir sind bereit«, meldeten Oberst Cameron und Commander Senga-Hol.

»Sehr gut«, erwiderte der General. »Ich brauche ihnen ja nicht zu sagen, wie wichtig ihre Mission ist. Bringen sie ihre Instrumente an die Grenze der Zulässigkeit und finden sie die Höhle des Löwen. Wir brauchen diesen Schäfer unbedingt. Die große Natrid-KI empfiehlt eine Intensiv-Suche im Umkreis von 1.500 Kilometer des von uns angepeilten Hyper-Funkspruches. Dort sieht sie die

Erfolgsaussichten am größten. Koordinieren sie sich untereinander. Haben sie verstanden? «

»Wir haben verstanden«, antworteten die Offiziere fast gleichzeitig.

»Starten sie ihre Mission«, befahl der General und schaltete ab.

»Ich wundere mich über sie«, sprach Noel den General an. »Sie lassen dem Captain sehr viel durchgehen. «

Der General lachte und schaute den Kunst-Klon an. »Wissen sie auch warum? «, fragte der General.

Noel schüttelte seinen Kopf.
»Da bin ich noch nicht hinter gestiegen«, bemerkte er.

»Weil er mich an meine jungen Jahre erinnert«, erwiderte er General. »Ich war ebenfalls kein leichter und umgänglicher Soldat. Es hat eine gewisse Zeit gebraucht, bis ich mich unterordnen konnte. «

»Daher weht der Wind«, konterte Noel. »Jetzt wird mir einiges klar. «

Der General winkte ab.

»Warten wir auf Ergebnisse«, entschied er. »Lange sollte es nicht dauern. Die Boden-Eisatzkräfte stehen bereit. Ein Zugriff erfolgt, wenn wir über exakte Koordinaten verfügen. «

Die Flotten-Verbände waren mittlerweile gestartet und hatten sich in der Umlaufbahn der Erde formiert. John Hunter hatte seine Kollegen Oberst Cameron und Commander Senga-Hol in die Zentrale seines Cuuda-Flagg-Schiffes eingeladen. Die Offiziere standen am CIC des Schiffes und blickten auf das Display. Es zeigte die Erde, eingeteilt nach Längen- und Breitengraden.

Oberst Cameron blickte John Hunter an.
»Sie scheinen sich einen Spaß daraus zu machen, den General zu reizen? «, fragte er.

John Hunter lachte.
»Der General wird es nicht zugeben, doch er mag mich«, erwiderte er. »Ich erinnere ihn an seine jungen Jahre beim Militär. «

Senga-Hol schüttelte seinen Kopf.
»Diese Art mit Vorgesetzten zu sprechen, ist mir fremd«, antwortete er. »Wir wurden von Atlanta anders gedrillt«.

John schaute ihn an.

»Jede Einsatztruppe hat seine eigene Vorgehensweise«, bemerkte er. »Welche die Beste ist, muss jeder für sich selbst entscheiden. Machen wir uns nichts vor, meine Herren. In letzter Instanz zählen nur die Ergebnisse. Das wird von uns erwartet. «

»Ich bin mir immer noch nicht über ihren Status im Klaren? «, fragte Oberst Cameron. » Sind sie jetzt dem ISD unterstellt, oder nicht? «

Senga-Hol horchte erstaunt auf und hob seinen Blick von dem CIC.

»Dreimal dürfen sie raten«, antwortete John Hunter. » Sie kennen mich doch auch bereits ein wenig. Ich lasse mich nur schwer einer Behörde zuordnen. Meine Abteilung untersteht direkt dem General und ist auch nur ihm Rede und Antwort pflichtig. Verstehen sie mich als eine besondere Eingreiftruppe, die nur der Führung der EWK untersteht. Gemäß dieser Tätigkeit bin ich mit entsprechenden Vollmachten ausgestattet, die über ihre Befugnisse weit hinaus gehen. «

Senga-Hol lachte auf.
»Ähnlich ist das bei unserer Kommandantin von Atlantis. Die wird von der Hypertronic-KI als Tochter betrachtet.

Durch die enge Verbindung der Zusammenarbeit mit der Natrid-KI, ist sie ebenfalls mit vielen Sonderrechten ausgestattet. Diese wurden an die eingeräumten Sonderbefugnisse des letzten natradischen Kaisers angelehnt und von der EWK übernommen. «

Captain Hunter schaute Oberst Cameron an.
»Sie sehen also, sie arbeiten mit einer Truppe zusammen, die mit zahlreichen Sonderbefugnissen ausgestattet ist. Hoffentlich bereitet ihnen das nicht zu große Kopfschmerzen? «

» Erklären sie mir bitte einmal, wie man aus so viel Sonderbefugnissen ein Team schmieden soll«, fragte der Oberst.

» Die ganze Teambildung wird nach meiner Meinung überbewertet«, entgegnete Captain Hunter. » Jeder von uns ist mit einem besonders geschulten Team ausgestattet, das seine Aufgaben kennt. Sorgen sie dafür, dass es in ihrem Verein, dem ISD, alles gut abläuft. General Poison setzt großes Vertrauen in sie. Das zeigt er ihnen durch die Teilnahme an dieser Mission. Eines unserer Teams muss Erfolg haben und ein Ergebnis vorweisen. Nur so können wir den General bei guter Laune halten. «

»Das erzählen sie uns nichts Neues«, antwortete Oberst Cameron. »Wie gehen wir vor? «

»Machen wir uns an die Arbeit«, antwortete Captain Hunter. » Ich schlage vor, wir teilen die Erde in drei Such-Abschnitte ein. Commander Sengs-Hol, übernehmen sie mit ihrer Flotte die südlichen Längengrade unseres Planeten. Ich empfehle vom Südpol ausgesehen, die Längengrade 80, 60 und 40 abzufliegen. «

John Hunter blickte ihn an.
»Haben sie irgendwelche Einwände? «, fragte er.

Der Atlanter blickte auf das CIC und schüttelte seinen Kopf.

»Keine«, bemerkte er. »Das soll mir recht sein. «

John drehte seinen Kopf und blickte Oberst Cameron an.

»Dann übernehme ich den mittleren Bereich«, schlug der Oberst vor. Der südliche Breitengrad 20, die Äquator-Linie 0 und den nördlichen 20. Breitengrad. Das ist auch die umfangreichste Strecke, glaube ich. «

»Das hält sich in etwa gleich«, korrigierte Captain Hunter ihn. »Ich bin einverstanden. Dann bleibt für mich der nördliche Bereich der Erde, der Breitengrad Nord 40, 60 und 80. «

Er zeugte auf das CIC, um seine Einteilung bildlich zu unterstreichen.

»Da der General ein absolutes Flugverbot angeordnet hat, schlage ich vor, dass wir in einer Höhe von 300 Metern fliegen und intensive Tiefenscans durchführen«, empfahl der Captain. » Nur so können wir einen Hohlraum in den Erdschichten entdecken. Wir müssen davon ausgehen, dass die Basis gewusst versteckt angelegt wurde. Ansonsten hätten wir sie bereits längst entdeckt. «

Oberst Cameron blickte seine Kollegen.

»Sie beide wissen, dass ja Erfolg haben müssen«, bemerkte er. »Der General erwartet dringend Ergebnisse. Er hat mir mitgeteilt, dass es in keinem Fall geduldet werden kann, dass irgendwelche exoterristische Basen, oder auch nur Horch-Posten auf der Erde existieren. Sobald wir etwas Verdächtiges finden, orten oder ausmachen, will der General unverzüglich eine Meldung erhalten. «

Das versteht sich von allein«, antwortete Captain Hunter. » Anders haben wir das früher auch nicht gemacht. «

»Wir halten untereinander Kontakt«, empfahl Oberst Cameron. » Sobald jemand eine Spür hat, informiert er die anderen Teams. «

Captain Hunter und Commander Senga-Hol stimmten dem Oberst zu.

Captain Hunter begleitete Oberst Cameron und atlantischen Commander noch in den Hangar des Cuuda-Schiffes. Er beobachte, wie seine Kollegen in ihren Gleiter stiegen und aus der Landebucht des Cuuda-Schiffes flogen.

Als sich der Schott der Landezone langsam wieder schloss, dreht sich Captain Hunter um und ging schnellen Schrittes in die Richtung seiner Kommando-Zentral.

Als er eintrat, meldete ein Offizier seine Ankunft.

»Captain auf der Brücke«, meldete er.
Die Offiziere nahmen Haltung an.

»Danke«, sagte John Hunter. »Macht euch bereit. Es geht los. «

Er ließ sich in seinen Kommando-Sessel fallen und winkte seinen 1. Offizier zu sich.

»Leutnant Graves«, sagte er. »Uns wurden die nördlichen Breitengrade 40, 60, 80, bis zum Nordpol zugeteilt. Weisen sie die Flugstaffeln an, jeweils in Gruppen zu 10 Schiffen versetzt zu fliegen. Uns darf nicht das kleinste Stück vom Erdboden durch das Netz fallen. Programmieren sie die Sensoren auf einen automatischen Flächen-Scan. Holen sie alles aus den alten Geräten heraus, was machbar ist. Wir brauchen kurzfristige Ergebnisse. «

Der 1. Offizier nickte.

»Verstanden, Captain«, bestätigte er. »Wir halten alle Displays und Anzeigen im Auge. «

Er drehte sich um und gab die Befehle an die Cuuda-Flotte durch. Alle Offiziere waren angespannt und wollten Erfolge vorweisen.

Die 100 Cuuda-Schiffe hatten sich als erster Such-Verband in die befohlenen Formationen aufgeteilt. Die Schiffe tauchten die in die Atmosphäre von Tarid nieder und flogen ihre Koordinaten an. In einer Höhe von 300 Metern über dem Boden, begannen sie mit dem intensiven, lückenlosen Scannen der Erdschichten.

Die Schiffe von Oberst Cameron taten es ihm gleich und flogen die mittleren Breitengrade der Erde an. Die Naada-Schiffe, unter dem Befehl von Commander Senga-Hol, orientierten sie in die südlichen Breitengrade. Die Menschen der Erde richteten interessiert ihren Blick in den Himmel, als in breiter Formation die Suchverbände der EKW-Flotten ihren Heimatbezirk überflogen. Gigantische Raumschiffe in einem Tiefflug über der Erde, hatten sie bisher noch nicht erlebt.

Major Travis und sein Team hatte Professor Augenzell nach Atlantis begleitet. Eigentlich hatte er Sirin einige Tage Urlaub in seinem Haus auf Douglas versprochen. Sie hatte sich auf die Stunden zu zweit gefreut und bereits Pläne gemacht.

Der Major schaute sie von der Seite an. Sie lächelte zurück. »Sie lässt sich ihre Enttäuschung nicht anmerken«, dachte er. »Auch in dieser Hinsicht ist sie von kaiserlicher Abstammung. «

Major Travis hatte die Natraderin liebgewonnen. Er wusste, dass sie eine Kämpferin war und bereits sehr viel erlebt hatte.

Er war sichtlich irritiert von dem Zwischenfall in der Forschungs-Station von Professor Augenzell. Hier sollten die neuen Wurmloch-Antriebe der Lantraner auf Herz und Nieren geprüft werden, bevor sie in eine Serie-Fertigung gingen. Major Travis ging ein Gedanke nicht aus dem Kopf.

»Wie konnte eine Schläfer-Station auf der Erde so lange unentdeckt bleiben? «, dachte er.

Heinze bemerkte sein Grübeln.
»Gut versteckt und auf Minimal-Energie geschaltet«, sprach er den Major an.

»Du hast in meinen Gedanken gelesen? «, fragte Major Travis.

Heinze lächelte ihn an.
»Das würde ich nie wagen«, entgegnete er. »Für einen Telepathen ist das so, als ob er Radio hört. Die Gedanken fliegen an ihm vorbei. Er muss sie ignorieren, damit er sie nicht alle in seinem Kopf aufnimmt. Das funktioniert leider nicht immer. «

»Ich habe kein Problem damit, kleiner Freund«, antwortete der Major »Ich weiß ja, wie hilfreich es sein kann. «

Sein Gesicht verdunkelte sich etwas.

»Auf die Schläfer-Basis bezogen, kannst du Recht haben«, bemerkte Heinze. »Anders lässt sich ihr Dasein nicht erklären. «

Sein Blick richtete sich geradeaus. Tart 1 und Tart 2 gingen voraus und sicherten den Weg. Sie standen am Eingang der zentralen Transmitter-Halle auf Atlantis.

Die Kommandantin kam mit einem Anti-Grav.-Gleiter um die Ecke gebogen, stoppte und sprang ab.

Mit wehendem Haar kam sie auf die Gruppe zugelaufen.

Major Travis erinnerte sich an ihre Geschichte.
»Sie war ein weiblicher Klon, der von der Tarid-MKI für ihre externen Belange ins Leben gerufen wurde«, dachte er. »Ihr Aussehen wirkt härter als bei den natradischen Wesen, die ihr früher Befehle gaben. Sie war eine Züchtung aus programmierbarer, natradischer DNA und dem besten unverbrauchten DNA-Material, das der Planet Tarid zu früheren Zeiten hervorgebracht hatte. Das gelungene Experiment einer planetaren DNA-Verbindung zweier Welten.

Atlanta war 1.90 Meter groß. Ihre spezielle Taja saß hauteng an ihrem Körper. Der natradische schwarze

Kampf-Anzug war ihre bevorzugte Kleidung. Ihre Hüfte umschlang ein Waffengurt, der auf jeder Seite einen Holster aufwies, in der jeweils eine schwere natradische Laser-Waffe saß. Ihre strohblonden Haare reichten ihr bis zu den Schultern. Die rosa, braune Hautfarbe gab ihr ein berauschendes Aussehen. Sie bevorzugte ihre geklonten Körper in der Altersstufe 35 Jahre bis 45 Jahre. Atlanta hatte Zugriff auf ein modernes DNA-Klon-Bad, aus den geheimen wissenschaftlichen Abteilungen, des letzten natradischen Kaisers. Ihr Wissen konnte sie in jeden neuen Köper downloaden.

Sie war die ehemalige heimliche Geliebte des letzten natradischen Kaisers gewesen und verstand sich gut mit ihm. Entsprechend dieser Tatsache durfte sie sich auch spezielle Eigenarten leisten. Sie konnte Geheimnisse für sich bewahren. Denn auch der Kaiser war ein geheimer Spender für ihr gemischtes und optimiertes DNA-Material. Sie konnte gedanklich eine Verbindung zu ihrer M-KI herstellen. Sie hatte sich ohne große Mühe auf die neuen Gegebenheiten einstellen können und akzeptierte die Befehlsstruktur der EWK. Daher blieb auch das Kommando, der ehemals größten Natrid-Basis im Sol-System, weiterhin in ihren Händen.

Atlanta begrüßte die eingetroffenen Gäste freundlich.

» Hallo, Herr Major«, lächelte sie. » Endlich finden sie mal wieder den Weg zu uns. Wir haben uns lange nicht mehr gesehen. «

Sie versprühte ihren Scharm und versuchte den Gästen ein gutes Gefühl einer freundlichen Begrüßung zu vermitteln.

Major Travis schmunzelte sie an.
» Sie wissen doch, welche Aufgaben ich zu erledigen habe«, antwortete er.

Atlanta lächelte und strahlte zurück.
»Natürlich bin ich informiert«, entgegnete sie. »Ich würde mich trotzdem freuen, sie öfter zu sehen. «

Die heimliche Kaiserin der Atlantis-Basis wandte sich Sirin zu. Die beiden Frauen verstanden sich seit langem prächtig und begrüßten sich mit einem Kuss auf die Wange.

»Es ist schön euch zu sehen«, sagte Atlanta. »General Poison hat mich bereits informiert, dass wir eine Sicherheits-Zone für Professor Augenzell einrichten sollen. Er genießt unsere stärksten Sicherheits-Vorkehrungen. «

Sie wandte sich dem Professor zu und gab ihm die Hand.
»Machen sie sich keine Sorgen«, sprach sie ihn an.
»Niemand wird von außen zu ihnen vordringen. Ich habe meine atlantischen Spezialisten für ihre Sicherheit abgestellt und zusätzlich 120 Shy-Ha-Narde. «

Der Professor blickte verlegen zu Boden.
»Ich hoffe inständig, dass es keine weiteren Angriffe auf meine Einrichtungen geben wird«, sagte er. »Sind meine Gerätschaften schon gekommen? «

»Das sind sie «, antwortete die Kommandantin der Basis. »Wir haben sie bereits in die Labor- und Forschungszentrum gebracht. » Ihr neues Team ist ebenfalls bereits eingetroffen und schon durch mehrere Kontrollen gelaufen. Ihre Mitarbeiter sind in Ordnung. «

Sie drehte ihren Kopf Major Travis zu.
»Wo ist Barenseigs? «, fragte Atlanta.

»Er hat neue Aufgaben übernommen«, antwortete Major Travis. »Es kann sein, dass er sie bei nächster Gelegenheit um ihre Unterstützung bittet. «

Atlanta blickte den Major fragend an.

»Dazu später mehr«, wich der Major von dem Thema ab. »Ich habe eine Bitte. Ist es möglich unseren Gefangenen kurz sprechen? Wie verhält er sich? «

»Außerordentlich gut«, antwortete Atlanta. » Er ist überaus kooperativ und möchte am liebsten in unsere Dienste aufgenommen werden. «

»Diesen Wunsch hatte er auch bei mir geäußert«, erwiderte Major Travis. » Aber können wir sicher sein, dass wir ihm unser Vertrauen schenken können? «

»Von den Netzwerk-Denkern erwartet ihn der Tod«, antwortete Atlanta. » Welche Aussichten hat er noch. Er kann nicht zurück in seine Galaxie. Daher ist es fast schon verständlich, dass er sich bei uns ein neue Leben aufbauen möchte. «

»Wir beobachten ihn weiter«, entschied Major Travis. » Die Zeit wird kommen, in der unser Vertrauen wächst. Können sie uns bitte zu dem Gefangen führen? Ich möchte ihm kurz einige Fragen stellen. «

Atlanta nickte bereitwillig. Sie winkte zwei Soldaten heran.

»Bringen sie Professor Augenzell wohlbehalten in seine Labor-Räume und weisen sie ihn bitte in alles ein. «

Die Soldaten salutierten und wiederholten den Befehl. Dann nahmen sie den Professor in die Mitte und gingen mit ihm zu seinem neuen Arbeits-Bereich.

»Nehmen wir den Anti-Grav.-Gleiter? «, schlug Atlanta vor. »Wir sind in jedem Fall schneller als zu Fuß.«

Major Travis verzog sein Gesicht
»Versuchen sie bitte kein Personal umzufahren«, bemerkte er. »Sie wissen ja, wie kleinlich General Poison in solchen Dingen ist. «

»Machen sie sich keine Sorgen«, antwortete Atlanta. »Ich werde den General in Kürze zu einer Probefahrt einladen.«

Atlanta wartete, bis alle Personen und die Roboter auf den Anti-Grav-Gleiter aufgestiegen waren. Dann startete die das Gefährt und beschleunigte. Das Team der Termar 1 kannte bereits die Art und Weise, wie die Kommandantin von Atlantis mit dem Gefährt umging. Vorsichtshalber hielten sie sich an den Haltestangen fest.

Atlanta flog mit leichter Geschwindigkeit durch die breiten Gänge der Basis. Das Personal machte bereitwillig Platz, um den Gleiter passieren zu lassen. Viele von ihnen salutierten, als die Kommandantin an ihnen vorbeiflog. Sie bog in eine scharfe Rechtskurve ein.

Sirin lächelte und schaute Marc an.
»Es dauert nicht mehr lange«, flüsterte er. »Dann ist die Höllenfahrt zu Ende. «

Heinze klammerte sich verzweifelt an dem Haltegriff fest, um nicht von dem Gefährt zu rutschen. Der Gleiter senkte sich wieder in die waagerechte Flugrichtung und beschleunigte erneute. Weit vor ihnen lag der besonders gesicherte Arrestbereich. Der Eingang wurde von einem Energie-Schirm gesichert. Zwei Marines standen Wache vor dem Eingang. Sie blickten auf, als sich der Anti-Grav-Gleiter näherte.

Atlanta bremste ab und ließ den Gleiter ausrollen. Noch in der Flugbewegung sprang sie ab und begrüßte die Marines.

Diese hatten ihre Vorgesetzte längst erkannt und Haltung angenommen.

»Stehen sie locker«, forderte Atlanta sie auf. » Wir möchten gerne mit unserem Gast sprechen. Verhält er sich ruhig? «

»Er macht keine Probleme«, antwortete ein Marine. »Es ist fast so, als ob er gar nicht anwesend wäre. «

Das Team der Termar 1 war inzwischen von dem Gleiter abgestiegen und zu Atlanta aufgerückt.

Sie drehte sich um und blickte Major Travis an.
»Wie ich ihnen bereits mitgeteilt habe«, sagte sie. »Der Worgass ist ein sehr angenehmer Gefangener. «

Major Travis nickte.
»Hoffen wir einmal, dass er sich nicht verstellt«, erwiderte er. »Die Worgass können problemlos andere Körperformen annehmen. Befehlen sie trotzdem ihrem Sicherheits-Personal Abstand zu halten. Er darf keinen Körperkontakt zu anderen Personen erhalten. Falls er eine andere Körperform annimmt, ist es schwierig für uns ihn wiederzufinden. «

»Das haben wir berücksichtigt«, bemerkte Atlanta. »Ich habe die Berichte über diese Lebensform intensiv studiert. «

Atlanta blickte wieder ihre Marines an.

»Öffnen sie bitten den Sicherheitsbereich«, befahl sie.

Einer der Marines ging an das eingebaute Code-Schloss an der Wand und tippte eine Zahlenkolonne ein. Das Energiefeld sackte in sich zusammen und löste sich auf.

Der Marine schritt zu der Türe und öffnete sie.

»Treten sie ein«, sagte er. »Das ist die Komfort-Zelle 47. Sie wird zusätzlich noch von zwei Soldaten unseres Regimentes im Schichtdienst bewacht. «

Atlanta bedankte sich und ging voraus. Bereits aus der Entfernung konnten die Besucher eine Türe erkennen, vor der die Marines standen, um die Zelle des Gefangenen sichern. Die Soldaten blickten aufmerksam in die Richtung der Besucher.

Schnellen Schrittes eilte die Gruppe unter Führung von Atlanta dem Zellentrakt entgegen.

Die Marines im inneren Bereich des Sicherheitskomplexes salutierten vorschriftsmäßig.

Atlanta erwiderte den Gruß.

»Öffnen sie bitte«, sagte Atlanta. »Wir haben einige Fragen an den Gefangen. «

Einer der Marines wandte sich zur Wand und gab wieder den Öffnungs-Code in das Tür-Modul ein. Die Türe sprang auf.

Tart 1 und Tart 2 gingen zuerst hinein.
»Alles in Ordnung«, informierte er seinen Vorgesetzten.
»Sie können eintreten. «

Der Gefangene saß in einem bequemen Sessel und schaute sich Infomaterial von Tarid auf einem Bildschirm an.

Die Gruppe der Besucher betrat die Zelle.
Erstaunt blickte der Worgass auf, als sich die Türe öffnete.

»Gäste? «, fragte er erstaunt. » Hierauf bin ich gar nicht vorbereitet. Ich dachte, sie hätten mich abgeschrieben? Ihr Besuch freut mich sehr. Etwas Unterhaltung tut mir gut. Sie wollen mir sicherlich einige Fragen stellen? «

Atlanta blickte ihn ernst an.
»Commander Rantero, wie geht es ihnen? «, erkundigte sie sich. » Fehlt es ihnen an etwas? «

Der Worgass schüttelte den Kopf.

»Es ist alles vorhanden, was ich brauche«, entgegnete er.

»Nur eine Aufgabe würde ich mir noch wünschen. Die Zeit vergeht hier so langsam.«

Major Travis war vor ihn getreten und lächelte ihn an.

»Versetzen sie sich bitte in unsere Lage«, sagte er. »Wir kannten ihre Rasse bisher nur als kriegerisches Volk, intelligente Zivilisationen aus unterschiedlichen Galaxien unterjocht. Der Wunsch ihrer Führung war es bisher immer, humanoide Lebensformen auszulöschen, die sich technisch bereits weiterentwickelt hatten. Es gibt genug Beispiele hierfür. Wie ist es möglich, ihnen zu vertrauen?«

Der Worgass dachte nach.

»Ich verstehe sie, « erwiderte er. »Doch indem ich hier herumsitze, kann ich ihnen meine Loyalität nicht beweisen. Bewachen sie mich, geben sie mir eine Aufgabe und testen sie mich. Ich werde sie nicht enttäuschen. «

Major Travis blickte Heinze an.

Dieser nickte ihm zu.

»Der Commander sagte die Wahrheit«, bestätigte der Ro.

»Nach meiner Analyse meint er es ehrlich. «

Major Travis wandte seinen Kopf wieder zu dem Worgass.

»Das sagen sie«, antwortete der Major. »Doch wir wissen auch über ihre Fähigkeit der Formwandlung. Wer sagt uns, dass sie nicht bei nächster Gelegenheit diese Möglichkeit nutzen und sich in einen Marine verwandeln und die Gelegenheit zur Flucht nutzen? «

»Seit ich zurückdenken kann, werden wir als Rasse von vielen kriegerischen Völkern des Universums missbraucht«, antwortete der Worgass traurig. »Wie sie sicherlich wissen, entstammen wir einer Rasse, die im Wasser geboren wird. Nur in der Zeit unseres Wachstums, ist eine Manipulation unseres Gehirns möglich. Das haben viele Völker erkannt und für sich ausgenutzt. Unterschiedliche Species fallen auf unseren Planeten ein, ernten unseren jungen Nachwuchs und manipulieren ihn für ihre Zwecke. Angefangen hat dies mit den sogenannten Aller-Ersten. Sie haben uns gentechnisch verändert. Mit diesen ersten Manipulationen setzt auch unser Erinnerungsvermögen ein. Ich gehe davon aus, dass unsere Rasse vorher nicht zu intelligenten Handlungen fähig war. In uns steckt ein kollektives Wissen, dass bis zu den Anfängen unseres Daseins zurückgeht. «

»Dann wissen sie vermutlich auch, welche Rassen sie für ihre Zwecke missbrauchen? «, fragte Major Travis.

Commander Rantero blickte ihn an.

»Seit unserer intelligenten Geburtsstunde sind viele Jahrtausende vergangen. Die Stämme unserer Rasse haben uns in viele Richtungen ausgebreitet. Viele unserer Brüder wurden ins All verschleppt und auf vielen Sterneninseln und Planeten ausgesetzt. Sie wurden genmanipuliert und teilweise in Zuchtlabors optimiert. Einige Worgass-Stämme haben sich mittlerweile sehr weit von unseren Vorfahren entfernt. Unsere Herren wissen nichts von unserem umfangreichen Wissen, dass wir in uns tragen. «

Er legte seinen Kopf schräg und dachte nach.
»Vielleicht gelingt es auch vielen meiner Artgenossen nicht mehr, das Wissen abzurufen«, ergänzte er. »Einige Worgass-Stämme folgen gewissenlos den Befehlen ihrer Herren. Sie haben verlernt ihre eigenen Fähigkeiten zu nutzen. «

»Das ist interessant zu wissen«, antwortete Major Travis. »Diese Information ist neu für uns. «

»Woher sollten sie das auch wissen«, antwortete Commander Rantero. »Es gibt nur wenige Worgass, die unter der Herrschaft ihrer Herren leiden. In der Regel sind meine Artgenossen ideale Befehlsempfänger. Sie führen bedenkenlos Anweisungen aus, ohne weitere Rückfragen zu stellen. «

»Von welchen Herren erhalten sie ihre Befehle? «, fragte Atlanta. » Wie heißen diese Herren? «

»Es gibt viele solcher Herren«, entgegnete Commander Rantero. »Mir sind einige bekannt, doch bei weitem nicht alle. Sie müssen sich vorstellen, dass wir in unserer Sterneninsel von unseren Artgenossen neue Informationen erhalten. Wenn Stämme von uns in andere Galaxien ausgewandert sind, oder verschleppt wurden, dann ist es unmöglich mit ihnen in Kontakt zu treten.«

»Das würde bedeuten, dass viele Sterneninseln unter dem Einfluss des Worgass-Regimes stehen können? «, bemerkte Major Travis.

Der Worgass blickte ihn an.
»Das ist korrekt«, antwortete er trocken. »Dank unserer angeborenen Fähigkeit zur schnellen Expansion, werden Angehörige von uns mit Raumtransporter in fremde Galaxien gebracht, in denen wir unsere Dienste der jeweiligen dominanten Herrenrasse anbieten müssen. «

»Sie haben aber meine Frage noch nicht beantwortet«, bemerkte Atlanta. »Sind ihnen einige dieser Herrenrassen bekannt? «

Der Worgass nickte.

»Von ihnen erhalten wir unsere Befehle«, bestätigte er offen. »Ich stamme aus der Andromeda-Galaxie, wie sie vermutlich wissen. Dort führt eine humanoide alte Rasse, mit den Namen Rogues, das Kommando. Sie verstehen sich als oberste Schöpfung der Evolution. Sie steuern das Worgass-Imperium und stellen den Kanzler und das Zadun. Das ist ein Kontrollorgan der Rogues. Es ist weisungsbefugt allen untergeordneten Gremien gegenüber. Unter dem Zadun folgt der Senat.

Die Delegierten des Senates mussten vierteljährlich vor dem Kontrollrat des Zardun erscheinen, um ihre neuen Anweisungen entgegenzunehmen. In der Rangordnung folgt nach dem Senat das Worgass-Gremium. Diese Mitglieder nehmen Anweisungen von dem Senat entgegen. Das Worgass-Regime wird auch als Zentral-Regierung aller dezentralen Worgass-Imperien bezeichnet. Die Mitglieder dieses Gremiums sind ausschließlich den Verwaltungsräten der unterschiedlichen Galaxien gegenüber weisungsbefugt.

In der Hierarchie folgen nun die Netzwerkdenker, die auch als militärischer Arm des Imperiums bezeichnet werden. Die Gill-Grimm sind ausgezeichnete Strategen, die für die Worgass-Imperien die Exekutive durchführen. Zu ihren Aufgaben gehören Maßnahmen zur Expansion der Worgass-Imperien und die Beseitigung unangenehmer Systemgegner. Sie besitzen Zugriff auf alle militärischen Errungenschaften. Sie müssen sich den Befehlen des Senates und des Regimes unterordnen.

Ihnen folgt der Rat der System-Lords. Das ist eine Zusammenkunft von hochrangigen politischen Abgesandten wichtiger Worgass-Planeten. Dieses Gremium schlichtet oder entscheidet über Streitigkeiten zwischen der Regierung und einzelner imperialer Rassen. Falls keine Einigkeit erzielt wird, kann der Rat der System-Lords das Verfahren an das Zadun zur Schlichtung übergeben.

Das letzte Gremium in der Führungs-Hierarchie der Worgass-Imperien ist die Instanz der Worgass-Räte. Hierbei handelte es sich um engagierte Regierungen einzelner Galaxien, welche die bewohnbaren Zonen ihrer Sternensysteme verwalten. Die Räte sind zuständig für die Kontrolle und Einhaltung der Vorschriften des Zentral-Regimes. Sie besitzen die Kontrolle über alle bodengebundenen Kasernen, Garnisonen Waffen und Raumschiffe und Soldaten in der betreffenden Galaxie."

»Wir verstehen «, antwortete Major Travis. »Das hört sich nach einem komplexen Verwaltungsgebilde an. Wie steht der Name Gill-Grimm mit den Netzwerkdenkern in Verbindung? «

Die Netzwerkdenker werden als strategischer und militärischer Arm des Worgass Imperiums bezeichnet. Die Lebewesen, sie sich hinter dem Namen der Netzwerkdenker verstecken, nennen sich Gill-Grimm. Niemand hat jemals einen von ihnen in seiner ursprünglichen Form gesehen. Lediglich ihre Befehle beeinträchtigen unser Leben. Diese sind in der Regel hart und grausam. Hinter versteckter Hand wird vermutet, dass die Rogues die Gill-Grimm in ihren Laboren erschaffen haben.

Wer sich den Netzwerkdenkern widersetzt, muss mit einer Exekution rechnen. Auch das Misslingen eines durch die Netzwerkdenker erteilten Auftrages, kann die Eliminierung eines ganzen Worgass-Kommandos nach sich ziehen. Die Gill-Grimm missachten das Leben und sind nur darauf bedacht zu expandieren und humanoides Leben zu vernichten. Sie versuchen erst gar nicht, mit anderen humanoiden Rassen zu kommunizieren. Als Herrenrasse sind mir Daraner bekannt, die sich unserer Neugeborenen bedienen und sie manipulieren. Dann kann ich ihnen die Zierrakies zu nennen, die junge Worgass in andere Dimensionen des Universums verschleppen. Weitere Herrenrassen sind die Uylaner, die Myratoren, die Virgonesen und die Treutranten. Sie alle herrschen über manipulierte Zweige unseres Volkes.

Sicherlich gibt es mittlerweile weitere Züchtungen in anderen Sterneninseln. «

Major Travis blickte Atlanta skeptisch an.

»Das ist eine erstaunliche Anzahl«, fluchte Commander Brenzby. »Zu den letztgenannten haben wir noch keinen Kontakt gehabt. «

»Das werden sie noch«, erwiderte Commander Rantero. »Alle Herren der Worgass schauten mit Neid auf fremde Sterneninseln. Denn sie haben eines gemeinsam. «

Commander Rantero blickte die Besucher an, die gespannt auf seine Antwort warteten.

»Was haben sie gemeinsam? «, fragte Sirin.

»Den Wunsch nach Expansion, der Alleinherrschaft über das Universum und die Vernichtung aller humanoiden Rassen«, antwortete der Worgass. »Was sie nicht wissen, sie alle werden durch eine allmächtige Macht kontrolliert. Da habe ich einmal aus einer geheimen Datenbank entnommen. Einen Namen dieser göttlichen Macht konnte ich nicht ermitteln, leider auch nicht den Aufenthaltsort dieser Wesen. Sie besitzen die Fähigkeiten, alle Angehörigen von Worgass-Stämmen bei

Bedarf nach ihren Wünschen zu beeinflussen. In der Praxis kann ich das nicht bestätigten. Es ist mir bisher nicht aufgefallen. «

Major Travis schüttelte seinen Kopf.
»Das sind völlig neue Informationen für uns«, erklärte er »Wir dachten, wir könnten die Milchstraße friedvoller gestalten. Doch nach ihrer Aussage, werden wir auf der Hut sein müssen. «

»Das muss nicht sein«, antwortete Commander Rantero. »Alle der mir bekannten Herrenrassen bedienen sich des FTL-Antriebes. Sie sind nicht in der Lage von ihrer Sterneninsel zu weit entfernten Sterneninseln zu reisen. Die Öffnung eines Wurmloches ist ihnen fremd. Von daher besteht erstmals keine Gefahr. «

Heinze bestätigte die Aussagen des Commanders.
»Er sagt die Wahrheit«, bemerkte Heinze. »Sein einziger Wunsch ist es im Moment Vertrauen zu uns herzustellen.«

»Warum sind sie so ganz anders als viele ihrer Artgenossen? «, fragte Commander Brenzby. » Wir haben bisher nur wenige aufgeschlossene Worgass kennengelernt. «

Commander Rantero dachte kurz nach.

»Weil ich keine Heimat mehr habe«, antwortete er. »Vielleicht auch, weil der Wirkstoff der Aller-Ersten meine Gene verändert hat. «

»Was wissen sie über die Aller-Ersten? «, fragte Major Travis erstaunt.

»Nicht viel«, antwortete der Worgass. »Sie haben meinem Stamm die Intelligenz eingehaucht. Leider wurden wir hiernach uns selbst überlassen, so dass uns andere Rassen für ihre medizinischen Forschungen missbrauchen konnten. Ursprünglich sollten wir ein Hilfsvolk der Aller-Ersten werden, doch irgendetwas ist ihnen dazwischengekommen. Lange Zeit kümmerten sie sich nicht mehr um uns, bis sie erkannten, dass andere Rassen ihre ursprüngliche Genmanipulation intensiviert und ins Gegenteil verändert hatten. Ab diesem Zeitpunkt wurde in uns der Hass auf alle humanoiden Lebensformen in unseren Genen verankert. «

»Sind diese Manipulation rückgängig zu machen? «, fragte Sirin.

»Ich weiß es nicht«, antwortete der Commander. »Vermutlich können die Befehle überschrieben werden. Dann sollte sie inaktiv werden. Die zweite Möglichkeit bestünde darin, alle Worgass-Stämme im Universum auszurotten. Ob das jemals eine Rasse schaffen kann, das entzieht sich meiner Weisheit. «

Die Arresttüre klappte auf. Ein Marine trat auf Atlanta zu.

»Ein gewisser Heran bittet an dem Gespräch teilnehmen zu dürfen«, teilte er mit.

Atlanta blickte Major Travis an.
»Heran steht draußen und möchte an dem Gespräch teilnehmen«, sagte sie »Darf er die Informationen unseres Gefangen mithören? «

Major Travis zog seine Augenbrauen hoch.
»Heran ist da? «, stutzte er. »Er wollte doch seiner Regierung einen Bericht erstatten. Heran ist unser Verbündeter. Er soll hereintreten. Vielleicht hat er noch weitere Fragen an den Gefangenen. «

Der Marines ging zurück zur Türe und führte den Lantraner hinein.

Er lächelte, als er den Major sah.
»Ich weiß«, sagte er. »Meine Regierung beschwert sich schon, dass ich öfter auf Tarid bin, als auf unserem Planeten. «

Heran begrüßte das Team der Termar 1 und Atlanta.

Commander Rantero blickte skeptisch auf.

»Sie sind ein Lantranern? «, bemerkte er. »Ich dachte, sie wären als Rasse schon längst ausgestorben, zumindest behaupten das die Zierrakies. «

»Sie kennen unsere Rasse? «, fragte Heran erstaunt den Worgass. » Das ist für mich sehr erstaunlich. Eigentlich hatten wir noch nie einen direkten Kontakt zu ihnen. «

»Indirekt schon«, antwortete Commander Rantero. »Sie konnten einigen humanoiden Völkern erfolgreich bei der Bekämpfung unserer Stämme helfen. «

»Das ist richtig«, erwiderte Heran.

»Sie werden sich wundern, bei uns werden die Lantraner sehr hoch angesehen«, ergänzte Rantero.

»Warum das? «, fragte Heran nach. » Uns missfallen besonders ihre Gräueltaten. «

»Das kann ich verstehen«, entgegnete Rantero. »Doch sie sind die einzige alte Rasse des Universums, die nie versucht hat, uns für ihre Zwecke zu missbrauchen. «

Heran lachte.

»Wir Lantraner schätzen neue Rassen und benutzen keine Hilfsvölker«, antwortete er. »Wir erledigen unsere Dinge selbst. «

»So sollte es sein«, erwiderte Rantero. »Doch diese Weisheit wird von vielen anderen Rassen nicht angewendet. «

»Das entspricht leider den Tatsachen«, bestätigte Heran.

Major Travis blickte ihn an.

»Sagen dir die Namen folgender Rassen etwas«, fragte er seinen Freund. »Commander Rantero erwähnte den Namen Treutranten, er sprach von Virgonesen, von den Myratoren und den Uylaner. Seid ihr mit diesen Rassen schon einmal in Berührung gekommen? Das alles sind Herren-Rassen, die sich der Worgass-Stämme als Hilfsvolk bedienen und sie gentechnisch ihren Bedürfnissen angepasst haben. «

Heran pfiff durch seine Zähne.

»Ich kenne sie alle«, antwortete er langsam. »Es handelt sich um alte Rassen des Universums, die alle den Ur-Vertrag über die Aufteilung der Sterneninseln unterschrieben haben. Neben weiteren alten Species, haben auch diese Völker eine Galaxie zugesprochen bekommen, die sie verwalten und schützen sollten. Wie wir an dem Beispiel der Zierrakies sehen, wird sich dort einiges geändert haben. Vermutlich haben die Zierrakies die anderen Völker mit ihrem Expansionsgedanken vergiftet. «

Heran blickte Commander Rantero an.
»Was wissen sie speziell über die Zierrakies? «, fragte er.

Der Worgass dachte nach.
»Nicht besonders viel«, antwortete er. »Ich konnte den Datenbanken entnehmen, dass die Zierrakies in der Whirlpool-Galaxie beheimatet sind. Seit einigen Jahrtausenden liegen Informationen vor, dass sie sich auch in der 2. Dimension einen Brückenkopf besitzen. Sie bedienen sich dort einer weißen Anomalie, die den Ein- und Ausflug aus ihrem Territorium regelt. Sie haben dort ein weiteres Sternen-System unter ihrer Herrschaft aufgebaut. Es ist ein autarkes System, dass sich selbst vergrößert. Die zentrale Verwaltung unterliegt der Autorität des kaiserlichen Imperiums der Zierrakies in unserem Universum. Sämtliche Raumschiffe, Industriezweige und Verwaltungs-Gremien arbeiten eigenständig vor Ort. Das zentrale kaiserliche Imperium stellt der 2. Dimension nur wenige Ressourcen zur Verfügung. «

»
Besteht eine Verbindung zu den unterschiedlichen Worgass-Stämmen? «, fragte Heran nach.

Commander Rantero blickte ihn an.
»Sie vermuten richtig«, bestätigte er. »Die Worgass-Gruppe in Andromeda ist bisher dreimal ausgerückt, um die Worgass in der Whirlpool-Galaxie, bei der Niederschlagung von diversen Aufständen zu unterstützen. Doch häufiger scheint es vorzukommen, dass die Netzwerk-Denker den Wunsch des zierrakischen Kaisers ablehnen. Sie teilten ihm sogar mit, dass sie nicht die Handlager für irgendwelche kaiserliche Interessen wären. «

»Das wird dem zierrakischen Kaiser nicht geschmeckt haben?«, lachte Heran.

»Das ist richtig«, antwortete Rantero. »Die Netzwerk-Denker informierten ihn, dass sie eigene Schlachten zu schlagen hätten. Die empfahlen dem Kaiser seine übereilte Expansions-Politik zu überdenken. Daraufhin brach lange Zeit die Kommunikation zwischen dem Worgass-Imperium in Andromeda und dem zierrakischen Imperium. Erst seit einigen Jahren steht man wieder in Kontakt zueinander «

»Wissen sie, ob die Aller-Ersten auf einem Reservations-Planeten in der 2. Dimension dahinvegetieren? «, fragte Major Travis.

»Es scheint so«, antwortete Rantero. »Es drangen einige Gerüchte zu mir vor. Diese besagten, dass die Zierrakies die Aller-Ersten, unter schweren Verlusten an Schiffen und Personal, besiegen konnten. Seit dieser Zeit leben die wenigen Überlebenden dieses Volkes wohl auf einem ihrer Reservations-Planeten in der weißen Anomalie. Sie werden vermutlich dauernd den Repressalien ihrer Sieger ausgesetzt sein. Die Zierrakies versuchen hoch entwickelte Technologie aus ihnen herauszupressen. Es ist mir bis heute unverständlich, die eine technisch so hochstehende Rasse, wie die Aller-Ersten, den Zierrakies unterlegen sein konnten. «

Commander Rantero schüttelte den Kopf.

»Sie wissen überraschend viele Dinge«, bemerkte Heran. »Wie kommen sie an die Informationen?

»Ich habe mich seit eh und je für die Geschichte unseres Volkes interessiert«, antwortete Rantero. »Es war ein leichtes für mich, Zugriff auf die geheime Datenbank der Netzwerkdenker zu erhalten. «

»Sie sind ein Hacker? «, fragte Commander Brenzby erstaunt.

»Der Ausdruck ist mir nicht geläufig«, antwortete Rantero. »Ich bin lediglich ein wenig technisch visiert. Daher bereitete mir der Zugriff keine Probleme. «

»Wissen sie etwas über die Flottenstärke der Zierrakies? «, fragte Major Travis.

Rantero schüttelte den Kopf.
»Nein«, antwortete der Worgass Commander. »Die Netzwerk-Denker und die Zierrakies haben es in ihren Kommuniqués immer vermieden, Zahlen ihrer einsetzbaren Flotten-Stärke zu veröffentlichen. Vermutlich aus der Sichtweise heraus, dass es irgendwann einmal zu einer Eskalation zwischen den unterschiedlichen Einflussbereichen kommen könnte. «

»Ausschließen kann man das nicht «, bemerkte Heran. Er drehte sich Major Travis zu.

»Sind wir hier fertig? «, fragte er. » Ich würde gerne noch mit dir unsere weitere Vorgehensweise besprechen. «

Major Travis nickte Atlanta zu.

»Ich glaube, alle Fragen wurden beantwortet«, sagte er. »Danke für ihre Kooperation Commander Rantero. Ich muss zurück aufs Festland. Wir haben einen Krisenfall, der noch geklärt werden muss. Ich darf mich verabschieden.«

»Sie sprechen von dem Zwischenfall auf Tarid? «, bemerkte Rantero. » Ihr neues Entwicklungs-Zentrum für Wurmloch-Antriebe wurde sabotiert. Vermutlich haben sie zierrakische Funksprüche aufgefangen, die nicht an sie gerichtet waren. Ihre Vermutung ist richtig. Sie haben es mit einer reaktiveren Kleinbasis der Zierrakies zu tun. Konnten sie die Basis bereits ausfindig machen? «

»Major Travis blickte ihn erstaunt an. »Woher wissen sie das? «, fragte er. » Nein, wir haben diese Basis noch nicht ausfindig gemacht. «

Commander Rantero lächelte.
»Ich kann ihre globalen Nachrichten empfangen«, antwortete er.»Solche Schläfer-Basen sind von den Zierrakies vor langer Zeit auf vielen Sterneninseln eingerichtet worden. Sie wurden mit Schläfern besetzt, die sich selbstständig neue Körper züchten können. Ihre Aufgabe ist es, den technischen Entwicklungsstand der Bewohner von Planeten zu beobachten, die den Zierrakies gefährlich werden könnten. Falls das eintreffen sollten, muss die Schläfer-Basis Informationen an das

zentrale Zierrakie-Imperium übermitteln. Ab einem gewissen technische Entwicklungsstand, werden dann Eliminierungs-Flotten-Verbände losgeschickt, um diese betreffenden Rassen zu vernichten. Die Zierrakies akzeptieren keine intelligenten technisch weit entwickelten Lebensformen neben sich selbst. «

»Wo können wir diese Basis finden? «, fragte der Major.

»Das ist sehr schwierig«, antwortete Rantero. »Es gibt keinen festen Stationierungspläne. Jedes Schläfer-Kommando muss sich selbst ein passendes Versteck suchen. Vorrangig werden Hohlräume in massiven Bergformationen bevorzugt. Die Basen verwenden in ihrem Stand-Bye-Modus Energie-Niederfrequenz-Module. Diese sorgen lediglich für die Lebenserhaltung in der Anlage, für die Energieversorgung der Stasis-Kammern und für die Notenergie einige weniger Überwachungsgeräte. Jedenfalls lassen die Energiewerte nur sehr schwierig anmessen. Aber ich könnte ihnen helfen? «

»Wie können sie uns helfen? «, fragte Sirin. » Wir haben doch bereits darüber gesprochen, dass wir erst Vertrauen zu ihnen aufbauen müssen. «

»Ich teile ihnen jetzt etwas mit, dass sie noch nicht wissen können«, antwortete der Commander. »In unseren Köpfen befindet sich eine Drüse, die für die Formwandlung unserer Rasse zuständig ist. Entfernt man diese Drüse und verschließt hiernach die freiliegenden Blutgefäße, dann ist uns die Möglichkeit einer Formwandlung genommen. Ich würde in meiner jetzigen Form verbleiben und wäre von ihnen kontrollierbar. Dann könnte ich sie begleiten, gegebenenfalls auch in Ketten gelegt, um ihnen bei der Spurensicherung ihrer sabotierten Forschungs-Anlage zu helfen. «

Heran verzog sein Gesicht, vermied es aber hierauf zu antworten.

Major Travis blickte Heinze an.
»Seine Worte entsprechen der Wahrheit«, bestätigte der Ro. »Ich bin tief in sein Bewusstsein eingedrungen und habe ich Richtigkeit seiner Angaben überprüft. «

»Wir sollten es wagen«, entschied Major Travis. »Vielleicht meint er es wirklich ehrlich. Lassen wir Commander Rantero den ersten Schritt machen, um unser Vertrauen zu erlangen. «

Der Major blickte die sein Team an.
»Irgendwelche Einwände? «, fragte er.

»Ich halte mich mit Äußerungen zurück«, antwortete Heran. »Das ist dein Experiment. Falls es fehlschlägt, dann müsst ihr die Suppe später auslöffeln. «

»Danke«, antwortete Major Travis. »Deine Aussage ist sehr hilfreich. «

Heran zuckte mit seinen Schultern.
»Du weißt, wie ich über Worgass denke«, ergänzte er. »Aber ich lasse mich gerne eines Besseren belehren. «

»Sirin, wie ist deine Meinung? «, fragte der Major.

»Wir sollten es probieren«, antwortete sie. »Der Commander hat freiwillig viele Informationen preisgegeben. Nach meiner Einschätzung meint er es ehrlich. «

»Commander Brenzby, ist das auch deine Meinung? «, erkundigte sich der Major.

Commander Brenzby schüttelte seinen Kopf.
»Ich stimme Heran zu«, antwortete er. »Der Schuss kann leicht nach hinten losgehen. «

»Heinzes Antwort kenne ich bereits«, bemerkte Major Travis. »Wie denken sie hierüber Atlanta? «

Die Kommandantin blickte den Major an.

»Ich habe bereits vieles erlebt«, antwortete sie. »Doch nach dem Verhalten des Worgass hier in der Arrestzelle, denke ich wirklich, er sollte eine Chance erhalten. «

»Dann sind wir uns einig«, entschied der Major »Ist der Medibereich auf der medizinische Bereich der Basis besetzt? Können wir hier die Operation vornehmen? «

»Ja«, antwortete Atlanta. »Ich möchte die ätzte lediglich vorher informieren. «

Major Travis blickte den Worgass an.

»Sie sie bereit für die Operation? «, fragte er. » Sie verzichten dann freiwillig auf ihre Eigenschaft als Formwandler. «

Commander Rantero nickte.

»Ich sehe keine andere Möglichkeit, als auf diesem Wege ihr Vertrauen zu erlangen«, antwortete er. » Ich habe die Bewohner ihres Systems studiert. Sie irritiert meine Eigenschaft als Formwandler. Wenn ich nur noch in einer Gestalt auftreten kann, wird sie das nicht mehr erschrecken. «

Atlanta steckte ihr Kommunikations-Gerät wieder in die Tasche.

»Die Ärzte sind unterwegs«, teilte sie mit. »Sie bereiten den OP-Bereich vor«.

Sie wandte sich an den Worgass.
»Sie haben besonderes Glück«, teilte sie dem Commander mit. »Professor Woicesk ist zu Besuch auf unserer Basis. Er gibt einige Seminare für unseren Nachwuchs. Er hat sich direkt bereit erklärt, die Operation persönlich durchzuführen. Er ist die führende Kapazität auf dem Gebiet der Gentechnik, Gehirnchirurgie und den neuen Grenzwissenschaften. Er wird ein Bild von ihrem inneren Kopf erstellen. Wenn dieses vorliegt, markieren sie bitte die entsprechend Drüse, die von uns entfernt werden kann. Die Versiegelung der Blutadern stellt kein Problem mehr da. Machen sie sich keine Sorgen, unser Personal versteht ihr Handwerk. «

»Darüber bin ich mir sicher«, antwortete der Worgass.

»Folgen sie mir bitte, die Ärzte warten bereits«, sagte Atlanta.

Der Tross machte sich auf den Weg zu den Medi-Labors. Atlanta verzichte dieses Mal auf ihren Anti-Grav.-Gleiter. Die Entfernung war gut zu Fuß zu überbrücken.

Die Such-Verbände der EWK hatten bereits mehrmals ihre eingeteilten Sektoren überflogen. In breiter Formation flogen sie mit unterster Geschwindigkeit über den Erdboden und scannten jeden Meter.

»Haben wir endlich etwas? «, fragte Captain Hunter. » Der General ruft andauernd an. Er geht mir langsam auf die Nerven. «

»Wir sondieren jeden Fleck«, antwortete Ortungs-Offizier Groß. »Es ist noch nichts auffällig geworden. «

Leutnant Graves war zu Captain Hunter getreten.
»Wir suchen die Stecknadel im Heuhaufen«, bemerkte er.

»Ich stimme ihnen zu«, antwortete Captain Hunter. »Die Mission erweist sich als schwierig. «

Er drehte seinen Kopf zu seinem Funker.
»Leutnant Tannreich, haben wir die Koordinaten von dem aufgefangenen Funkspruch? «, erkundigte er sich.

»Ja«, bestätigte der Leutnant. »sie sind uns von der EWK durchgegeben worden. «

»Legen sie die Daten auf das CIC«, bat der Captain. »Schauen wir uns das einmal an. «

Er sprang aus seinen Kommandostuhl auf und ging zu dem komplexen Tisch, in der Mitte der Zentrale, der als CIC bekannt war.

»Die EWK-Station liegt im Königin-Maud-Land«, sagte Captain Hunter. »Jetzt bitte die Koordinaten des Funkspruches einblenden. «

Der Captain schaute auf die Karte.
Eine Markierung in Kreuzform blinkte im europäischen Eismeer.

»Hier wurde vermutlich der Vollzug der Sabotage gemeldet«, teilte Captain Hunter mit. »Haben wir noch ein zweite Koordinate. «

»Ja«, meldete der Funkoffizier. »Ich blende jetzt die vermutete Position des ersten Funkspruches ein. Die Position wurde 24 Stunden vor dem zweiten Funkspruch registriert. «

Ein zweites Zeichen blinkte in der Nähe von Spitzbergen. Captain Hunter schaute irritiert auf das CIC.

»Jetzt ziehen wir eine Linie, von der Basis aus über die Kreuze, welche die Positionen der abgefangenen Funksprüche dokumentieren«, bemerkte der Captain.

»Die Markierung ist eindeutig«, erkannte Leutnant Graves. »Die Linie läuft von unserer Forschungs-Station aus, über Grönland in die Richtung der Insel Spitzbergen.«

»Das sehe ich auch«, antwortete Captain Hunter. »Falls wir jetzt noch eine Verzerrung der Abstrahlung herausnehmen, dann kann es gut sein, dass unser gesuchtes Versteck auf der Insel Spitzbergen zu finden ist. Ich glaube kaum, dass es sich bei der gesuchten Schläfer-Station um eine Unterwasser-Basis handelt. «

Der 1. Offizier dachte nach.
»Von dieser Sichtweise aus betrachtet, könnten sie Recht haben, Captain«, antwortete er.

»Ich bin es wirklich leid, um unseren Planeten zu fliegen, und alles immer wieder zu scannen, «, erklärte Captain Hunter. »Wenn ich eine Basis bauen würde, wäre der Standort dort, wo nicht viel Bewegung zu registrieren wäre. Ein Standort, an dem ich mich als Formwandler, oder eventuell auch als Zierraki unauffällig bewegen könnte. Je mehr ich über die Besatzung nachdenke, um so mehr ist zu vermuten, dass wir es nicht mit einem direkten Zierraki zu tun haben. Sie sind Methan-Atmer und bedienen sich der Worgass als Hilfsvolk. Die Vorteile liegen auf der Hand. Ein Worgass kann sich formgewandelt unters das Volk mischen und die neusten

Informationen auskundschaften. «

Captain Hunter blickte auf das CIC. Dann drehte er seinen Kopf dem 1. Offizier zu.

»Informieren sie bitte General Poison, Oberst Cameron und Commander Senga-Hol«, befahl er. »Wir brechen unsere vorgegebene Suche ab und konzentrieren uns auf eine neue Spur im nördlichen Polareis. «

»Der wird sicherlich erfreut hierüber sein? «, antwortete First Leutnant Graves.

Captain Hunter lachte.
»Aus diesem Grunde sprechen sie auch mit ihm«, ergänzte er. »Lassen sie sich nichts befehlen. Wir folgen unserer Spur. «

Der 1. Offizier nickte und wandte sich ab.
»Leutnant Tannreich, öffnen sie mir bitte eine Leitung zu unseren Schiffen«, befahl Captain Hunter.

Der Funk-Offizier bestätigte sofort.
»Die Leitung ist offen Captain«, antwortete er. »Unsere Schiffe hören sie.«

»Hier spricht Captain Hunter, Flottenleitung der Cuuda-Schiffe«, sprach er in das Gerät. »Wir brechen unsere bisherige Flugroute als ergebnislos ab. Ein weiterer Scann wird nichts mehr bringen. Alle unsere Schiffe nehmen Kurs auf Spitzbergen. Dort vermuten wir die Basis des Schläfers. Wir gehen auf eine Höhe von 200 Metern und nehmen einen Tiefenscan vor. «

Die Bestätigungen folgten prompt.

Captain Hunter blickte seinen Steuermann an.
»Leutnant Seeger, fliegen sie die Koordinaten von der Insel Spitzbergen, im europäischen Nordmeer an«, befahl er. »Wir bleiben auf der untersten Geschwindigkeit und scannen weiter. «

»Zu Befehl Captain«, antwortete der Steuermann. »Der neue Kurs ist programmiert. «

Die 100 Cuuda-Schiffe flogen eine Schleife und richteten ihre Schiffe gegen Norden aus. Ehrfurchtsvoll konnte die Flotte vom Boden aus betrachtet werden.

General Poison hatte die Mitteilung von Captain Hunter erhalten. Er war außer sich.

»Das ist glatte Subordination«, erklärte er Noel. »Der Hunter macht, was er will. «

»Das passiert, wenn man ihn am langen Zügel hält«, entgegnete Noel.

»Seit wann sind sie mit terranischen Sprüchen vertraut?«, stutzte der General. »So etwas hat mir gerade noch gefehlt. Die Such-Verbände von Oberst Cameron und Commander Senga-Hol folgen dem Befehl und suchen ihre Sektoren ab. Der Captain ist sich zu fein hierfür. «

»Sie schätzen ihn doch als Querdenker«, erinnerte Noel. »Sicherlich wird er einer neuen Spur folgen, ansonsten wäre er ja zurückgekehrt. «

»Das will ich für ihn hoffen«, fluchte der General. »Ansonsten lasse ich ihn direkt wieder nach Husum versetzen. «

»Beruhigen sie sich General«, antwortete Noel. » Sie haben bisher dem Captain vertraut, jetzt machen sie das bitte auch weiterhin. «

Der General blickte den Kunst-Klon an.
»Wenn er eigenmächtig gehandelt haben sollte, wird das Konsequenzen haben«, beruhigte sich Poison.

Er griff nach seinem Communications-Gerät und tippte eine Nummer ein

.

Die Gegenstelle meldete sich.

»Hier ist Commodore von Häussen«, hallte es aus dem Gerät.

»Poison hier«, antwortete der General. »Haben wir Ergebnisse vorliegen? «

»Ich muss sie leider enttäuschen, General«, erwiderte der Commodore. »Bisher sind alle Intensiv-Scans negativ verlaufen. Es wurden keine verwertbaren Ergebnisse erzielt. «

»Die Basis ist aber da«, betonte der General. »Die Mission wird nicht vorher beendet, bis wir die Basis gefunden haben. Informieren sie bitte alle Such-Verbände hierüber. Auch wenn die Suche fünf Tage dauern sollte. Vorher will ich kein Schiff auf dem Landeplatz sehen. «

Der Commodore schluckte.

»Ich gebe ihren Befehl weiter«, bestätigte er.

Der General knallte den Communicator in die Halterung.

»Sie haben mitgehört«, sprach er Noel an. »Haben sie vielleicht noch bessere Vorschläge? «

Noel schaute den General fast mitleidig an.

»Ich kann ihnen lediglich versichern, dass wir die Basis des Schläfers finden werden«, antwortete er. »Bei der derzeit laufenden Suchaktion sind uns die Hände gebunden. Doch wenn sich die Lage wieder beruhigt hat, kann ich Sensoren unserer Atlantis-Basis auf die uns bekannten Koordinaten richten. Sobald der Schläfer sich wieder sicher fühlt, wird er zusätzliche Maschinen aktivieren. Vielleicht auch nur um neue Objekte für eine Sabotage auszuwählen, oder auch nur, um die Lage zu erkunden. Er stellt sich derzeit tot, ähnlich wie bei dem Winterschlaf einiger Tierarten auf Tarid. Falls er weitere Maschinen aktiveren sollte, können wir seine Energie-Emissionen erfassen. «

»Hoffen wir, dass uns dies gelingt«, entgegnete der General. »Wir werden zum Gespött der Nationen, wenn unsere hochgepriesene Technik in diesem Fall versagen sollte. «

»Das wird sie nicht«, antwortete Noel. »Üben sie sich in Geduld. «

»Die ist bereits verbraucht«, antwortete der General. »Doch ich sehe ein, dass nichts anderes übrigbleibt, als zu warten. «

In dem Medi-Lab herrschte Hochbetrieb. Professor Woicesk wies seine Assistenten ein. Zahlreiche Computer-Bilder hingen in den Halterungen der Leuchtkästen an den Wänden. Die spezielle Drüse war von Commander Rantero identifiziert und markiert worden. Sechs chirurgische Medi-Roboter, neuster natradischer Entwicklungsstufe, assistierten dem Professor. Der Worgass Commander lag auf einer Bahre und war sichtbar ruhiggestellt. Vorher konnten Bilder seines inneren Kopfes durch ein Laser-MRT erstellt werden. Hierauf hatte der Commander dem Professor den Hinweis auf die Drüse gegeben, die für den vom Wandlungsprozess zuständig war.

Professor Woicesk hatte sicherheitshalber mehrfach die Vorgehensweise zur Entfernung der Drüse dokumentiert. Er hatte dem Worgass zugesichert, dass es sich hierbei um einen nicht schwierigen Eingriff handeln würde. Das Team der Termar 1 saß in dem großzügigen Warteraum, vor dem Operations-Labor. Durch die große Sicherheits-Verglasung könnten sie von außen den Operations-Prozess verfolgen.

»Ich glaube sie sind so weit«, bemerkte Major Travis. »Der Professor gibt die letzten Instruktionen. «

Major Travis und Prinzessin Sirin traten an das Sicht-Fenster. Sie verfolgten, wie der Professor einen chirurgischen Roboter heran zitierte und mit dem Finger auf eine Stelle auf der Stirn des Worgass zeigte. Dann markierte er diese Stelle mit einem Stift.

Professor Woicesk trat einen Schritt zurück. Die Arme des chirurgischen Roboters hoben sich kaum merkbar an. In seiner rechten Greif-Hand hielt er einen kleinen Laser-Stift, mit dem er ein stecknadelgroßes Loch in die Gehirnschale des Worgass brannte.

Der Professor beobachte die Aktivitäten des Roboters mit scharfen Augen. Er nickte, als das Loch tief genug war.

»Sonde«, befahl er mit eiserner Stimme.

Der chirurgische -Roboter zog den Arm mit dem Laser-Brenner zurück, legte ihn ab und griff nach einer Sonde. Mit der Präzision einer exakt programmierten Maschine, führte er die Sonde in das kleine Loch, in der Stirn des Worgass ein. Auf den zahlreichen Monitoren beobachteten die Assistenz-Ärzte den Eingriff. Sie alle waren sofort bereit Hilfestellung zu leisten, falls etwas Unvorhergesehenes passierte. Sie erkannten, wie der chirurgische -Roboter vorsichtig die Sonde weiter einführte. Langsam näherte sie sich der speziellen Drüse. Nur wenige Millimeter über ihr, verharrte die Sonde.

Professor Woicesk nickte.
»Stufe 2 einleiten«, befahl er. »Die Drüse exakt nach der Vorgabe herausschneiden. «

Für das menschliche Auge kaum sichtbar, schob sich aus der Sonde ein kleiner Laser. Er trennte die Drüse von den Blutadern ab. Schnell verschloss der Laser die blutenden Adern. Ein Greifer schob sich aus der Sonde und griff nach der Drüse. Er zog die ganze Drüse in den Schaft der Sonde. Der Sorgenfall war beseitigt. Der ganze Eingriff geschah unter den prüfenden Blicken des Professors. Er nickte, als der Eingriff seinem Ende zuging. Ein letzter prüfender Blick des Professors auf die Monitore, bestätigte ihm den positiven Verlauf der Operation.

»Vorsichtig die Sonde entfernen«, sagte der Professor.

Mit der gleichen Sorgfältigkeit, wie beim Einführen der Sonde, wurde sie von dem chirurgische -Roboter wieder aus dem stecknadelgroßen Loch gezogen.

» Die Wunde verschließen«, befahl der Professor. » Die Operation ist gelungen. «

Zwei Assistenz-Ärzte traten vor und nahmen sich des auf der Bahre liegenden Worgass an. Sie verschlossen das kleine Laserloch mit einem vorher angefertigten Kunstknochen. Dann sprühten sie Bio-Haut auf die Wunde. Dieses flüssige Hautsekret verband sich innerhalb weniger Minuten mit der regulären Haut des Worgass-Körpers. Der Professor nickte.

»Eine tolle Sache, die flüssige Bio-Haut«, teilte er seinen Assistenten mit. »Es ist es vor kurzem von den Argonern vorgestellt worden. Es wird sicherlich bei uns reichlich Verwendung finden. Es ist kompatibel mit jedem Hauttyp. «

Der Professor schaute in die Runde seiner Ärzte.
»Meine Damen und Herren«, sagte er. »Die erste Operation an einem Worgass ist gelungen. «

Die umstehenden Assistenz-Ärzte applaudierten lautstark.

Der Professor drehte sich um und ging auf die Türe des Medi-Labs zu. Er suchte Major Travis und trat auf ihn zu.

» Die Operation ist gelungen«, teilte er mit. » Ihr Worgass lebt noch. Sie war relativ einfach. Die Drüse hat sich gut entfernen lassen. «

» Gut gemacht, Herr Professor«, antwortete Major Travis. » Wie können wir überprüfen, ob die Formwechsel-Eigenschaft des Worgass deaktiviert worden ist? «

Der Professor blickte den Major irritiert an.

» Sie meinen, der Worgass könnte uns hintergehen und hat uns möglicherweise eine falsche Drüse benannt? «, erkundigte er sich.

»Wäre das von ihnen auszuschließen? «, fragte der Major.

» Sicherlich nicht«, antwortet der Professor. » Das würde aber bedeuten, dass sich der Worgass sehr gut mit der Anatomie eines menschlichen Körpers auskennen würde. «
»Zeit genug haben sie gehabt«, erwiderte Major Travis. »Kann man irgendwie erkennen, dass die Formwandlungs-Funktion nicht mehr zur Verfügung steht? «, fragte der Major ein zweites Mal.

»Ich wüsste nicht wie? «, antwortete der Professor. » Das war das erste Mal, dass wir einen Formwandler unter dem Messer hatten. Bringen sie mir weitere Exemplare, dann kann ich diese in Ruhe sezieren. Ohne weitere Experimente, kann ich ihnen nicht mehr sagen. «

Der Professor drehte sich um und ging zurück in sein Medi-Lab.

Major Travis und Sirin schauten ihm nach. Langsam drehte sich der Major zu seinem Team um.

»Ich hätte mir eine bessere Antwort von dem Professor gewünscht«, sagte er. »Können wir sicher sein, dass die Form-Wandlung deaktiviert ist? «

»Es gibt eine weitere Möglichkeit der Überprüfung«, bemerkte Heran.

»Er holte eine kleine Spritze aus der Tasche.
» Das ist unser Worgass-Gift«, lächelte er. » Die Wirkungsweise ist ja bekannt. Das Gift wirkt auf diese Drüse und verwandelt den Worgass innerhalb von Sekunden in seine Ur-Gestalt zurück. Da die Drüse nicht mehr vorhanden ist, sollte das Gift für den Worgass keine Bedeutung mehr haben. «

Major Travis verzog sein Gesicht.
» Wir wissen zu wenig über den Metabolismus dieses Wesens«, erwiderte er. » Kannst du mir versichern, dass hierdurch keine Nebenwirkungen entstehen? «

»Das kann ich leider nicht«, antwortete Heran. » Bei der Herstellung dieses Giftes haben wir uns darüber keine Gedanken gemacht. Es diente lediglich dazu, die Worgass in ihre reguläre Form zu wandeln. Es sollte ihnen die Möglichkeit der Form-Wandlung genommen werden. «

Der Professor klopfte von innen an die Sicherheits-Verglasung. Alle Köpfe der warteten Personen drehten sich ihm zu.

»Ich werde den Worgass jetzt aufwecken«, dröhnte es aus Lautsprechern im Warteraum.

Der Professor drehte sich um und gab seinen Assistenz-Ärzten ein Zeichen. Sie spritzten dem liegenden Commander eine Flüssigkeit in den Arm. Einige Sekunden vergingen. Plötzlich schlug der Worgass unkontrolliert mit seinen Händen und Beinen wild um sich.

»Das sind Reflexe«, beruhigte der Professor. »Haltet ihn fest, damit er sich nicht noch verletzt. «

Die Assistenzärzte eilten heran und hielten die Gliedmaßen des Worgass-Körpers fest.

»Was ist mit ihm? «, fragte Major Travis.

Der Professor konnte ihn jedoch nicht hören. Das Medi-Lab war hermetisch abgeschlossen.

Beunruhigt blickte das Team der Termar 1 den Ärzten zu. Langsam schienen die schlagenden Bewegungen des Worgass schwächer zu werden. Er schien zu sich zu kommen. Seine Augen öffneten sich und er sah mit trübem Blick um sich. Sie schmerzten sehr, dass er sie wieder schloss.

Einige Momente dachte Commander Rantero zu schweben. Er fühlte sich in einer fremden Zone, zwischen Aufwachen und Einschlafen. Zahlreiche seltsame Gedanken zuckten durch seinen Geist. Er wollte mit seiner Frau Nahrung holen gehen. Doch seine Füße fielen ins Leere, tief über einer Schlucht hängend. Dann sah er sich durch die Lüfte fliegen, einem Vogel ähnlich, die er von unterschiedlichen Welten her kannte. Tiefer Schmerz riss ihn die die Realität zurück. Er versuchte seine Augen zu öffnen, doch sie drückten empfindlich. Helles Licht strömte verschwommen auf ihn ein. Nur langsam klärte sich sein Blick.

Professor Woicesk lächelte ihn an.
»Alles ist gut«, sagte er. »Die Operation ist geglückt. Sie haben jetzt eine Drüse weniger in ihrem Kopf. «

Commander Rantero nahm die Worte auf, sagte aber nichts hierauf.

Zahlreiche Hände griffen nach ihm. Die Assistenz-Ärzte richteten ihn auf der Bahre auf.

Mit seiner rechten Hand griff der Commander an seine Stirn. Er hatte vermutet, ein Operationsloch zu finden. Doch er fühlte nur glatte Haut.

» Wie fühlen sie sich? «, fragte der Professor.

Der Worgass schaute ihn an.
» Ich habe ein leichtes Stechen in meiner Stirn«, antwortete er.

» Das sind die Nachfolgen des Eingriffes«, teilte ihm der Professor mit. » Diese Schmerzen gehen schnell vorbei. «

Der Worgass sprang von der Bahre und richtete sich auf. Er blickte durch die Sicherheits-Fenster nach außen und sah das wartende Team der Termar 1 und den Lantraner Heran.

» Bin ich schon einsatzfähig? «, fragte er.
» Eigentlich schon«, antwortete Professor Woicesk. » Doch sie sollten sich einige Tage Ruhe gönnen. «

» Vermutlich habe ich dafür keine Zeit«, antwortete der Worgass. » Der Major braucht meine Hilfe. «

»Vermeiden sie in jedem Fall zu starke Anstrengungen«, empfahl der Professor. » Ihre behandelte Ader im Kopf könnte platzen. Denken sie bitte daran. «

Der Professor führte den Worgass hinaus in den Wartesaal.

» Eigentlich müsste ich den Patienten krankschreiben«, sagte er. » Doch er besteht darauf, an ihrer Mission teilzunehmen. Achten sie darauf, dass er nicht zu schwere Arbeiten verrichtet. Das könnte sein Leben gefährden. «

Major Travis nickte.
»Ich habe verstanden, Herr Professor«, sagte der Major. »Danke für ihre Unterstützung. «

Heran blickte den Worgass an.
» Herzlichen Glückwunsch«, sagte er. » Sie haben die Operation überstanden. «

Commander Rantero blickte in seine Richtung.
» Wie können wir erkennen, dass ihre Formwandler-Eigenschaft deaktiviert ist? «, fragte er. » Versuchen sie

sich einmal in ihre Urform anzunehmen. Wir beobachten sie und lassen sie nicht aus den Augen. «

Heran blickte den Professor an.

» Bestehen ihrerseits irgendwelche Bedenken? «

»Nein, nach medizinischen Erkenntnissen nicht«, antwortete der Professor. » Die Drüse wurde entfernt, die Funktion der Formwandlung sollte nicht mehr vorhanden sein. «

Heran blickte den Worgass an.

» Überzeugen sie uns, versuchen sie eine Rückverwandlung in ihre Urform. «

Der Worgass konzentrierte sich. Er sandte Befehle an sein Gehirn zur Verwandlung. Sein Gesicht verkrampfte und rötete sich. Schweißperlen entstanden auf seiner Stirn und tropften auf seinen Uniformkragen. Seine Stirn zog sich in Falten. Plötzlich wurde dem Worgass schwindelig. Er musste sich festhalten.

»Genug, « sagte Major Travis. »Es scheint die richtige Drüse zu gewesen zu sein. Ich gehe davon aus, das Commander Rantero ehrlich meint. «

Heran schaute dem Worgass in die Augen.

Ich bin zwar noch nicht überzeugt, aber ich halte sie im Auge«, bemerkte er. » Auch bei mir muss erst Vertrauen wachsen. Dafür haben sie sicherlich Verständnis. «

Atlanta trat vor und schaute den Major Travis an.
»Sie wollen bestimmt jetzt zu der Forschungs-Station von Professor Augenzell«, sagte sie. »Ich habe ein umgebautes Labor-Schiff der Naada-Klasse bereitstellen lassen. Es steht zu unserer Verfügung. «

»Was heißt zu unserer Verfügung? «, fragte Major Travis. Sie lächelte ihn mit ihrem Charme an.

»Ich werde selbstverständlich mit ihnen fliegen«, hauchte sie ihm zu. »Atlantis ist auch für die Sicherheit auf Tarid zuständig. Haben sie das vergessen. Es ist alles mit meiner Mutter-KI abgesprochen. «

Major Travis wusste, dass bei Atlanta jeglicher Versuch der Umstimmung scheitern würde.

Prinz Sirthrith Rückkehr

Prinz Sirthrith war in die weiße Anomalie zurückgelegt. Sein kaiserliches Großkampf-Schiff setzte vorbildlich auf dem Raum-Flughafen, der zentralen Verwaltung von Zierraky 2, auf. Seine zehn Begleitschiffe durften diesen Raumflug-Hafen nicht benutzen. Sie drehten ab und nahmen Kurs auf ihre Werft-Stationen. Groß prangerte das kaiserliche Emblem der Zierrakies auf allen vier Seiten des großen 2.500 Meter Schiffes. Hafen-Personal, Transportgleiter und Entlade-Roboter eilten heran, um den Nachschub aus den Laderäumen zu leeren.

Erhobenen Hauptes und mit wehenden Umhang schritt Prinz Sirthrith mit seinem Gefolge die Laserbrücke des kaiserlichen Schiffes hinab. Er hob zufrieden seinen Kopf und blickte in alle Richtungen. Die Audienz bei dem übermächtigen Kaiser des Zierrakie-Imperiums hatte seine Position wesentlich gestärkt. Noch während des Anfluges seines Schiffes auf die Anomalie zu, hatte er den Zierr-Rat zu einer außerordentlichen Sondersitzung einberufen.

Er drehte sich zu einem Soldaten seines Gefolges um.
»Hier ist eine Kopie des kaiserlichen Befehles«, instruierte er den Soldaten. »Informieren sie die Militärs über die neuen Machtverhältnisse. Beordern sie sofort 24 Elite-Soldaten den Sitzungsraum des Zierr-Rates. Ich rechne mit Tumulten. «

Der Soldat des Prinzen salutierte und eilte davon.

Prinz Sirthrith sah ihn noch eine Weile nach. Mit einem teuflischen Glänzen in seinen Augen drehte er sich um und schritt auf den wartenden Gleiter zu. Seine Sicherheits-Gerade folgte ihm schnellen Schrittes.

Der Prinz gab dem Piloten den Befehl das zentrale Regierungs-Gebäude anzusteuern.

Der Gleiter hob von dem Boden ab, beschleunigte und flog zu dem größten Gebäude des Planeten. Hier tagten die Regierung der weißen Anomalie und der über ihr stehende Zierr-Rat, als wichtigstes Entscheidungs-Gremium der kaiserlichen Verwaltung.

Der Landeplatz auf dem Dach des Gebäudes war nur für wichtige Amtsträger vorgesehen. Doch Prinz Sirthrith verstand sich als solche Person.

Eine Gruppe Soldaten strömte aus dem Eingang und umstellte den Gleiter.

Der Prinz und sein Gefolge stiegen aus und legitimierten sich. Die Gardisten der Regierung kontrollierten sehr genau. Prinz Sirthrith wurde bereits ungeduldig, doch er ließ die Prozedur über sich ergehen. Dann traten die

Soldaten einen Schritt zurück und bildeten eine Gasse. Der Prinz und sein Gefolge schritten durch die Mitte, dem Eingang des Gebäudes entgegen. Schnell war der Tagungsraum erreicht.

Der Vorsitzende Lord des Zierr-Rates erhob sich.
»Ich glaube, wir wissen, warum wir hier sind? «, sagte Lord Byrisith mit tiefer Stimme.

Er kam die Stufen des Podestes herunter geschritten und verbeugte sich vor dem Prinzen.

»Es ist schön sie wieder in der Heimat begrüßen zu können«, sagte er. »Haben sie eine Audienz bei dem Kaiser erhalten? «

Der Prinz schaute sein Gegenüber an. Der Druckanzug des Vorsitzenden des Zierr-Rates schimmerte glänzend.

»Haben sie hieran gezweifelt? «, fragte er. » Wie sie wissen, gehöre ich zum kaiserlichen Hof. Der Groß-Kaiser lässt dem Zierr-Rat ausdrücklich seine Grüße ausrichten. Er ist sehr zufrieden mit seiner Arbeit in der 2. Dimension.

Der Prinz ließ seine Worte auf den Rat wirken. Er wusste innerlich, dass sie bei der Belobigung schmunzelten.

»Jeder von ihnen ist ein Lakai der Regierung«, dachte er.

Er blickte die Ratsmitglieder an.
» Doch ab jetzt wird sich einiges ändern«, sprach er den Zierr-Rat an.

Seine Stimme wirkte gelassen und sicher, ohne jegliche Art von Unterwürfigkeit und Überheblichkeit. Der Prinz richtete sich in voller Montur auf.

»Der Kaiser befiehlt die sofortige Mobilmachung«, erklärte er lautstark.

Er sprang drei Stufen des Podestes des Zierr-Rates hoch. »Der Kaiser ordnet an, den niedrigen Abschaum, der es gewagt hat, unsere Schiffe anzugreifen, unverzüglich aufzuspüren und zur Strecke zu bringen. «

Er drehte sich um und zog eine kaiserliche Papierrolle aus seiner Seitentasche. Diese warf er dem Vorsitzenden missachtend für die Füße.

»Das sind ihre neuen Befehle«, sagte der Prinz. »Ich wurde als alleiniger Administrator über die zierrakische Anomalie eingesetzt. Sie alle unterstehen ab sofort meinem Befehl und meinem militärischen Verständnis. «

»Das darf der Kaiser nicht allein entscheiden«, monierte ein Rats-Mitglied. »Wir haben Verträge vorliegen. «

»Die sind nichtig und werden durch meine Sonder-Beauftragung stillgelegt«, antwortete der Prinz. »Ist es ihnen noch nicht aufgefallen. Ab heute befinden wir uns in einem neuen Krieg. «

Immer mehr Ratsmitglieder standen auf und riefen Zwischenrufe.

»Sie sind nicht in der Lage unsere Anomalie zu führen«, schimpfte einer zu ihm herunter.

»Sie führen die ganze Enklave in den Untergang«, murrte ein anderer des Zierr-Rates.

»Wir sprechen ihnen die emotionslosen Führungs-Qualitäten dieser Anomalie ab«, sagte der Vorsitzende des Rates. »Sie verstehen sicher, dass wir eine Bestätigung unseres Groß-Kaisers einholen. Das lassen wir nicht so einfach bieten. «

»Ich lache über sie und spucke auf ihren Anzug«, entgegnete Prinz Sirthrith. »Ich erwarte die volle Unterstützung von ihnen allen. Falls sie sich weigern, werte ich das als Kriegsverbrechen. Sie alle sind mit den

Gesetzen vertraut. Ich brauche nicht darauf hinzuweisen, dass ich sie in diesem Fall hinrichten werde. Das ist ein Versprechen von mir, dem sie vertrauen können. «

Den Rats-Mitgliedern blieben ihre Worte im Hals stecken. Unruhe machte sich auf dem erhobenen Podest des Zierr-Rates breit.

»Unverschämtheit«, monierte ein Mitglied. »Sie beleidigen die hohe Ehre dieses Rates.«

»Wir werden uns bei dem Kaiser über sie beschweren«, entgegnete ein anderes Ratsmitglied.

Prinz Sirthrith lachte teuflisch.
»Der Zierr-Rat ist ein degeneriertes Organ«, antwortete er. »Er ist nicht mehr fähig zu vielen imperialen Entscheidungen. Das hört jetzt unter meiner Kontrolle auf. Entweder sie unterstützen meine Befehle, oder sie werden ganz offiziell ihren Beirat verlieren. Überlegen sie sich ihre Entscheidung gut. «

Lord Byrisith hob seine Hände und blickte in die Menge.

» Geschätzter Rat, edler Prinz«, sagte er. » Beruhigen wir uns alle wieder. Lassen wir den Prinz ausreden, was er uns für Anweisungen erteilen möchte. Er besitzt die Gunst des Kaisers. «

Er hob die immer noch vor seinen Füßen liegende Schriftrolle auf und betrachtete sie.

»Das kaiserliche Sigel ist echt«, bemerkte er. »Hieran besteht kein Zweifel. «

Lord Byrisith brach das Siegel des Königs auf. Dann rollte er die Schriftrolle auseinander.

Er hob seinen Kopf und blickte die Menge an.
»Die Anweisung des Kaisers ist eindeutig wie bindend«, bemerkte er. »Der Prinz spricht die Wahrheit. Ihm wird vom Kaiser die alleinige Macht übertragen. Prinz Sirthrith ist vom Kaiser für die Ergreifung der Ablonder und deren Hilfsvölker beauftragt, als Vergeltung für die Zerstörung unserer drei Großraum-Schiffe. Der Kaiser verlangt, dass wir uns nur noch um die interne Situation kümmern und sämtliche militärischen Befehlsgewalten und Ressourcen bedingungslos dem Prinzen unterstellen. Er ruft für unsere Anomalie die Mobilmachung aus. Alle militärischen Gesetze haben Vorrang vor der zivilen Ordnung. «

» Wir können nicht alle Schiffe dem Prinzen zur Verfügung stellen«, monierte einer Räte. » Dann verlieren wir die Kontrolle über die 8.300 Reservats-Planeten. Wir müssen jetzt bereits überall Aufstände niederkämpfen. Wie sollen wir ohne unsere Garnisons-Schiffe Stärke zeigen? «

Der Vorsitzende schaute wieder den Prinzen an.
»Was sagen sie hierzu? «, fragte er. » Wollen sie tatsächlich, dass wir die Kontrolle über alle 8.300 Reservats-Planeten verlieren? Vermutlich warten die rebellischen Rassen auf diesem Moment. Für diesen Fall lehnen wir jegliche Verantwortung hierfür ab. Der Kaiser wird sicherlich nicht erfreut sein, wenn die von ihm so geliebte weiße Anomalie nicht mehr seinem Gehorsam unterliegt. «

Prinz Sirthrith schaute den Vorsitzenden mit fast geschlossenen Augen an.

»Das ist ein äußerst raffinierter Gedankenzug von ihnen«, flüsterte er ihm zu. »Sie schwächen mit dieser Aussage meine Angriffs-Flotte. Das ist ihnen sicherlich klar. Wir unterhalten uns später noch über ihren Einwand. «

Er hob seine Arme in die Luft.
» Hoher-Rat «, sagte er.

»Es liegt mir fern, ihnen alle Mittel zur Kontrolle der Reservats-Planeten abzuziehen«, erklärte er. »Ich überlasse ihnen großzügig 500 Garnisons-Schiffe, mit denen sie aufkeimende Revolten niederschlagen können. Mehr Kontingente sind leider nicht möglich. Das verstehen sie hoffentlich. Wir haben es mit einem Angriff von außen auf unser Imperium zu tun. Das gab es in unserer Geschichte noch nie. Ich wurde beauftragt entsprechend hierauf zu reagieren. Die Anomalie befindet sich ab heute in dem Kriegszustand. Der Kaiser wird uns 120 Schiffe senden, die in acht Tagen von den Produktions-Werften freigegeben werden. Diese werden meine Flotte von 3.800 Schiffen ergänzen. Dies würde bedeuten, dass ich mit 3.920 Schiffen in die Schlacht ziehen werde und versuche die Ablonder und ihre Hilfsvölker endgültig in den Untergang zu treiben. «

Aufgeregtes Stimmgemurmel wurde von den Rängen des Rats-Podiums hörbar.

» Ich möchte Admiral Dragphan, Leiter der Fernaufklärung, sofort zu uns beordert wissen«, befahl der Prinz. » Er wird persönlich meine neuen Befehle erhalten. «

Der Vorsitzende des Rates nickte und ging zu einem Rats-Diener. Er informierte diesen über den Wunsch des Prinzen.

» Beordern sie unverzüglich Admiral Dragphan zu uns«, sagte er. » Wir warten auf ihn. Er möchte sich sofort hier einfinden. Sagen sie ihm ausdrücklich, die Anordnung duldet keinen Aufschub. Es ist ein wichtiger Befehl des Kaisers. «

Der Prinz hatte mitgehört und lachte.

Der Rats-Diener beeilte sich und lief schnellen Schrittes aus dem Sitzungssaal.

Der Vorsitzende trat an die Seite des Prinzen.
»Es wird eine Weile dauern, bis Admiral Dragphan hier eintrifft. «

»Hiermit rechne ich«, antwortete der Prinz verächtlich.

Er ließ den Vorsitzenden stehen, drehte sich um und ging auf eine Sitzgelegenheit zu, die an der Wand des Saales stand. Von hieraus konnte er alle Rat-Mitglieder im Auge behalten.

Der Prinz setzte sich auf eine Bank und blickte den Zierrat an.

Angewiderte spuckte er aus.

»Der Rat diskutiert immer noch über die Befehle des Kaisers«, dachte er. » Das war ein Schuss in ihren Magen. Die degenerierten Räte werden das so schnell nicht verkraften. «

Er winkte einen Soldaten seiner Leibwache herbei.

»Schauen sie doch einmal vor der Türe, ob die angeforderten Elite-Soldaten bereits eingetroffen sind«, flüsterte er ihm zu. »Falls ja, sollen sie hereinkommen und Aufstellung nehmen und die Räte nicht aus den Augen lassen. Ich traue ihnen in keiner Weise. «

Der Soldat nickte und wiederholte den Befehl. Er ging aus dem Tagungsraum öffnete die Türe und erblickte die wartende Abordnung der Elite-Soldaten. Er instruierte sie kurz und kam mit ihnen in den Raum. Die Spezial-Schwadron war in schweren Kampf-Anzügen gekleidet. Sie traten geordnet in Zweierreihen ein, verteilten sich und bauten sich vor dem Zierrat auf.

Ihre grimmigen Gesichter zeigten, dass sie zu allem entschlossen waren. Sie dienten ausschließlich dem Kaiser-Imperium und waren hierfür ausgebildet. Kein Laut war ab diesem Moment mehr in dem Sitzungssaal zu hören.

»Nach einigen Minuten trat der Vorsitzende Lord Byrisith einige Schritte auf den Prinzen zu.

Die Soldaten hoben ihre Waffen.
Erschreckt blieb der Vorsitzende stehen
.
Der Prinz hob seine Arme in die Luft.
»Lord Byrisith ist einer von uns«, sagte er. »Das ist doch so, mein Lord? «

»Meine Dienste sind dem Kaiser gewidmet«, antwortete er. »Gewürdigt sind die Zierrakies. «

»Gewürdigt sind die Zierrakies«, hallte es von den Rängen der Rats-Mitglieder herunter.

»Gewürdigt sind auch die, welche die Initiative ergreifen«, antwortete der Prinz. »Sie wollten etwas sagen? «

»Die Satzung des Rates besagt unmissverständlich, dass Soldaten hier keinen Zutritt haben«, bemerkte der Vorsitzende des Rates.

Prinz Sirthrith erhob sich.

»In diesem Fall machen wir eine kleine Ausnahme«, grinste er. »Die Soldaten sind lediglich dafür da, den Befehl der Machtübergabe des Kaisers an mich zu dokumentieren. Natürlich auch für den Fall, dass sie den Befehl des Kaisers missachten sollten. «

Mit einem Blick, der eisige Kälte ausstrahlte, schaute der Prinz den Zierrat hinterlistig an und setzte sich wieder. Die Soldaten hatten ihre Laser-Gewehre in ihre Armbeugen gelegt und entsichert. Sie akzeptierten den Befehl des Kaisers ohne Rückfrage.

Der Admiral der Fernaufklärung war in zahlreichen Meldungen vertieft, die ihn per Hyper-Funkspruch erreicht hatten. Die vielen aktivierten Spähposten der zierrakischen Kaiser-Dynastie hatten auf seine Anfrage reagiert. Die Informationen waren bereits von seinem Personal gesichtet worden. Nur die wichtigsten Meldungen wurden an ihn weitergeleitet. Irritiert blickte er auf die aktuelle Bestätigung der Kontroll-Station 39.567. Der Standort der Basis lag auf Tarid, einem Planeten, im ehemaligen natradischen Heimat-System.

»Eine durchgeführte Kontrolle, bezüglich der technischen Weiterentwicklung der hier lebenden Species, wird positiv bestätigt«, las er. Eine Gefahr für das zierrakiesche Imperium kann nicht mehr ausgeschlossen werden. «

Admiral Dragphan schaute auf die letzte Mitteilung in der Akte.

»Sie ist über 50.000 Jahre alt«, bemerkte er ärgerlich. »In dieser langen Zeit konnte viel passieren. Warum hat sich dieser Kontroll-Posten so lange nicht mehr gemeldet? «

Erschrocken blickte er auf den nachfolgenden Text.
»Die Entwicklung der Eingeborenen kann nicht mehr ignoriert werden. Ein zierrakischer Eingriff ist unbedingt erforderlich. Die Fertigstellung eines Wurmloch-Antriebes steht kurz bevor. Im Auftrage des zierrakischen Kaiser-Imperiums wurden der entwickelte Wurmloch-Antrieb und die dazugehörige Forschungs-Station vernichtet. Der Schläfer hat seine Aufgabe erfüllt und aktiviert jetzt Selbstschutz-Maßnahmen. «

»Ich werde den Zierr-Rat hierüber informieren müssen«, dachte der Admiral.

Noch in Gedanken versunken, überreichte ihm ein Adjutant eine Meldung des Zierr-Rates.

»Diese Folie ist gerade für sie übergeben worden, Herr Admiral«, teilte er mit.

Admiral Dragphan bedankte sich und öffnete die Folie. Irritiert blickte er auf die Folie, welche die Unterschrift des hohen Zierr-Rates trug. Sie war mit dem kaiserlichen Zeichen für besonders eilig ausgestattet.

Er blickte auf seinen Zeitmesser.
In der Einsatz-Zentrale warteten seine Offiziere auf ihn. Er hatte eine Besprechung anberaumt, um die weitere Vorgehensweise zu diskutieren.

Der Admiral stand auf und ging in die Leitstelle.
»Sie werden die Besprechung ohne mich abhalten müssen«, teilte er seinen Untergebenen mit.» Der Zierrat ruft mich sofort zu sich in den Sitzungssaal. Es scheinen wichtige Entscheidungen anzustehen. Leider duldet es keinen Aufschub. «

Er drehte sich zu einem Offizier um.
»Commander Breckphan, führen sie bitte den Vorsitz während meiner Abwesenheit«, sagte er.

Der angesprochene Offizier verneigte sich und bestätigte.

Admiral Dragphan drehte sich aus um und verließ die Einsatz-Zentrale der Fern-Aufklärung. Vor dem Gebäude wartete bereits ein Gleiter des Rates auf ihn, der ihn mit schneller Geschwindigkeit zu dem Verwaltungsgebäude der Legislative auf Zierraky 2 beförderte.

Admiral Dragphan sprang aus dem Gleiter und lief die zahlreichen Stufen des Gebäudes hoch, bis er endlich den Eingang erreichte. Die wartenden Wach-Soldaten salutierten, als sie ihn erkannten. Der Admiral erwiderte den Gruß und betrat das Gebäude.

Wieder musste er zahlreiche Treppen hochlaufen, bis er auf den lange Flur kam, der zu dem Sitzungssaal des Zierr-Rates führte.

Es waren ganze achtzehn Minuten vergangen, seit er alarmiert wurde. Als der Admiral durch die Türe in den Sitzungssaal trat, bemerkte er bereits, dass irgendetwas anders war als bei seinen sonst üblichen Besuchen. Er verbeugte sich gebührend vor dem hohen Rat und war sichtlich erstaunt über die anwesenden Soldaten. Der Admiral ließ sich jedoch nichts anmerken und blickte den Rat gelassen an.

»Welche dringende Entscheidung bedurfte meiner sofortigen Anwesenheit? «, fragte er. » Ich bin ebenfalls mit dringenden Aufgaben beschäftigt, die keinen Aufschub dulden. «

Der Vorsitzende sie Rates stand auf.
»Danke für Ihr schnelles Erscheinen, Admiral Dragphan«, sagte er. »Es haben sich neue Macht-Konstellationen ergeben. Prinz Sirthrith hat von unserem Kaiser die alleinige Befehlsgewalt über unsere Anomalie übertragen bekommen. Ab sofort nehmen sie nur noch Befehle von dem Prinzen entgegen. Uns als Zierr-Rat sind derzeit die Hände gebunden. «

Erstaunt blickte der Admiral sich um.

» Prinz Sirthrith«, begrüßte er den Prinzen. » Es ist schön sie zu sehen. Sie sind gut von dem Besuch bei dem Kaiser zurückgekommen? «

Prinz Sirthrith nickte.
» Wie sie sehen können«, antwortete er. » Unser Groß-Kaiser war gar nicht erfreut von dem Verlust unserer drei Großraum-Schiffe zu hören. Ich konnte ihn aber davon überzeugen, dass diese Misere nicht ihre Schuld war. Ihm reichte die Arretierung des betreffenden Commanders aus. Trotzdem forderte er die Ergreifung der Schuldigen und will ein Exempel an den Ablondern statuiert sehen. Die bereits totgeglaubte und wieder erwachte Species

muss vernichtet werden. Der Kaiser hat sie als nicht erhaltungswürdig eingestuft. «

»Diese ewigen Vernichtungs- und Ausrottungs-Feldzüge werden sich irgendwann rächen«, entgegnete der Admiral. » Wir hetzen das ganze Universum gegen uns auf. «

Prinz Sirthrith lachte.
»Das Universum ist groß und nur für eine herrschende Rasse bestimmt«, antwortete er. »Sie wissen doch, wer das ist. Wir Zierrakies werden sämtliche niederen Rassen, alle Feinde und vor allem Andersartige aus dem Weg räumen und unsere Hemisphäre weiter ausdehnen. «

Admiral Dragphan bemerkte, dass der gehasste Prinz in seinem Element war und keinen weiteren Widerspruch duldete.

Gehorsam verbeugte er sich.
»Der Wille des Kaisers soll geschehen«, sagte er. »Er ist unser allwissender Herrscher und Beschützer. «

Der Prinz lächelte. Die Worte des Admirals verliefen auf seiner Zunge.

»Ich habe den Befehl erhalten, die vollständige Mobilmachung auszurufen«, erklärte er. »Ab sofort stehen sämtliche verfügbaren Groß-Kampfschiffe unter meinem Befehl. Wir werden die Fremden stellen, die es gewagt haben, uns anzugreifen und werden sie ihrer gerechten Strafe überstellen. «

Der Prinz ließ seine Worte einen kurzen Augenblick wirkten.

»Sie werden zusammen mit mir, die Koordination der Flotte durchführen«, ergänzte der Prinz.

Der Admiral blickte dem Prinzen in die Augen. Doch er erkannte nur schmale Schlitze.

»Ich weiß diese Ehre zu schätzen Prinz«, antwortete der Admiral. »Einige Verbände sind noch außerhalb unserer Anomalie im Einsatz. «

»Beordern sie alle Einheiten zurück«, befahl der Prinz. » Ich verlange den sofortigen Rücksturz sämtlicher Verbände und Flotten in unsere Anomalie. Die Schiffe werden neu ausgerüstet und einsatzbereit gestellt. In acht Tagen werden weitere 120 Schiffe, aus den Werften des kaiserlichen Imperiums, zu uns stoßen. Wir brechen dann mit 3.920 Schiffen auf und suchen nach den Spuren der Ablonder. «

Der Prinz schaute den Admiral kurz an. Dann fuhr er fort.

»Der Vorsitzende des Zierr-Rates hat mich gebeten 500 der Schiffe der Flotte in unserer Anomalie zu belassen«, lächelte er. »Er braucht sie, um aufkeimende Revolten auf den Reservats-Planeten niederzuschlagen. Ich will in unserer Anomalie kein Chaos ausbrechen sehen und entspreche daher seinem Wunsch. «

Admiral Dragphan dachte kurz nach.
» Ihnen ist aber bewusst, dass wir unseren Stützpunkt hier angreifbar machen«, bemerkte er. » Was ist, wenn dies eine Falle der Fremden darstellt und sie nur auf diesen Augenblick gewartet haben? «

»Sie sind der Admiral der Fernaufklärung«, antwortete Prinz Sirthrith. » Haben sie fremde Aufklärer, Sonden, oder Bojen registrieren können? «

»Nein«, entgegnete der Admiral. » Nach den letzten Vorfällen haben wir selbstverständlich die Sicherheits-Maßnahmen verstärkt und fliegen mehrfach Patrouillen. Wir konnten nichts Auffälliges registrieren. «

»Was wollen sie denn? «, fragte er Prinz. » Niemand traut sich unsere Anomalie anzugreifen. Nach meiner Meinung sind wir hier in absoluter Sicherheit. «

»Ich habe vor wenigen Minuten eine Mitteilung, von einem unserer Kontroll-Posten erhalten«, teilte Admiral Dragphan mit. » Er liegt im Normal-Universum in der Milchstraße. Es ist eine Bestätigung der Kontroll-Station 39567, ehemaliges natradisches Heimat-System, Standort Planet Tarid. Der kurzzeitig aktivierte Schläfer hat wunschgemäß die angeforderte Kontrolle der Weiterentwicklung humanoider Species durchgeführt. Sie wurde von ihm positiv bestätigt. Die Eingeborenen dieses Planeten wurden von ihm weit über dem festgesetzten Standardwert eingestuft. Er sieht einen Eingriff unsererseits als unbedingt erforderlich an. Ferner teilte er mit, dass die Fertigstellung eines Wurmloch-Antriebes kurz bevorstünde. Er hat Gegenmaßnahmen eingeleitet und den Wurmloch-Antrieb, sowie die Forschungs-Station vernichtet. Jetzt ist er mit Selbstsicherungs-Maßnahmen beschäftigt. Das war alles der Mitteilung. «

Der Prinz schaute ihn an.
»Dann ist doch alles in Ordnung«, sagte er. »Unsere Kontroll-Posten funktionieren, auch nach dieser langen Zeit noch. «

»Sollten wir uns nicht schnell um diese sich weiter entwickelte Rasse kümmern? «, fragte der Admiral.

»Das hat Zeit, bis wir die Schuldigen gefunden haben«, erwiderte der Prinz. »Die Vernichtung der Ablonder hat äußerste Priorität. Die Eingeborenen können uns nicht fortlaufen. «

Der Prinz verfiel in ein schallendes Gelächter.

Admiral Dragphan senkte seinen Blick.
»Ich möchte nicht die Person sein, die sie immer wieder auf merkwürdige Dinge hinweisen muss«, entgegnete er.

Der Prinz blickte ihn fast schon verärgert an.
»Sprechen sie, Admiral«, antwortete er verärgert. »Was wollen sie noch? «

»Ich erinnere mich an die Aussage der Fremden«, sagte er. »Sie ließen uns wissen, dass sie uns im Auge behalten würden. Ferner forderten sie die sofortige Freigabe einer mit ihnen befreundeten Rasse. Sie benannten sie mit dem Namen Macoronarus. Ich habe in unserm Datenarchiv recherchiert. Wir haben tatsächlich auf unserem Reservats-Planeten 429 eine degenerierte Rasse mit diesem Namen am Leben zu erhalten. «

»Was ist so Besonderes an dieser Rasse? «, fragte der Prinz.

»Nichts«, antwortete Admiral Dragphan. »Sie sind weit hinter den anderen Rassen unserer Reservat-Planeten zurückgeblieben. Sie meiden jede Technik und leben ausschließlich in selbstgebauten Holzhütten. Sie ernähren sich von ihrem selbst angepflanzten Gemüse und Kräutern. Sie lehnen eine Verpflegung durch das zierrakische Verteilungssystem rigoros ab. Ihre Bevölkerungszahl nimmt stetig ab. Ich denke, in wenigen Jahren ist ihre Existenz beendet. Niemand wird sich mehr an sie erinnern. Diese Rasse wird es dann nicht mehr geben. «

»So soll es sein«, antwortete der Prinz. »Ich kann sowieso nicht verstehen, warum sich der Kaiser solche Arbeit mit einigen Überlebenden von besiegten Zivilisationen macht. Vermutlich sind es für ihn nur lebende Trophäen.«

»Sie werden Recht haben«, bestätigte der Admiral. »Schenken wir dieser Rasse keine weitere Bedeutung. Wie sollen wir mit der Warnung der Fremden umgehen?«

»Das sind alles nur leere Worte«, antwortete der Prinz. » Wo werden die bereits totgesagten Ablonder eine solche Flotte hergezaubert haben? Ihr Imperium, ihre

Infrastruktur, ihre Planeten und ihre Kolonien wurden von uns vernichtet. Ihre Schiffe wurden zerstört, ihre Bevölkerung hingerichtet. Der Kaiser hatte seinerzeit befohlen, sämtliche Hinweise auf ihre Existenz aus den Geschichtsbüchern zu löschen. Wir Zierrakies sind seit vielen Jahrtausenden die vorherrschende Macht in der 2. Dimension. Niemand ist in der Lage, uns zu beeindrucken, oder es mit uns aufzunehmen. «

Der Prinz ließ seine Worte auf den Zierrat wirken.

»Die gleiche Situation, entwickelt sich im normalen Universum«, ergänzte er. »Der Kaiser kämpft mit seinen Flotten gleichzeitig an unterschiedlichen Fronten vieler Sterneninseln. Die Feinde des Imperiums erleiden erhebliche Verluste und werden immer weiter zurückgedrängt. Der Groß-Kaiser hat angeordnet, dass die Heimatplaneten der Aufständischen, die gegen ihn ins Feld gezogen sind, gnadenlos vernichtet werden. Niemanden von ihnen wird die Möglichkeit zur Evakuierung angeboten. Alle Familien, Angehörige und Freunde der Regimegegner werden hingerichtet. Diese Rassen haben ihre Existenzberechtigung verspielt, unter der Herrschaft des Kaisers dienen zu dürfen. Aus diesem Grunde kann er uns keine größere Unterstützung gewähren. Er teilte mir unmissverständlich mit, dass die hier stationierte Flotte von 4.300 Schiffen nach seiner

Meinung ausreichen dürfte, um eine Vergeltung an den Ablondern durchzuführen. Er erwartet eine schnelle Erfolgsmeldung. «

»Ich verstehe«, antwortete Admiral Dragphan.

Der Prinz schaute ihn an.
»Gehen sie jetzt und kümmern sie sich um alles Notwendige«, befahl er. »Ich setzte große Erwartungen in sie. «

Der Admiral verbeugte sich respektvoll, drehte sich um und ging aus dem Sitzungssaal des Zierr-Rates. Viele Gedanken fluteten seinen Kopf.

***

Träge schwebte die aktivierte Reserve-Flotte der Ablonder in dem dunklen All. Die 1.318.000 Schiffe waren gut in dem Heimats-System des ehemaligen Flotten-Oberkommandos angekommen. Vor ihnen lag ein unscheinbares Sonnen-System, das von weiten aus betrachtet, nicht anders aussah, wie viele vergleichbare Systeme. Eine mittelgroße gelbe Sonne, wurde von acht Planeten umrundet. Der dritte Planet des Systems befand sich in einer habitablen Zone und war der Heimatplanet Stützpunkt der ablondischen Flotten-Führung.

» Außenbildschirme an«, sagte Sil'drock gespannt.

Die Spannung stand kurz vor dem Zerreißen. Die beiden Ablonder schauten intensiv auf den zentralen Bildschirm des Schiffes und suchten mit ihren Augen das System ab.

»Bitte näher heran zoomen«, befahl Ras'ekin der KI.

Die Hypertronic-KI vergrößerte das Bild und zog das System näher.

»Haben wir Ortungen? «, erkundigte sich Sil'drock.

Die Schiffs-KI verneinte emotionslos.
» Es deutet nichts auf ein bewohntes System hin«, teilte sie mit. » Es werden keine Ortungen, kein Flugverkehr und keine Lebensformen registriert. «

»Zeigen die Wärmesensoren etwas an? «, ergänzte Sil'drock seine Frage.

Wieder verneinte die KI.
»Es sind keine Wärmezellen erkennbar«, antwortete die »KI Sämtliche Planeten sind vollständig energiefrei. «

» Heute ist ein bedeutungsvoller Tag unserer Geschichte«, bemerkte Ras'ekin. » Nach dieser langen Zeit sind wir erstmals wieder in dem System der Flotten-Führung angekommen. Das markiert einen erneuten Wendepunkt in unserer Chronik. Wir sind nicht allein gekommen, sondern haben diesmal eine große Flotte dabei, um unsere Herren zu finden und die Taten der Zerstörer zu rächen. «

»Das mag zwar alles sein«, antwortete Sil'drock unbeeindruckt. » Doch das Herz unseres Imperiums, die Keimzelle unserer Nation, liegt tot vor uns. «

Der junge Ablonder blickte seinen älteren Gefährten an und schüttelte den Kopf. Die bisherige Anspannung der Beiden, war mit den empfangenen Daten auf ein Mindestmaß der Erwartung zurückgefallen.

» Ich war früher schon einmal hier«, bemerkte Sil'drock. » Aus meiner Erinnerung weiß ich noch, wie stark dieses System frequentiert war. Unzählige Schiffe flogen ein und flogen aus. Kriegs-Schiffe, Transport-Schiffe und zivile Schiffe flogen dicht an dicht und wurden von dem zentralen Flotten-Kommando überwacht. «

Ras'ekin fragte sich einen Moment, ob Sil'drock Recht behalten sollte.

»Hier werden wir mit unserer eigenen, alten Vergangenheit konfrontiert«, dachte er. » Noch vor kurzer Zeit hatte ich geglaubt, hier Reste des ehemaligen Flotten-Kommandos vorzufinden. Wollte ich es nicht wahrhaben? «

Er fühlte sich unsicher und betrogen

»Keine meiner großen Erwartungen sind eingetroffen«, bemerkte er.

Wieder suchte er mit seinen Augen den Planeten der ehemaligen Flotten-Führung, auf dem zentralen Bildschirm des Schiffes.

Ras'ekin schloss seine Augen und lehnte sich in seinem Stuhl zurück.

»Da ist wieder dieses ungewöhnliche Gefühl, das mir sagte, es gibt noch mehr«, dachte er. »Ein Gefühl, dass mich veranlasst hatte, unbedingt in das System der alten Flotten-Führung zu fliegen. «

Es schien sich in ihm immer breiter zu machen, wie eine Infektion, die er nicht mehr vertrieben werden konnte. Er richtete sich auf und blickte seinen älteren Kollegen an.

»Lass uns in das System hineinfliegen«, schlug er vor. »Suchen wir nach der wirklichen Realität. Ich fühle, dass dort etwas auf uns wartet. «

Sil'drock blickte ihn irritiert an.
» Wonach willst du suchen? «, fragte er. » Die Drohne hat bereits alle Aufnahmen gemacht. «

Ras'ekin wusste nicht, was er sagen sollte.
»Es nur ein Gefühl«, antwortete er langsam. »Ich möchte gerne den Standort unserer ehemaligen Flotten-Kommandantur kennenlernen. Falls jemand übrig sein sollte, wird er sich auf unseren Ankunft hin melden. «

Sil'drock erkannte, wie wichtig seinem jungen Kollegen diese Entscheidung war.

»Also gut«, antwortete er. »Wir schauen uns das System aus der Nähe an. «

Er griff nach dem Kommunikations-Gerät und hielt es sich vor den Mund.

»KI, öffne mir bitte eine codierte Hyperkomm-Funkfrequenz an unsere Flotte«, befahl er.

» Die Leitung wurde geöffnet«, antwortete die Hypertronic-KI des kleinen Schiffes. » Unsere Schiffe empfangen dich. «

»Hier spricht Sil'drock«, sprach er in das Kommunikations-Gerät. »Außenwächter und befehlshabender Offizier der Versorgungs-Flotte. Ich benötige eine Escort-Flotte von zehn Schiffen der 250-Meter-Klasse und 5 Großkampf-Schiffe. Wir werden uns den dritten Planeten dieses Systems näher anschauen. Alle weiteren Schiffe bleiben hier in Wartestellung. Im Notfall erhalten sie von mir entsprechende Befehle zum Eingreifen. «

»Die Bestätigungen kommen herein«, sagte Ras'ekin. »Dein Befehl wird akzeptiert. «

»Das habe ich auch nicht anders erwartet«, erwiderte der ältere Ablonder.

Die als Eskorte angeforderten Schiffe, hatten bereits hinter dem Kommando-Schiff von Sil'drock und Ras'ekin eine Formation bezogen.

»KI«, sagte Sil'drock. »Synchronisiere meine Befehle digital mit den Begleitschiffen. «
Die KI bestätigte.

» Fahrt aufnehmen, mit Kurs auf den dritten Planeten, befahl Sil'drock. »Nach Erreichen der Koordinaten, bitte in eine hohe Umlaufbahn einschwenken. Alle Überwachungs-Sensoren sind zu aktivieren. «

Die Hypertronic des Schiffes bestätigte und beschleunigte das Schiff. Die begleitenden Schiffe hielten einen gewissen Abstand.

Nach einer kurzen Flugdauer, war der Planet erreicht. Wie befohlen, schwenkten die Schiffe auf eine Umlaufbahn, um den Planeten der ehemaligen Flotten-Führung, ein.

» Unsere militärischen Erkennungs-ID's senden«, befahl Sil'drock der Hypertronic. » Dauerimpuls und automatische Kontaktaufnahme zur Flotten-Führung. «

» Unsere Erkennungzeichen werden in einer Schleife gesendet«, antwortete die KI.

Ras'ekin war sichtbar unruhig geworden.
»Bekommen wir eine Antwort? «, fragte er die Hypertronic.

» Es wird keine Antwort empfangen«, meldete die KI.

» Weitersenden«, befahl Sil'drock

Er blickte Ras'ekin an

»Vor uns liegt eine tote Welt«, bemerkte Sil'drock. » Sie ist völlig verlassen, ohne erkennbare Anzeichen von intakten Industrien, Städten, Ansiedlungen, oder biologischen Lebenszeichen. Es ist wie ich vermutet habe.«

»Ich möchte noch den Geheimcode ausprobieren«, entgegnete Ras'ekin. » Dann bin ich restlos überzeugt. Sicherlich wirst du dann triumphieren, weil du Recht behalten hast. «

Sil'drock schaute ihn mitleidig an.
»Es geht hier nicht ums Triumphieren«, erwiderte er. »Du kannst mir glauben, dass ich unsere Flotten-Führung, wie kein anderer herbeigewünscht habe. Doch alle unsere Wünsche und Gebete scheinen nicht erhört worden zu sein. «

Ras'ekin wandte seinen Blick dem großen Bildschirm zu. »KI«, sende unseren Spezial-Code«, befahl er.

Sil'drock schaute ihn an.

»Probiere es, wenn du hiernach überzeugt bist«, empfahl er.

»Welchen Code soll ich senden? «, fragte die KI.
»Sende den Code XZ3.91980BSON-8070/X7 30.8.1950 «, antwortete Ras'ekin.

»Der Code wurde gesendet«, erwiderte die Hypertronic-KI des Schiffes.

Beide Ablonder schauten gespannt auf den Bildschirm. Nichts passierte, keine Veränderung war ersichtlich. Sil'drock drehte seinen Kopf zu seinem jüngeren Partner und wollte etwas sagen. Ein aufkeimender schriller Ton, hielt ihn jedoch hiervon ab.

» Alarm«, meldete die Hypertronic-KI. » Alarm, ich messe gewaltige Energien, die im Inneren des Planeten anlaufen. Ich rate zu Vorsicht. Diese gebündelten Energien können uns gefährlich werden. «

Sil'drock blickte fast schon betroffen zu Ras'ekin.
»Jetzt siehst du mich maßlos erstaunt«, bemerkte er. »Es ist doch noch etwas hier, dass unsere Aufmerksamkeit verdient. «

»Die Energiewerte steigen ins Bodenlose«, meldete die KI. » Ich kann sie nicht mehr messen. Soll ich das Schiff aus der Umlaufbahn zurückziehen? «

»Wir warten noch ab«, antwortete Sil'drock.

Beide Ablonder waren sichtlich angespannt und blickten auf den Bildschirm und den Planeten unter sich.

» Die Erde scheint in Bewegung geraten zu sein und zu für vibrieren«, bemerkte Ras'ekin. » Ganze Bäume und Sträucher kippen um. Es sieht fast so aus wie ein gewaltiges Erdbeben, als stürzt sie in sich zusammen. «

»Ich sehe es, antwortete Sil'drock. »Haben wir ein Erdbeben ausgelöst? KI, messen wir seismologische Aktivitäten? «

»Nein«, entgegnete die KI. »Lediglich unmessbare Energiewerte werden angezeigt. «

Gespannt blickten die Ablonder auf den Bildschirm. Langsam beruhigte sich der vibrierende Boden.

Sil'drock stutzte.
»Dort«, sagte er und zeigte mit seinem Finger auf eine Stelle des Bildschirmes.

Langsam fuhr die Erde zur Seite und gab einen tiefen, dunklen Schlund frei.

»Immer mehr Stellen öffneten sich auf dem ganzen Planeten«, meldete Ras'ekin.

In gewissen Abständen schienen immer mehr Bodenflächen zu Seite geschoben zu werden, um tiefen Abgründen zu weichen.

»Wie viele Öffnungen sind es? «, fragte Sil'drock.
»Ich messe über 700 Schotts an, die sich öffnen«, antwortete die KI. »Weitere befinden sich auf der nicht einsehbaren Rückseite des Planeten. «

»Schotts? «, fragte Ras'ekin. » Wofür sind die gut? «
»Getarnte Raumschiff-Hangar«, erwiderte Sil'drock.
»Deine Flotten-Führung ist erwacht. «

Sil'drock blickte auf den Bildschirm. Die Schotts hatten sich bereits bis zur Hälfte geöffnet.

»Da sich die Schotts nur sehr langsam öffnen, vermute ich stark, dass es sich um ein massives, schweres Material handelt. Vermutlich sollten sie einen Bombenhagel aushalten können. «

»Alarm«, meldete die KI. »Ich registriere die Öffnung eines dreieckigen Transmitter-Durchganges. Der Standort liegt nicht weit entfernt von der Umlaufbahn unserer Schiffe. «

»Auf den Bildschirm legen«, befahl Sil'drock.
Die KI tat wie ihr befohlen.

Ein greller, künstlicher Horizont erschien auf dem zentralen Bildschirm des Schiffes.

Die beiden Ablonder kniffen ihre Augen zusammen. Das helle Licht des Durchganges blendete sie.

»Der Scan zeigt, dass dieses Dreieck zwar an die Form der durch unsere Amuletts geöffneten Verbindungen erinnert, doch es ist fünffach größer«, sagte Sil'drock.

»Es scheint aber trotzdem ablondischen Ursprungs zu sein«, antwortete Ras'ekin freudig.

Begeistert blickte er auf den geöffneten Durchgang. Der Ereignishorizont beruhigte sich und schimmerte bläulich. Gespannt warteten die Ablonder auf weitere Erkenntnisse.

Ras'ekin zeigte auf den Bildschirm. Ein riesiges schwarzes Schiff schälte sich aus dem Portal. Es war gewaltig anzusehen. Es schien eine kantige Form zu haben und war mit Unebenheiten übersät.

»Ich registriere auf jeder Seite des Schiffs-Transporters 12 ablondische Schiffe der 1.500 Meter-Klasse«, meldete die KI. »Es scheinen Schiffs-Träger einer neuen Bauart zu sein. «

Jetzt erkannten es die beiden Ablonder auch. Das große Schiff trug nicht nur auf seiner Ober- und Unterseite Schiffe, auch an der rechten und linken Seite waren jeweils 12 Schiffe befestigt.

»Das sind Schiffs-Transporter«, erkannte Sil'drock. »Sie sind für lange Entfernungen ausgelegt. Ich erinnere mich, dass ein solcher Plan von unserer Flotten-Führung diskutiert wurde. KI, zoome die Schiffe heran. «

Ohne Kommentar vergrößerte die Hypertronic das Bild des Schiffes. Dann konnten die Ablonder das Logo erkennen, das seitlich auf den Schiffen angebracht war.

Ras'ekin hielt es nicht mehr in seinem Stuhl. Aufgeregt sprang er auf.

»Das ist das alte Zeichen unserer Flotten-Führung«, sagte er begeistert. »Sie leben und sind zurückgekehrt. «

Sil'drock schüttelte seinen Kopf.
»Damit hätte ich wahrlich nicht gerechnet«, sagte er.

Er lächelte seinen jüngeren Kollegen an.
»Es ist gut, wenn die Älteren nicht immer Recht haben«, entgegnete er. »Jetzt fühle auch ich mich sichtlich wohler.«

Immer mehr Schiffs-Transporter kamen durch den geöffneten Dreiecks-Transmitter. Schiff auf Schiff füllte das heimatliche System der ehemaligen Flotten-Führung.

»KI, wie viele Schiffs-Transporter sind bereits eingetroffen? «, fragte Sil'drock.

»Ich zähle derzeit 55 Transporter, antwortete die KI. »Es folgen immer noch weitere durch das Portal. «

Ras'ekin blickte Sil'drock an.
»Hierdurch wird unsere Flotte nochmals verstärkt«, sagte er. »Wir sind auf einen Kampf mit den Zerstörern vorbereitet. «

»Alarm, meldete die Hypertronic des Schiffes. »Ich registriere zahlreiche aufsteigende Schiffe aus den geöffneten Schotts, des unter uns liegenden Planeten. Es sind alles Schiffe einer ablondischen 1.000 Meter-Klasse«

»Zeige es uns«, befahl Ras'ekin.

Vor lauter Begeisterung, über die geöffnete Transmitter-Verbindung, hatten die beiden Ablonder die weiteren Ereignisse am Boden des dritten Planeten vergessen. Die Schotts am Boden bewegten sich nicht mehr. Sie waren geöffnet. Aus dem dunklen Schlund stiegen zahlreiche 1.000 Meter Schiffe auf, die beschleunigten und sich aufmachten, die Atmosphäre des Planeten hinter sich zu lassen. Aus allen 750 Öffnungen quollen in geordneter Formation zahlreiche Raumschiffe. Schiff an Schiff flog aus den Schotts und durchquerte die Atmosphäre. Ohne mit den anderen Schiffen zu kollidieren, formierten sie sich in einem ausreichenden Abstand im All.

Die beiden Ablonder konnten ihre Blicke nicht von den Geschehnissen abwenden.

»Eingehender Hyper-Funkspruch auf der Frequenz der Flotten-Führung«, meldete die KI.

Sil'drock und Ras'ekin sahen sich an.

»Deine Aufgabe«, sagte der jüngere der beiden. Der Außenwächter griff mit zitternder Hand nach dem Kommunikations-Gerät.

»Hier spricht Sil'drock, Außenwächter der ersten ablondischen Stadt und befehlshabender Offizier der Versorgungs-Flotte. Wer ruft uns? «

Die Leitung knisterte kurz
»Hier spricht Marschall War'drock, eingesetzter Ober-Befehlshaber des Flotten-Führungskommandos der ablondischen Exil-Regierung«, tönte es aus den Lautsprechern. »Ich begrüße sie Sil'drock. Danke, dass sie diesen Schritt herbeigeführt haben. Kommen sie zu einem Gespräch auf unser Kommando-Schiff. Wir haben viel zu besprechen. Wir geben ihnen ein Signal-Feuer. Folgen sie dem Leitstrahl. «

***

Major Travis war mit seinem Team in einem Labor-Schiff, neben der sabotierten Forschungs-Station von Professor Augenzell gelandet. Spezialeinheiten der Marines, Eliteeinheiten der EWK und zahlreiche Kampf-Roboter, hatten das Gebiet großräumig abgeriegelt. Ein neuer Energie-Zaun umspannte die ganze Anlage. Eine große Sicherheits-Schleuse bildete den Eingang zu der Anlage.

Sechs Marines und sechs Kampf-Roboter wachten hiervor. Ihre finsteren Blicke verhießen nichts Gutes.

Der Angriffskreuzer der Naada-Klasse zog interessierte Blicke auf sich. Groß prangerte das Zeichen der EWK auf beiden Seiten des Schiffes. Darunter in kleineren Buchstaben stand ein zweiter Hinweis „Atlantis-Group". Es war Minus 39 Grad, als Major Travis und sein Team die Laser-Brücke des Naada-Schiffes hinunter schritten. Die Schutzkleidung hielt die Kälte weitgehend von den Körpern an. Tart 1 und Tart 2 schritten voraus. Die legendären kaiserlichen Personen-Schutz-Roboter waren technisch ihren Kampf-Kollegen überlegen. Diese, ausschließlich für die Kaiser-Kaste des Planten Natrid gefertigten Roboter, waren in den Genuss vieler geheimer Neuentwicklungen gekommen. Ihnen folgte Major Travis, Sirin und Atlanta, Commander Brenzby, der übergelaufene Worgass Rantero und Heinze und Heran. Langsam schritt die Gruppe auf die Pforte der Sicherheits-Kontrolle zu.

Ein leitender Offizier kam heraus geschritten. Er hatte die Ankunft des Schiffes bereits erwartet. Ihm war bekannt, welche Position Major Travis innerhalb der EWK innehatte. Auch kannte er die Machtfülle, auf die der Major als erbfolgeberechtigter Oberbefehlshaber der vereinigten Natrid & Tarid Streitkräfte und Erhobener im

Gefüge der Kaiserkaste mit Rang 1, zurückgreifen konnte. Verlegen tippelte er von einem Fuß auf den anderen.

Er salutierte, als Major Travis an die Sicherheits-Schleuse trat.

Der Major erwiderte den Gruß freundlich.
»Ich bin Major Travis, Sonderbeauftragter der EWK«, stellte er sich vor.

Der kommandierende Offizier nickte.
»Darf ich sie auf der EWK-Forschungs-Station Arktis begrüßen«, erwiderte er. »Mein Name ist Sergeant Riggens. Ich leite den militärischen Einsatz hier. Wir wurden zur Spurensicherung und mit den Aufräumarbeiten beauftragt. «

»Ich hoffe, es lassen sich noch Hinweise finden«, sagte Major Travis. »Das würde uns die spätere Analyse sehr vereinfachen. «

»Wir tun unser Bestes«, antwortete der Sergeant. »Der Saboteur hat ganze Arbeit geleistet. Die ganze Entwicklungs-Abteilung und die Montage-Halle liegen in Schutt und Asche. Daher lassen sich nur wenige Spuren finden. Der Saboteur hat den Wurmloch-Antrieb restlos zerstört. «

» Das hörte ich bereits«, sagte Major Travis. » Machen sie sich nicht zu viele Gedanken. Der Antrieb war nur eine Kopie des Originals. Wir arbeiten gleichzeitig an mehreren Stellen. «

Der Sergeant zog seine rechte Augenbraue nach oben. »Dann haben sie mit einem Angriff gerechnet? «, fragte er.

» Nicht gerechnet«, antwortete der Major. » Ich hatte ein unangenehmes Gefühl in diese Richtung. Leider konnte ich von General Poison aufgrund meiner Gefühle keine Truppen erhalten, die eventuell diesen Anschlag hätten verhindern können. «

»Es sind Menschen ums Leben gekommen«, antwortete der Sergeant. »Das ist immer eine schlechte Option. «

»Das stimme ich ihnen zu«, antwortete Major Travis. » General Poison teilte mir mit, dass einige Mitglieder des Forschungs-Teams auf unerklärliche Weise ums Leben gekommen sind. Sind die Körper hier noch gelagert, oder bereits abtransportiert? «

»Sie sind noch in unserem Medi-Bereich«, antwortete der Sergeant. » Die Ärzte sind sich über die Todesursache noch nicht einig. «

Sein Blick fiel auf Atlanta, die ihm eine volle Dosis seines Charmes verpasste, auf den Worgass und auf Heinze.

» Wie können sie uns jetzt helfen? «, fragte er.

» Bringen sie uns zu den Toten«, entgegnete Major Travis. » Wir möchten sie uns ansehen. Erst dann kann ich ihnen sagen, ob wir noch weitere Informationen von ihnen benötigen. «

Der Sergeant nickte der Gruppe zu.
»Folgen sie mir bitte«, sagte er im Umdrehen.

»Einen Augenblick noch«, erwiderte der Major.

Der Sergeant blieb sehen und blickte den Major fragend an.

»Bitte deaktivieren sie den Worgass-Scanner im Eingangsbereich«, befahl er. »Bei unserem Freund hier, handelt es sich ein Wesen dieser Rasse. «

Major Travis zeigte mit dem Handschuh auf Commander Rantero.

Der Sergeant riss seine Augen weit auf und trat einen deutlichen Schritt zurück. Seine Hand schwebte gefährlich über seinem Laser-Strahler.

Der Major hatte mit dieser Reaktion gerechnet. Er wusste, dass er sich auf Tart 1 und Tart 2 verlassen konnten. Sie hatten die Situation bereits analysiert und waren bereit ihre Waffen einzusetzen.

Heinze war ebenfalls an die Seite von Major Travis getreten. Er konnte die aufgewühlten Gedanken des Sergeanten empfangen. Heinze sandte beruhigende Wellen aus, um dem Sergeant die Furcht vor diesen Wesen zu nehmen.

»Lassen sie sich nicht zu einer unbesonnen Reaktion hinreisen«, empfahl der Major »Dieser Worgass gehört zu unserem Team. «

»Sind sie sicher? «, fragte der Sergeant nach. » Wir haben die Anweisung sämtliche Worgass-Aktivitäten sofort zu melden. «

»Wem sollen sie die Informationen melden? «, fragte Major Travis.

Der Sergeant blickte ihn an

»General Poison, oder ihnen«, ergänzte der Sergeant.

Major Travis lächelte.
» Dann ist doch alles in Ordnung«, erwiderte er. » Ich habe ihre Meldung jetzt zur Kenntnis genommen. Schalten sie bitten den Eingangs-Scanner vorübergehend aus. Dann können sie uns zu den beiden getöteten Personen führen. «

Der Sergeant salutierte.
»Befehl verstanden«, antwortete er. »Folgen sie mir bitte. Der ganze Bereich wird durch einen neuen mobilen Energie-Sicherheitsschirm abgesichert. Der Zutritt kann nur immer einer Person durch den Scanner erlaubt werden. «

»Das Verfahren ist mir geläufig«, antwortete Major Travis.

Der Sergeant rief seinen Kollegen etwas zu.
»Deaktiviert den Worgass-Scanner«, erklärte er. »Diese Sondereinheit von der EWK hat etwas dabei, das den Scanner auslöst. «

Ein Soldat nahm hinter der Anlage einige Schaltungen vor.
»Der Scanner wurde deaktiviert«, meldete er.

Rechts und links des Einganges standen aktivierte Kampf-Roboter des Typs Shy-Ha-Narde. Sie blickten der nähertretenden Gruppe der Termar 1 mit tiefroten Augen entgegen.

Der Sergeant sprach mit weiteren Soldaten, die für die Personen-Kontrolle zuständig waren. Wenig später erlosch die Aktivierungs-Anzeige der Personen-Kontrolle.

» Das Gerät ist jetzt zeitweise deaktiviert«, teilte der Sergeant mit. » Wir können nun durchtreten. «

»Danke, Sergeant«, lächelte der Major »Ich will in keiner Weise ihre Sicherheits-Maßnahmen außer Kraft setzen. Sehen sie unsere Anwesenheit als reine Sondermission. «

Tart 1 ging voran. Ihm folgten Atlanta und Sirin. Commander Brenzby. Der Worgass schritt als nächste Person durch die Anlage. Dann kamen Heran und Heinze durch das Tor. Als letzter folgte Tart 2.

Major Travis drehte sich zu Heran um.
Der Lantraner hatte sich bewusst zurückgehalten. Der Major wunderte sich, keine entsprechenden Kommentare von ihm zu hören. Er vermutete, dass er sich in der Nähe eines Worgass nicht besonders wohl fühlte.

Der Major wartete auf ihn.

»Was ist mit dir? «, fragte er seinen Freund. » Macht dir die Kälte zu schaffen? «

Heran blickte ihn erstaunt an.

»Was soll mit mir sein«, überspielte er seine Gedankengänge. »Diese Kälte kenne ich nicht, sie ist in der Tat sehr unangenehm. Zu so einem Ort schickt man nicht einmal seinen ärgsten Feind. «

»Ich kenne dich auch bereits ein wenig«, antwortete der Major. » Vor allem, wenn du uns etwas Vorspielen willst.«

Heran lachte und blickte seinen Freund an.

» Du hast recht«, erwiderte der Lantraner. » Mich irritiert zu Recht die Hilfsbereitschaft des Worgass. So etwas steht in unseren Büchern nicht verzeichnet. Ich höre immer nur, alle Worgass müssen vernichtet werden. Es wurde bisher gar nicht darüber nachgedacht, ob sie mutwillig in Lage als Hilfsvolk gedrückt wurden. Sie scheinen tatsächlich die Sklaven ihrer leichten Genmanipulation zu sein. Das nutzen viele Rassen im Universum für sich aus.«

»Deine Erkenntnis freut mich«, antwortete Major Travis. » Nicht immer ist es so, wie es vorher scheint zu sein«, bemerkte er. » Wir haben jetzt die Möglichkeit, mehr von den Worgass zu erfahren. Bisher war das nicht möglich, weil uns keiner von ihnen ausreichende Informationen gegeben hat. «

Der Sergeant zeigte auf die Mitte der Anlage.

Ein großes Loch war zu sehen
»Das war eine gigantische Explosion«, teilte er mit. » Der Druck der Energie-Entfaltung hat die ganze Kuppe der Forschungs-Bereiche vernichtet. Wir können froh sein, dass dieses Attentat nach Arbeitsende erfolgte. Ansonsten würde es viel mehr Tote geben. «

Mit hassvollem Blick schaute er den Worgass an.

Dieser bemerkte den Blick.
»Ich war hieran nicht beteiligt«, antwortete Commander Rantero.

» Jedenfalls haben wir überwiegend Verletzte, die von umherfliegenden Glassplittern getroffen wurden«, teilte der Sergeant mit.

» Bereits das ist schlimm genug«, sagte Atlanta. » Jetzt sind wir jedoch gewarnt. So etwas wird nicht mehr passieren. Die Sicherheits-Vorkehrungen werden entsprechend verstärkt. «

Die Gruppe schritt in den intakten Bereich der Forschungs-Anlage hinein. Hier hielten sich nur noch wenige Mitarbeiter auf. Die Techniker, die unter der Aufsicht von Professor Augenzell hier gearbeitet hatten, wurden nach einer erneuten Personen-Überprüfung, vorübergehend beurlaubt.

Der Sergeant ging zu einer Sicherheits-Türe. Er drehte sich zu dem Team der Termar 1 um.

»Die beiden Toten liegen hier, in dem nur leicht beschädigten Medi-Bereich der Station«, erklärte.

Er führte das Kommando unter Leitung von Major Travis durch eine Türe, in einen abgeschlossenen Bereich. Dieser wurde von weiteren Sicherheits-Schotts gesichert. Der Sergeant schritt an das Türschloss an der Wand und gab seinen Code ein. Der Schott fuhr beidseitig auseinander und gab den Weg frei. Es war ein separater Bereich der der medizinischen Abteilung. Einige Ärzte in weißen Kitteln verrichteten noch ihren Dienst. Sie blickten auf, als die Gruppe eintrat. Ein grauhaariger Mann trat auf den Sergeant zu.

» Bringen sie neue Verletzte? «, fragte der Arzt.

Der Sergeant blickte ihn an.

» Darf ich ihnen Professor Heckobar vorstellen«, teilte er den Besuchern mit. » Er ist der Leiter unserer medizinischen Abteilung. «

Major Travis gab ihm die Hand.
» Mein Name ist Major Travis, Sonderbeauftragter der EWK. «

» Der Major Travis, der die ganzen Fäden bei der EWK zieht? «, fragte der Professor nach.

Der Major nickte.
» Nicht alle, aber einige«, antwortete.

Der Professor blickte an Major Travis vorbei.
» Wer ist denn das lustige Tier hinter ihnen«, erkundigte er sich.

»Ich bin kein Tier«, antwortete Heinze empört. » Ich bin ein Ro. «

Erschreckt trat der Professor einige Schritte zurück.

» Das ist ein Mitglied unserer Crew«, antwortete Sirin. »Er mag es gar nicht, wenn er als Tier bezeichnet wird. Er besticht mit einem glasklaren Verstand und besitzt einige außergewöhnliche Fähigkeiten. «

»Welche wären dies im Einzelnen? «, fragte der Professor nach.

» Wir wollen das Gespräch über Heinze nicht vertiefen«, entgegnete der Major. » Zeigen sie uns bitte die beiden Toten. «

Der Sergeant nickte dem Professor zu. Dieser drehte sich um und ging an den gegenüberliegende Wand. Hier waren zahlreiche Edelstahl-Schränke in den Wänden eingelassen, die über eine spezielle Kühlung verfügten. Er bückte sich und las die Nummern an den Türen der Schränke ab. Der dritte Versuch glückte.

» Hier ist einer von ihnen«, teilte der Professor mit. » Es war der Techniker aus der Entwicklung-Abteilung des Wurmloch-Antriebes. «

Er öffnete die Türe und zog eine Bahre heraus, auf dem der Tote lag.

»Commander Rantero, versuchen sie ihr Glück«, sagte Major Travis.

Der Worgass trat vor, und zog das Laken von dem Toten. Er schaute sich die Person gründlich an.

»Schlagverletzung am Schädel«, bemerkte er. » Ein stumpfer Gegenstand führte zum Tod. «

Er beugte sich über ihn und schnüffelte verstärkt an der Verletzung des Toten.

» Die Gerüche einer möglichen Berührung sind bereits verflogen«, teilte er mit. » Ich kann leider keine Bestimmung mehr zuordnen. «

Er blickte den verdutzt schauenden Professor an.
» Haben sie noch einen weiteren Toten? «, fragte er.

Der Professor nickte eifrig.
»Ich habe noch einen Soldaten, der tot vor der Forschungs-Station gefunden wurde. «

Der Professor lief einige Schritte vorwärts und öffnete eine weitere Türe. Auch hier zog die Bahre, auf die der Tote gebetet war, aus dem Metallschrank.

Commander Rantero wartete bis der Professor fertig war. Dann trat an ihn heran.

»Wo ist die Verletzung? «, fragte er den Mediziner.

» Am Oberschenkel«, antworte der Professor. »Zwei kleine Stiche wurden von uns registriert. «

Der Commander ließ seine Augen über die Wunde wandern.

Die Bisswunde einer Barridian-Schlange«, erklärte der Commander. » Sie lebt auf einem Eisplaneten. Ihr Gift tötet innerhalb von Sekunden. «

Er beugte sich vor und roch an der Wunde. Dann streckte er seinen Finger aus und drückte etwas Blut aus der Wunde. Diesen Bluttropfen leckte er mit seiner Zunge auf.

Der Sergeant hatte sich abgedreht. Ihm war das Schauspiel zu gespenstisch.

Sekunden später richtete sich der Worgass auf. Er blickte Major Travis an.

» Sie hatten leider richtig vermutet«, teilte er mit. » Es handelt sich um einen genmodifizierten Worgass der Zierrakies-Dynastie. Vermutlich um einen alten Schläfer, der sich selbst neue Körper erschaffen kann. Seine Blutlinie zeigt eindeutig auf das Reich der Zierrakies hin.

Es wird eine alte Basis besitzen, die vermutlich kurz nach dem Niedergang des natradischen Reiches eingerichtet wurde. Nur so ist es zu erklären, dass ihnen sein Unterschlupf nicht aufgefallen ist. Es existieren noch überall im All diese alten Basen, die nach dem Untergang diverser Rassen von den Zierrakies vorsorglich installiert wurden. «

»Das alles können dem Geruch diese Worgass entnehmen? «, fragte Heran.

Commander Rantero nickte ihm zu.
» Nicht zu glauben, nicht wahr«, entgegnete er. » Das scheint eine widrige Laune der Natur zu sein. Wir Worgass, obwohl wir von vielen Rassen manipuliert und genmodifiziert wurden, besitzen immer noch die Fähigkeit, uns untereinander zu bestimmen. Jede Gruppe, jeder Zweig, oder jede Züchtung von uns, besitzt einen anderen Geruch. Zwangsläufig wurden diese Eigenschaften von uns gespeichert und unbewusst weiterentwickelt und weitervererbt. «

Er blickte die umherstehenden Personen an.
» Diese Person wurde eindeutig von einem Worgass der zierrakischen Kaiser-Dynastie getötet. «

» Danke für ihre Unterstützung«, sagte Major Travis.

» Er blickte Heran an.

Dieser zuckte mit seinen Schultern.
»Ich habe es euch bereits mitgeteilt, dass wir uns eine Zeitlang von der galaktischen Bühne zurückgezogen haben«, teilte er fast verlegen mit. »Es scheint tatsächlich einiges passiert zu sein, dass wir nicht mitbekommen haben. So wie es aussieht, werden die Zierrakies immer mehr zu einen Problem. «

Major Travis blickte wieder den Worgass an
»Können sie uns weitere Einzelheiten mitteilen? «, fragte er.

Commander Rantero schüttelte seinen Kopf.
»Ohne den Worgass verhören zu können, ist das schlecht möglich«, antwortete er. »Finden sie den Schläfer und lassen sie mich dem Verhör beiwohnen. Ich bin sicher, dass ich ihnen weitete Details nennen kann. «

»Hat jemand noch eine Frage? «, erkundigte sich der Major.

Er blickte sein Team an. Doch alle offenen Fragen schienen beantwortet erstmals beantwortet zu sein.

»Wir sind hier fertig«, entschied er. »Fliegen wir zurück. General Poison wird sich freuen unsere Berichte zu hören.«

Er drehte sich nach dem verantwortlichen Soldaten um. » Sergeant Riggens führen sie uns bitte wieder ins Freie«, sagte er.

Der Angesprochene nickte und ging hinaus. Er war noch sichtlich irritiert, von den ganzen Informationen, die er unfreiwillig mitgehört hatte.

Der Sergeant führte die Gäste wieder zu dem Ausgang. Sergeant Brenzby, Atlanta, Sirin und Heinze schritten als erste durch. Dann folgte Commander Rantero.

Ein schriller Alarmton tönte auf. Sämtliche Kontrollen des Durchganges hatten auf Rot geschaltet.

Der Worgass blieb in der Schleuse stehen und drehte sich erschreckt um.

Tart 1 und Tart 2 hatten sicherheitshalber den Ausgang in die Sicherheits-Schleuse blockiert, um den heranstürmenden Soldaten die Möglichkeit zu nehmen, dem Worgass Gewalt anzutun.

Ihre Augen leuchteten tiefrot. Sie hatten in den Kampfmodus umgeschaltet. Ihre Waffenarme waren gehoben und einsatzbereit.

»Schalten sie den Scanner aus«, befahl Major Travis dem Sergeant zu. »Darum habe ich sie bereits bei unserer Ankunft gebeten. «

Der Sergeant teilte den Torwachen etwas mit. Die Lichter erloschen, der schrille Alarmton versiegte. Der Sergeant wandte sich den Soldaten zu und erklärte ihnen, dass dies nur eine Übung gewesen war. Die herbei geeilten Soldaten zogen unverrichteter Dinge wieder ab.

Der Sergeant drehte sich zu Major Travis um und entschuldigte sich für die Unannehmlichkeiten.

» Sie haben tatsächlich einen Worgass dabei«, erwiderte er. » Ich dachte zuerst, sie würden einen Scherz machen.«

Major Travis trat näher an ihn heran.
» Ich bitte sie diese Erkenntnis als geheim einzustufen«, befahl er. » Ebenso die von ihnen aufgefangenen Informationen in dem Medi-Lab. Sie sind nicht für die breite Masse bestimmt. Niemand darf hiervon erfahren. Kann ich mich auf sie verlassen? «

»Vollkommen, Herr Major«, antwortete Sergeant Riggens.» Ihr Geheimnis ist bei mir in guten Händen. «

Dann salutierte er.
Major Travis nickte und blickte ihm in die Augen. Dann erwiderte den Gruß.

»Danke für ihre Bemühungen«, entgegnete er.

Der Worgass hatte den Scanner durchquert und wartete auf der anderen Seite. Heran folgte als nächste Person. Major Travis ging in Begleitung von Tart 1 und Tart 2 durch den Scanner.

Das Naada-Schiff stand nicht weit entfernt.
Sergeant Riggens stand noch an der Sicherungs-Schleuse, als das Team der Termar 1 wieder die Laserbrücke des Schiffes hinauf schritt und hieran verschwand. Er schaute dem Start des Schiffes zu und wünschte sich, einmal in seinem Leben an einem Flug teilnehmen zu dürfen.

Das Schiff der Naada-Klasse war wohlbehalten wieder auf der großen Atlantis-Basis gelandet. Atlanta hatte ihre Gäste in einen Konferenzraum eingeladen. Major Travis wollte noch einmal kurz ein Resümee halten.

»Danke für ihre Hilfe«, wandte sich der Major an Atlanta.

Auch dem Worgass dankte der Major.

»Vielleicht kommen wir noch einmal auf ihre Hilfe zurück, wenn wir den Schläfer gefasst haben«, erklärte er.

Commander Rantero nickte.

»Holen sie mich, wenn sie nicht weiterkommen«, erwiderte er. »Sie haben gesehen, dass ich einen Worgass recht gut identifizieren kann. «

»Das mache ich«, erwiderte der Major. »Danke für ihre Hilfe. Sie sind wieder ein wenig in unserem Ansehen gestiegen. Vertrauen muss man sich erarbeiten. «

Der Worgass lächelte.

»Das ist meine Absicht«, antwortete er.

***

Der Worgass Kragphan hatte alle nicht notwendigen Energie-Verbraucher abgeschaltet. Er wusste, dass ein zu hoher Anstieg der Energiewerte angemessen werden konnte. Die Ortungsgeräte aktivierte er nur noch in kleinen Intervallen. Dieses reichte ihm aus, um von den gewaltigen Anstrengungen der Planeten-Bewohnern Kenntnis zu erhalten.

» Sie suchen mit allen ihnen zur Verfügung stehenden Mitteln«, dachte er. » Das hatte ich nicht glauben wollen. « Ganze Suchflotten flogen im Tiefflug über den Planeten und nahmen intensive Ortungen vor.

» Es ist nur noch eine Frage der Zeit, bis sie mich finden«, dachte er. » Die Barbaren des Planeten sind erwachsen geworden. «

Er vermied es einen weiteren Hyperkomm-Funkspruch abzusenden. Seine KI hatte ihm hiervon abgeraten.

»Dieser würde garantiert von den Schiffen und Stationen aufgezeichnet und zurückverfolgt werden können«, dachte er. »Damit wäre mein Ende und die Existenz dieser Basis besiegelt. «

Er wusste, dass die Zierrakies nach dem derzeitigen Stand der Evolution dieses Planeten keine neue Basis einrichten könnten.

Er lachte.
»Die Terraner werden wohl vermutlich keine weiteren Kontroll-Posten der Zierrakies auf ihrem Planeten dulden «, dachte er.

Der Worgass ärgerte sich maßlos.

» Ich habe mich selbst in diese Lage manövriert«, dachte er. » Eine falsche Spur zu legen, wäre die richtige Entscheidung gewesen. Ich hätte eine getarnte Funksonde in den Weltraum schicken, oder eine Transponder-Außenstation benutzen können. Doch dazu ist jetzt zu spät. «

Wieder aktivierte er die Ortungs-Sensoren seiner Geheimbasis. Wenige Sekunden reichten seiner KI aus, um einen neuen Situations-Bericht zu erstellen.

Ein schriller Ton, durchzog die Basis. Kragphan hatte bereits länger hiermit gerechnet.

» Gefahr«, teilte die KI mit. » Anflug eines Geschwaders auf unsere Koordinaten. Die unmittelbare Entdeckung der Basis steht bevor. «

»Verdammt«, fluchte Kragphan.

» Meine gespeicherten Daten dürfen nicht in die Hände der Barbaren fallen«, teilte er der KI mit. » Alle Hinweise auf das zierrakische Kaiserreich sind zu löschen. «

»Das ist mir bekannt«, schimpfte Kragphan.

» Wählst du den Suizid, oder die Flucht? «, fragte die KI.

» Ich wähle die Flucht«, erwiderte er. » Öffne den rückseitigen Fluchttunnel«, befahl er. » Lösche deinen Datenspeicher und aktiviere die Selbstzerstörung der Basis. «

»Dein Befehl wurde programmiert«, antwortete die KI. » Es verbleiben 15 Minuten bis zur Zerstörung dieser Basis. Passende Kleidung, Waffen und eine Notfallration liegen am Ende des Tunnels bereit. Durch die Löschung meines Speichers, werde ich nicht in der Lage sein, weitere Hilfe zu gewähren. «

»Danke KI«, antwortete Kragphan fast ein wenig melancholisch. » Unsere Wege trennen sich jetzt«, entgegnete er Worgass. » Es war eine gute Zeit der Zusammenarbeit. Leite den Prozess ein. «

Auf dem Display erkannte er, dass die KI seinem Befehl folgte. Er sprang auf und lief zu dem Tunnel, der für ihn zunächst den Weg in die Freiheit bedeutete.

***

»Wir nähern uns dem Zielgebiet«, meldete der 1. Offizier der Cuuda 001.

»Geschwindigkeit verringern«, befahl Captain Hunter. » Alle Schiffe sollen einen intensiven Scan durchführen. Die Basis muss hier irgendwo sein. «

»Die Befehle wurden bestätigt«, meldete der Funkoffizier des Schiffes.

Die Flotte näherte sich der Insel Spitzbergen.
» Ich erfasse schwache fremde Energiesignaturen«, meldete Leutnant Groß. » Der Ursprung liegt in dem Berg Hiorthfjellet auf der Insel. Sie nehmen deutlich zu. Es kann sich nur um die Basis des Worgass handeln. «

» Geben sie den Befehl an alle Schiffe befahl Captain Hunter. Sie sollen auf Standby gehen und Abstand halten. Wir beobachten erstmals. Es ist nicht ausgeschlossen, dass Verteidigungsgeschütze installiert wurden. «

»Der Befehl ist raus«, bestätigte der Funk-Offizier.

» Bildschirm einschalten«, befahl Leutnant Graves. »Unsere Gefechts-Station besetzen, er gilt eine erhöhte Alarmbereitschaft. Der Schutzschirme ist zu aktivieren. Sämtliche Scanner auf den Berg ausrichten. «

»Es passiert etwas«, teilte Leutnant Groß mit. »Ich messe einen massiven Anstieg der Energiewerte in dem Berg. «

Voller Spannung beobachten die Offiziere des Cuuda-Flaggschiffes die weiteren Ortungsdaten. Es dauerte nur wenige Minuten, dauerte erschütterte eine gewaltige Explosion den Berg. Die Spitze des Hiorthfjellet wurde förmlich absprengt. Gesteinsbrocken, Geröll, eine Feuersäule und Staub wirbelten in die Luft. Eine gigantische Rauchsäule quoll in die Atmosphäre.

Captain Hunter blickte sein Team an.
» Der Schläfer ist rechtzeitig geflüchtet und hat seine Basis zerstört«, sagte er. » Er scheint kalte Füße bekommen zu haben. «

Captain Hunter blickte in die Richtung seines Funk-Offiziers.

»Öffnen sie mir eine geheime Funkfrequenz zu General Poison«, befahl er.

» Die Leitung baut sich auf«, teilte Leutnant Tannreich mit.

Captain Hunter griff nach dem Communicator.

» Hier ist General Poison«, schallte es aus der Leitung.

» Captain Hunter spricht, gut dass ich sie direkt erreiche«, antwortete der Captain. » General, wir haben die Basis lokalisiert. Sie befindet sich auf der Insel Spitzbergen, im europäischen Eismeer. «

»Gute Arbeit Hunter«, antwortete der General. » Wie stellt sich die Situation dar? «

»Der Schläfer hat vermutlich kalte Füße bekommen sehen«, teilte John mit. » Bevor wir Zugriff erlangen konnte, hat der Schläfer die Selbstzerstörung seines Versteckes aktiviert. Es gab eine kräftige Explosion, bei der die ganze Bergkuppe des Hiorthfjellet weggesprengt wurde. Ich vermute stark, dass wir nicht Brauchbares mehr finden werden. Die Explosion, die wir mit verfolgen konnten, wird sämtliche Spuren vernichtet haben. «

Der General schluckte.
»Schade«, antwortete er. »Aber darum werden unsere Teams der Spurensuche kümmern. Sie finden meistens etwas. Haben sie einen fremden Flugkontakt geortet? «

»Nein«, erwiderte Captain Hunter. » Falls sich der Schläfer nicht selbst in die Luft gesprengt hat, ist er vermutlich zu Fuß geflüchtet. «

»Wir schicken ihnen Spezial-Teams mit ausreichend Worgass Scannern«, entgegnete der General. » Sie haben sämtliche Vollmachten. Riegeln sie die Insel ab. Niemand darf rein oder raus. Wir müssen den Schläfer lebend finden. Nur so kommen wir an neue Informationen. «

» Das mache ich«, bestätigte Captain Hunter. » Informieren sie bitte die Regierung von Norwegen über unseren Einsatz. Es wäre schön, wenn sie uns nicht dazwischenfunken und uns eine Operations-Basis auf der Insel zur Verfügung stellen konnte. «

»Das wurde bereits von Commodore von Häussen erledigt«, teilte der General mit. » Landen sie und sperren sie die ganze Insel. Das norwegische Militär arbeitet mit ihnen zusammen. Achten sie darauf, der Worgass nicht zu oft seine Körperform ändert.«

»Ist es denn tatsächlich ein Worgass? «, fragte Captain Hunter.

»Das können wir mittlerweile bestätigen«, antwortete General Poison. »Die Zierrakies setzen sie als Hilfsvolk ein.«

»Wir kontrollieren alle Wege von der Insel in die Stadt, antwortete Captain Hunter. »Zusätzlich werden wir alle Gebiete intensiv scannen. «

»Ich sende ihnen Marines zu Unterstützung«, erklärte der General. »Sie werden ihnen tatkräftig zur Seite stehen. Halten sie mich auf dem Laufenden.«

Der General und beendete die Verbindung.

Der Captain blickte auf den Bildschirm des Schiffes. Die Insel Spitzbergen lag deutlich unter ihnen. Aus dem größten Berg der Insel stieg immer noch eine Rauchsäule auf.

»Alle Schiffe unseres Verbandes werden landen", befahl der Captain. Unsere Leuten werden jeden Stein umdrehen. Unsere Marines und unsere Kampf-Roboter unterstützen und halten uns den Rücken frei. Alle zivilen Personen, die aus der Richtung des Berges kommen und in die Stadt wollen, müssen intensiv kontrolliert und gescannt werden. Ich möchte eine geschlossene Ringfahndung. Das Personal aller Schiffe soll sich mit leichter Bewaffnung ausrüsten und ihre Taja's anlegen. Es wird nur in Gruppen kontrolliert. «

Leutnant Graves wandte sich ab und stellte eine Verbindung zu den Schiffen der Cuuda-Flotte her. Er instruierte die Commander über den Befehl des Captains. Zwischenzeitlich waren vier Groß-Raum-Transporter der EWK gelandet. Weitere 2.000 Marines mit einer Spezialschulung wurden ausgeschleust. Sie allen waren mit schweren Laser-Gewehren ausgestattet und sie trugen Worgass-Scanner an ihrem Gürtel eingehackt.

Die Bewohner der Insel Spitzbergen hielten sich bewusst zurück. Sie waren von ihrem Bezirks-Bürgermeister über die bevorstehende Aktion der EWK informiert worden. Die Insel wurde zu einer Hochsicherheits-Festung. Jede neu ankommende Gruppe wurde überprüft und identifiziert. Anschließend musste sie einen intensiven Worgass-Scan über sich ergehen lassen. Erst hiernach wurde sie durchgelassen. Die wenigen Städte wurden hermetisch abgeriegelt. Die Soldaten kannten ihren Auftrag. Ein Formwandler befand sich auf der Insel.

***

Admiral Dragphan war wieder in dem Gebäude der Fern-Aufklärung angekommen. Noch immer ging ihm das Gespräch mit dem Prinzen durch seinen Kopf. Gedankenversunken schmiss er die Informations-Folie mit der aktuellen Mitteilung der Kontroll-Station 39567, auf den großen Stapel von Mitteilungen anderer Kontroll-Stationen.

» Diese Meldungen scheinen im Moment nicht so wichtig zu sein«, dachte er. » Sowohl der Zierrat als auch der Prinz, sind nicht hierauf eingegangen. Mehr als unsere vorgesetzten Stellen zu informieren, steht nicht in meiner Macht. «

Er eilte aus seinem Büro, in die Richtung der Einsatz-Zentrale der Fernaufklärung. Der Admiral blinzelte, als er in den hellen Flur des Gebäudes trat.

» Wie ich diesen arroganten Prinzen hasse«, dachte er. » Ich musste eine solche Behandlung schon einmal über mich ergehen lassen. Die komplette Macht in den Händen dieses Emporkömmlings, dann kann nicht gut gehen. «

Er fluchte laut, als er die Türe zu der Einsatz-Zentrale aufstieß. Seine Offiziere blickten ihn erstaunt an.

Sie kannten ihren Admiral immer als ruhigen und vorausschauenden Vorgesetzten.

»Was ist passiert? «, fragte sein Stellvertreter. » Sie sind aber wieder schnell zurück. Konnten sie die neuen Gesetze des Zierrates nicht mehr aushalten? «

Admiral Dragphan blickte ihn mit einem ernsten Gesicht an.

» Mir ist nicht zum Spaßen zumute«, antwortete er. » Ihnen wird auch gleich das Lachen vergehen. «

Er blickte in die Runde seine Offiziere.

» Sie alle arbeiten schon sehr lange für mich«, ergänzte er. » Kann ich ihnen voll und uneingeschränkt vertrauen?«

Seine Offiziere blickten ihn irritiert an. Sie wussten nicht, wie die Frage des Admirals gemeint war.

»Selbstverständlich«, antworteten seine Mitarbeiter fast gleichzeitig. »Was soll diese Frage?«

Der Admiral blickte seinen Mitarbeitern in die Augen. Sie alle wirken fest eingeschworen auf ihn.

» Wir haben eine neue Krisen-Situation«, flüsterte der Admiral. » Prinz Sirthrith hat die Macht an sich gerissen. Er hat eine Sonder-Legitimation vom zierrakischen Kaiser erhalten. Er ist beauftragt, eine Kriegs-Flotte zusammenzustellen und Jagd auf die Fremden zu machen, die unsere drei Groß-Raumschiffe vernichtet haben. Sie vermuten die Ablonder hinter dieser Tat. Prinz Sirthrith hat das zu seiner persönlichen Aufgabe gemacht. Er erwartet, dass ich ihn dabei unterstütze. «

Der Admiral blickte seine Untergebenen an.

»Ihnen wird keine andere Möglichkeit bleiben, antwortete sein Stellvertreter. »Wir alle wissen, dass Prinz Sirthrith nachtragend ist. Ein Leben bedeutet ihm nicht viel. «

Der Admiral nickte.
»Das ist mir bekannt«, antwortete er. »Die Fernaufklärung unserer Anomalie wird ab sofort seiner besonderen Beobachtung unterliegen. «

»Was im Einzelnen erwartet der Prinz von uns? «, erkundigte sich der Stellvertreter von Admiral Dragphan.

»Das kann ich ihnen sagen«, antwortete der Admiral. » Der Prinz zieht sämtliche Schiffe in unserer Anomalie zusammen und plant sie für einen Angriff auf die Ablonder einzusetzen. Von allen verfügbaren 4.300 Schiffen werden lediglich 500 hier in unserer Anomalie verbleiben, um die aufrührerischen Reservats-Planeten zu bewachen. Seine Flotte wird noch durch 120

Schiffsneubauten verstärkt, die in sieben Tagen aus den kaiserlichen Werften kommen sollen. Sie und ich, werden diese Angriffs-Flotte des Prinzen befehlen. Der Kaiser ist der Meinung, dass die Anzahl der Schiffen ausreichen wird, um die 1.000 Schiffe der Ablonder zu vernichten. «

»Sehen sie das auch so? «, fragte Commander Breckphan. » Wir würden gerne ihre Einschätzung hören. «

»Ich weiß nicht, was ich denken soll«, antwortete der Admiral. » Wir haben keine Informationen über die Flottenstärke der Ablonder. Falls der letzte Angriff eine Falle war, ein geplanter Hinterhalt, dann können wir schnell mit unserem Hinterteil im Dreck sitzen. «

Die Offiziere lachten laut auf. So hatten sie ihren Vorgesetzten noch nie reden gehört.

Admiral Dragphan hob seine Hände in die Höhe.
»Ruhe bitte, die Lage ist ernst genug«, sagte er. »Der Prinz hat sich vorgenommen, die Rasse der Ablonder vollständig auszulöschen. Er ist im Moment derjenige, der sich die Macht und die vollkommene Loyalität des Kaisers gesichert hat. Da wir nicht von seinem Blut sind, wird er uns als minderwertig ansehen. Der kleinste Fehler unsererseits wird große Konsequenzen nach sich ziehen. «

»Warum setzt der Prinz den Frieden aufs Spiel? «, fragte ein Offizier.

Der Admiral drehte seinen Kopf und schaute ihn an.
» Weil Prinz Sirthrith dem Kaiser seine Stärke und seine Macht beweisen will«, erwiderte der Admiral. » Er sieht sich zu Höherem berufen. Gewissermaßen ist er vom Hof des Kaisers verstoßen worden. Warum das geschehen ist, das entzieht sich meiner Kenntnis. Nach meiner Meinung versucht sich der Prinz mit dieser Aktion zu reinigen. «

»Wir haben die größten Siege für den Kaiser erkämpft«, erinnerte Commander Breckphan, der Stellvertreter des Admirals. »Warum steht uns der Prinz jetzt vor? Ich fürchte, dass diese Entscheidung die schlimmste Niederlage in der Geschichte des zierrakischen Reiches einleiten wird. Vielleicht sogar das Auseinanderfallen des kaiserlichen Imperiums. «

Admiral Dragphan blickte mit einen drohenden Gesicht den Offizier an.

» Solche Gedanken darf man in heutigen Zeiten in keinem Fall frei äußern«, flüsterte er. » Der Prinz hat überall seine Spione. «

»Admiral«, sagte der Stellvertreter. » Wir sind von Leidenschaft her Militärs. Wir diskutieren hier eine reale Politik. «

» Das tue ich auch«, antwortete Admiral Dragphan. » Seit einigen Jahren war ich der Meinung, dass der Krieg endlich vorbei wäre. Ich dachte, in unserer Anomalie gäbe es eine Möglichkeit, uns als Rasse zu vervollkommnen. Doch diese Gedanken scheinen nicht aufzugehen. Jetzt hat der zierrakische Kaiser neue Kriege vom Zaun gebrochen und kämpft an vielen Fronten. Zerfressen von dem Gedanken sein Imperium unendlich zu erweitern. Bislang haben wir Mittel und Wege gefunden, alle jungen Rassen, auf die wir notgedrungen getroffen sind, zu unterwerfen. Wer sagt uns, dass wir nicht einmal auf einer stärkere Macht treffen werden? «

»Das ist bisher nicht passiert«, antwortete Commander Kirthphan. » Die Zierrakies stehen über allen anderen Rassen. Sie sind nicht zu überwinden. Das zeigt unsere Geschichte. «

Der Admiral schaute ihn an.
» Diese Überheblichkeit meine ich«, entgegnete er. » Gibt es eine Garantie, dass es auch in der Zukunft so bleibt? Ich habe bei der ganzen Sache ein unangenehmes Gefühl. Sie

alle wissen, dass mich mein Gefühl bisher in den wenigsten Fällen getäuscht hat. «

»Sie werden doch nicht auf einmal Angst vor den Befehlen des Kaisers bekommen? «, erkundigte sich Commander Breckphan. » Er lässt seine Anweisungen nicht hinterfragen. Wir werden ihn nicht umstimmen können. «

»Das ist mir bekannt«, antwortete Admiral Dragphan. » Deshalb sollten wir uns die Entscheidungen des Prinzen sehr genau ansehen. «

Er schaute seine Offiziere an.
» Wir können jetzt endlos weiter diskutieren«, sagte er. » Es ändert jedoch nichts an der Tatsache, dass die Befehle von Prinz Sirthrith Prinz unüberlegt sind. «

Admiral Dragphan ließ eine kurze Pause vergehen. Dann fuhr er fort.

»Ich erlasse folgende Befehle«, teilte er mit ernstem Gesicht mit. »Alle Außen-Flotten werden sofort zurückgerufen. Die einlaufenden Schiffe müssen unverzüglich in unseren Werften gewartet und neu ausgerüstet werden. In acht Tagen werden wir aus unserer weißen Anomalie ausfliegen. Wir begeben uns auf die Suche nach den Ablondern. Alles Weitere ergibt sich aus der Mission heraus und den Befehlen des Prinzen. Gibt es Fragen ihrerseits? «

»Wir haben ihre Befehle verstanden«, antwortete Commander Breckphan. » Wir werden alles Notwendige veranlassen. «

Prinz Sirthrith hatte das Regierungs-Gebäude des Zierrates verlassen. Er war in seine kaiserlichen Gemächer zurückgekehrt. Das Gebäude war hermetisch verschlossen. Die Atmosphären-Anlage baute eine eigene Atemluft auf.

»Methan-Atmosphäre«, dachte der Prinz. »Welche eine edle Umgebung. «

Einige Diener halfen ihm seinen Anzug und seine Kleider abzulegen. Sie hüllten ihn in edle Tücher und reichten ihm Getränke.

Prinz Sirthrith fiel in einen bequemen Sessel und schickte seine Angestellten fort.

Tief verbeugend drehten sie sich um und verließen den Raum. Sie kannten die Laune des Prinzen zur Genüge.

Die Gedanken von Prinz Sirthrith drehten sich um den Zierrat.

»Niedrig geborener Abschaum«, dachte er. »Der Zierrat versucht gegen mich zu integrieren. Verflucht sind sie alle. Ich könnte ihnen ihre Augen rausreißen und sie den Zarraks zum Fraße vorwerfen. Sie sind degenerierte Feiglinge. Es ist beinahe zum Lachen«, dachte er. » Die Befehle des Kaisers sind eindeutig. Warum unterstützt mich dieser Rat nicht? Es war seit eh und je die kaiserliche Politik, dass Angriffe von fremden Rassen unnachgiebig geahndet werden. Es ist eine Schande, wie sie mein königliches Blut ignorieren. «

Nur langsam beruhigte sich der Prinz wieder etwas.
» Ich werde nach der Mission gegen die Ablonder, mir den Zierrat vornehmen«, dachte er. » Sie sind nicht mehr in der Lage die Gesetze dieser Anomalie durchzusetzen. Ich werde sie durch meine treuen Anhänger ersetzen. Alle Kriege dienen nur einem Zweck. Der Vergrößerung des Imperiums unseres zierrakischen Kaisers und meiner persönlichen Wertschätzung. «

Gerissen lachte er laut auf. Ein schauerlicher Ton hallte durch die Räume seiner kaiserlichen Unterkunft.

***

Der Worgass Kragphan hatte fast die Entfernung zur Stadt zurückgelegt. Er blickte in den Himmel und sah die Truppen-Transporter, sich zur Landung vorbereiteten.

»Einige Großraum-Transporter landen«, dachte er ärgerlich. »Sie suchen mich mit verstärktem Personal. Es werden vermutlich eine Menge Soldaten ausgeschleust. Sie werden jede Person kontrollieren. Ich brauche ein sicheres Versteck. Wie lange werden die Schiffe hier ausharren?

Ihm schwante nichts Gutes.
»Die Situation spitzt sich zu«, dachte er. »Jetzt sitze ich wie eine Maus in der Falle. «

Seine Augen verengten sich zu engen Schlitzen.
»Ich muss hinter das Areal der Stadt, die gelandeten Raumschiffe umgehen«, erkannte er. »Sie werden alle Straßen absperren. Der direkte Weg wird blockiert sein. Ich muss von hinten in die Stadt hinein. «

In seinen Kopf formte sich ein Plan heran. Er hielt einen Augenblick inne.

»Wenn ich jetzt meine Form verändere, kann ich meine Waffen und meine Notration nicht mitnehmen«, dachte er. »Ist es das wirklich wert? «

Schnell war seine Entscheidung gefallen. Er richtete sich auf und nahm sich vor, den Körper eines Husky-Hundes nachzubilden.

Er aktivierte seine spezielle Drüse. Ein Zittern lief durch seinen Körper. Dieser fiel in sich zusammen, zu einer geleeartigen Masse. Dann festigte sie sich. Langsam formte sich das identische Abbild eines Husky aus der geleeartigen Masse.

»Mit einem solchen Tier hatte ich vor langer Zeit einmal Kontakt«, erinnerte er sich. »In diesen nordischen Gebieten dieses Planeten gibt es viele von ihnen. «

Kraftvoll stieß er sich ab und sprang vorwärts. Die starken Muskeln zeichneten sich unter seinem Fell ab. Der Formwandler wollte sich beeilen. Sein Plan war es, noch vor den Soldaten ein Versteck in der Stadt zu finden. Er wusste, dass in Kürze die Stadt abgeriegelt seine würde.

Der Husky schnellte durch den Schnee. Der Wind hatte seine Ohren nach hinten gelegt. Sein dickes Fell schützte ihn vor der eisigen Arktis-Kälte.

» Es ist nicht mehr weit«, dachte er. » Die Entfernung nimmt schnell ab. «

Die Lichter der Stadt vor ihm wurden größer. Wieder erhöhte er sein Tempo. Dann nach einer Weile, hatte er die Stadt erreicht. Unauffällig schnüffelte er an den wenigen Sträuchern, die in der eisigen Kälte standen. Seine Augen blickten sich suchend um.

»Dort stehen Kampfroboter und Soldaten von Tarid«, erkannte er. »Sie alle sind schwer bewaffnet. «

Er schlug einen weiten Bogen um sie.
»Vermutlich sind gerade damit beschäftigt, alle Bereiche der Stadt zu sperren«, registrierte er. »Ich halte mich seitlich von der Stadt. Ein streunender Hund wird wohl nicht auffallen. «

Er blickte sich vorsichtig um.

»Hier sind die Truppen noch nicht angekommen«, dachte er. »Ich wage es in die Stadt einzudringen. «

Er nutze bewusst schmale dunkle Gassen, die nicht von Personen belaufen wurden. Plötzlich blieb er stehen. Vor ihm strahlten Such-Scheinwerfer in diverse Straßen und Gassen. Sie leuchteten auf die Segmente von Wohn- und Versorgungs-Einrichtungen der Stadt. Die dunkle schwarze der Nacht wurde ihrem hellen Schein durchbrochen.

Der Worgass-Husky presste sich in eine dunkle Nische der Hauswand. Ein heller Lichtstrahl hatte die Gasse erfasst und leuchtete sie breit aus.

Der Worgass versuchte flach zu atmen. Plötzlich hörte er Stimmen. Er sah zwei schemenhafte Gestalten in die Gasse schreiten. Sie kamen unaufhaltsam in seine Richtung. Sie hatten ihre Waffen im Anschlag und waren sehr aufmerksam. Kragphan hielt den Atem an.

» Hier ist nichts Captain«, antwortete einer der beiden. » Die Gasse ist leer. Es ist nichts Auffälliges zu entdecken. «

»Wir stellen eine Wache ab«, erwiderte der Captain. » Dann gilt die Gasse als gesichert. «

»Die Terraner ziehen sich zurück«, dachte der Worgass. »Sie haben mich nicht entdeckt. «

Vorsichtig kam Kragphan aus der Hauswandnische heraus. Langsam trottete er die dunkle Gasse weiter entlang. Vorne, am Ende des Weges, sah er den Schatten einer Patrouille stehen.

»Es ist ein einzelner Soldat«, erkannte er. »Das kommt mir ganz recht. Er hat eine Waffe dabei, die ich gut gebrauchen kann. «

Wieder veränderte er seine Form. Diesmal in die bereits benutzte Form der Barridian-Schlange. Die Umwandlung dauerte nur Sekunden. Ohne Geräusche kroch die Schlange vorwärts. Dicht an der Hauswand entlang, für Außenstehende fast nicht sichtbar zu erkennen.

»Nur noch wenige Meter, dann habe ich den Soldaten erreicht«, dachte Kragphan.

Vorsichtig schlängelte er sich weiter, dem Soldaten entgegen. Dann hatte sie ihn erreicht. Der Soldat lehnte sich an einer Hauswand an, sein Gesicht war in eine andere Richtung gedreht. Er schien sich völlig sicher zu fühlen. Sein Laser-Gewehr hatte er geschultert und blickte weiter stur in die entgegengesetzte Richtung.

Die Schlange hob den Kopf und inspizierte das sichtbare Blickfeld der Gasse.
»Alles ist ruhig«, dachte der Worgass. »Jetzt ist der richtige Moment gekommen. «

Mit aller zur Verfügung stehenden Kraft, stieß sich die Schlange ab schlängelte hoch und biss dem Soldaten in das rechte obere Bein. Ihre kräftigen Zähne durchschlugen Schutzanzug des Soldaten problemlos. Sie injizierte das Gift und ließ wieder los.

Kragphan vernahm den Aufschrei des Soldaten und zog sich eiligst zurück.

Der Soldat schlug instinktiv mit der Hand nach seinem Bein, doch die Schlange war längst fort.

Kragphan beobachtete, wie das Gift zu wirken begann. Der Soldat rutschte an der Hauswand herunter und sackte auf den Boden. Dort blieb er reglos liegen. Nach kurzer Zeit hörte er auf zu atmen. Der Biss der Schlange hatte für den Worgass ausgereicht, um die Form des Soldaten annehmen zu können.

Nackt und im Halbdunkel stand Kragphan vor dem Soldaten. Er zog seinen Körper etwas in die Dunkelheit der Gasse hinein. Dann riss er dem Soldaten die Kleidung von seinem Körper.

Eiligst und bereits frierend, zog er dessen Kleidung an. Auf die Unterwäsche verzichtete er aus Zeitgründen. Als letztes schnallte er sich den Waffengürtel um und schulterte das Laser-Gewehr, wie er es vorher bei dem Soldaten gesehen hatte.
 Kragphan zerrte ihn in die Nische der Hauswand, in der er vorhin gestanden hatte. Der Soldat sollte nicht sofort gefunden werden.

Den Schatten der Häuser ausnutzend, wagte sich der Worgass vorsichtig weiter vor. Ganze zehn Minuten war er durch die fast leere Stadt geschlichen, als er ein beleuchtetes Schild sah. Er las den Hinweis Hotel und Bar hierauf.

Vorsichtig ging er auf die Tür zu und schaute durch die Scheiben. Der Eingangsbereich war leer. Er atmete erleichtert aus. Schnell öffnete er die Türe und trat ein. Ein älterer Mann kann aus einem Nebenraum und blickte ihn an. Behäbig ging er zu der Rezeption

»Sie wünschen? «, fragte er.
» Haben sie noch ein kleines Zimmer frei? «, fragte der Worgass. » Ich habe noch keine Unterkunft. «

Kragphan versuchte freundlich zu reagieren, wie er es dem Gedanken des Soldaten entnehmen konnte.

» Sie haben Glück«, antwortete der Gastwirt. » Ich habe nur noch wenige Zimmer. Zahlen sie bitte im Voraus. «

»Was kostet das Zimmer? «, fragte der Worgass. » Eine Übernachtung mit Frühstück wird mit 35,- € berechnet«, antwortete der Gastwirt. » Ist das für sie in Ordnung? «

Kragphan nickte und zog die Geldbörse des Soldaten aus der Innentasche seiner Jacke. Er blickte hinein. Sie war gut gefüllt mit Banknoten. Er zog einen braunen Schein heraus.

»Ich weiß noch nicht, wie lange ich bleibe«, sagte er. »Reicht das zunächst? «

Der Gastwirt nickte.
»Das reicht für die erste Nacht«, antwortete er. »Selbstverständlich sie bekommen sie noch etwas zurück.«

Er gab dem Worgass das Wechselgeld in Form von Münzen zurück.

Der Gastwirt blickte den Gast an.
» Sind hier im Einsatz? «, fragte er.

Kragphan nickte.
»Der Einsatz kam schnell und unvorbereitet für mich«, erwiderte er. »Ich habe in der Kürze der Zeit keine Kleidung mitnehmen können. Können sie mir etwas besorgen? «

Der Gastwirt blickte den Soldaten an.
» Wir sind ein Hotel, kein Bekleidungsgeschäft«,

antwortete er. » Neue Sachen können sie sich morgen in der Stadt kaufen. Heute sind die Geschäfte bereits geschlossen. «

Sein Gesicht entspannte sich.
»Ich habe hier eine Kleiderkammer«, ergänzte er. »Es handelt sich um Kleidung, die Gäste vergessen haben, oder nicht mehr abgeholt haben. Sie können gern einmal durchsehen, ob ihnen etwas passt. «

»Das mache ich«, antwortete der Worgass. » Wo ist die Kammer? «

»Folgen sie mir bitte ins Nebenzimmer«, antwortete Gastwirt. » Ich zeige sie ihnen. «

Kragphan folgte dem Vermieter in das nächste Zimmer. Dort stand ein großer Schrank. Der Gastwirt öffnete diesen.

»Bitte bedienen sie sich«, sagte er. »Nehmen sie so viel sie wollen. Ich bin froh, wenn das Zeug hier wegkommt. «

Der Gastwirt wühlte in seiner Westentasche.
»Hier ist der Schlüssel zu ihrem Zimmer«, teilte er dem Worgass mit. »Es ist Zimmer 9, in der ersten Etage. Frühstück gibt es ab 7:00 Uhr. Wenn sie eine weitere

Nacht bleiben wollen, bezahlen sie bitte wieder im Voraus. Das ist jetzt alles. «

Der Gastwirt wartete die Bestätigung des Worgass nicht ab, sondern er drehte sich um und verließ den Raum.

Kragphan lächelte verschmitzt.
» Das ist doch besser gelaufen, als ich gedacht hätte«, schmunzelte er.

Er griff nach einigen Sachen, die er meinte, dass sie ihm passen würden. Ein Hemd, eine Hose, Stiefel und eine warme Winterjacke, legte er sich über den Arm und schloss die Türe des Schrankes. Dann eilte er schnellen Schrittes aus dem Raum und lief die Treppe hinauf, die in das Obergeschoss führte. Er suchte nach der Nummer der Türe, die auf seinem Schlüssel stand.

»Da ist sie«, bemerkte er.
Vorsichtig schloss er sie auf und schritt hinein. Er blickte sich um. Das Zimmer war karg eingerichtet, nur dem nötigsten Bedarf.

Kragphan warf die Kleidung auf das Bett, durchquerte das Zimmer und ging an das Fenster. Er schob die Gardine zur Seite und blickte auf die Straße.

»In der Stadt ist es immer noch ruhig«, bemerkte er. »Nichts deutet auf eine allgemeine Personen-Kontrolle durch die Soldaten hin. Vermutlich versuchen sie immer noch den Saboteur außerhalb der Stadt zu finden. «

Sein Gesichtsausdruck verfinsterte sich.
»Letztendlich ist eine Frage der Zeit, bis sie auf den Gedanken kommen, alle Personen der Stadt zu kontrollieren«, dachte er. »Ich bin hier nur eine gewisse Zeit in Sicherheit. «

Kragphan hatte genug gesehen. Er zog die Gardine gerade und schmiss sich auf das Bett.

»Ich brauche etwas Ruhe«, dachte er. »Die letzten Stunden waren sehr anstrengend gewesen. «

Er schloss die Augen und schlief nach wenigen Minuten ein.

Suche nach dem Schläfer

Captain Hunter hatte alle Gruppen eingeteilt und um die Stadt verteilt. Die einzelnen Gruppen hielten Sichtkontakt untereinander. Ihnen standen ganze Kohorten von Kampf-Robotern zu Seite. Die Trupps riegelten jeden Zugang zur Stadt ab.

Die Shy-Ha-Narde neuster natradischer Baureihe, hatten in den Kampfmodus geschaltet und beobachten aufmerksam die Geschehnisse. Nichts entging ihrer Wachsamkeit.

»Haben wir neue Ordnungen? «, fragte Captain Hunter seinen 1. Offizier.

» Ich habe keine neuen Meldungen erhalten«, antwortete Leutnant Graves. » Die Bewegungs-Sensoren registrieren nichts. «

»Wo könnte der Saboteur sonst noch hin sein, als in die Stadt? «, fragte John. » Seine Basis ist zerstört und da draußen gibt es nichts als Eis, Schnee und eisige Kälte. «

»Ich denke nicht, dass eine zweite Basis in unserer Nähe existiert«, antwortete First Leutnant Graves. » Diesen Aufwand werden auch die Zierrakies nicht betreiben. «

»Dann bleibt nur eine Alternative übrig«, erwiderte John Hunter.

Sein 1. Offizier blickte in irritiert an.
» Welchen Gedanken haben sie? «, erwiderte er.

» Ganz einfach«, antwortete Captain Hunter. » Über welche spezielle Veranlagung verfügt ein Worgass? «

Sein 1. Offizier dachte kurz nach.
»Er ist ein Formwandler«, entgegnete er.

»Richtig«, antwortete John. »Er wird uns durch die Lappen gegangen sein, weil er sich in vermutlich in irgendein Tier verwandelt hat. Wir haben versäumt auch die Tiere zu scannen. «

»Wenn er sich in einen Vogel verwandeln kann, dann ist der schon längst über alle Berge«, erwiderte Leutnant Graves.

» Das wäre der schlechteste Fall«, antwortete der Captain. » Major Travis teilte mir mit, dass ein Worgass vor einer möglichen Verwandlung eine Berührung mit dem Lebewesen gehabt haben muss. Ein Vogel lässt sich nicht so einfach einfangen. Ich denke diese Möglichkeit wird ausfallen. Falls wir auf der richtigen Spur sind, wird es sich eher um Tiere handeln, die zutraulich zu Menschen sind. Vermutlich handelt es sich um welche, die auf einen Zuruf von Menschen reagieren. Das werden Pferde, Katzen oder Hunde sein. «

»Die ganze Mission läuft uns aus dem Ruder«, bemerkte First Leutnant Graves. » Wie sollen wir alle Tiere dieser Inseln überprüfen? «

John Hunter schaute ihn ernst an.
»Sie haben recht«, antwortete er. »Ich denke, dass der Worgass sich möglicherweise verraten wird. Er ist mit dem Leben auf der Erde nicht vertraut. Ich bin sicher, dass er einen Fehler machen wird. Dann finden wir eine Spur zu ihm. «

Er stand auf und blickte seinen 1. Offizier an.
»Halten sie hier die Stellung«, befahl er. »Ich werde General Poison über den Stand unserer Mission informieren. Wir sollten uns auf einen längeren Aufenthalt einrichten. «

Major Travis und Heran standen in der Einsatz-Zentrale der EWK. Noel und General Poison hörten sich die Berichterstattung interessiert an.

» Es handelt sich tatsächlich um die Zierrakies? «, fragte Noel. » Wie gefährlich sind sie einzustufen? «

Heran zog seine Schultern hoch.
» Da erwischen sie mich auf der falschen Spur«, antwortete er. » Ich kann es ihnen beim besten Willen nicht sagen. Nach unseren alten Verträgen, sollte sich dieses Volk ausschließlich in den Grenzen der Whirlpool-Galaxie bewegen. Ich war ebenso erstaunt, wie Major Travis auch, dass sie einen Stützpunkt in der 2. Dimension errichtet haben. Jetzt ist mir auch bewusst warum. «

Der General blickte ihn fragend an.
» Weil nicht jede Rasse einen Zugang, geschweige hiervon Kenntnis hat«, erklärte Heran. » So konnten sie ohne größere Beobachtung ihre Expansionswünsche ausleben. Die Zierrakies scheinen alle Völker der Galaxie hintergangen zu haben, die vor langer Zeit mit uns die Verträge unterschrieben haben. Eine Anomalie mit 8.300 Planeten zu etablieren, geht nicht über Nacht. Das negative Verhältnis der Zierrakies zu anderen Rassen, zeigt sich bereits durch die vielen Species, die sie auf den Reservations-Planeten ihrer Anomalie inhaftiert haben. Allein ihre Arroganz, denkende Wesen auf diesen Planeten dahinvegetieren zu lassen, das ist für mich ungeheuerlich. «

Heran blickte die Zuhörer an. Er atmete tief aus.

»Machen sie sich auf einen Angriff gefasst, Herr General«, ergänzte er. »Die Zierrakies werden die Schuldigen suchen, die ihre drei Schiffe vernichtet haben. Der Weg führt über die Ablonder zu uns. Ich kann ihnen nur empfehlen, sich rasch vorzubereiten. «

»Welche Alternative gibt es? «, fragte Noel.

» Den Zierrakies Einhalt gebieten, ihnen eine Lektion zu erteilen und ihre Anomalie aufzulösen. Damit würde die Gefährdung für weitere Planeten beseitigt sein. «

»Das werden die Zierrakies nicht kampflos zulassen«, antwortete Major Travis. » Wir unterstützen die Ablonder bei der Suche nach ihren Herren. Sie haben uns um Hilfe gebeten. Diese gewähren wir ihnen und helfen ihnen die Zierrakies zurückzutreiben. Dann unterstützen wir sie bei der Suche nach den Aller-Ersten. Diese werden wir später animieren, sich als Wächter in der 2. Dimension zu engagieren. Damit wäre der Einfluss der Zierrakies dort für immer gebannt. «

»Aber noch nicht in der Whirlpool Galaxie«, erwiderte General Poison. » Werden sie sich nicht an uns rächen wollen? «

»Wir sind auch noch da«, bemerkte Heran. » Unsere Hohe-Empore wird Gesandte zu dem zierrakischen Kaiser entsenden und auf die Einhaltung der alten Verträge drängen. «

»Ein riskantes Unterfangen«, bemerkte General Poison. »Was ich bisher gehört habe, halte ich die Zierrakies nicht als vertrauenswürdig. Wie wollen sie verhindern, dass lantranische Technik in ihre Hände fällt, falls ihr Abgesandter getötet wird? «

Heran dachte nach.
» Das werden die Zierrakies nicht wagen«, entgegnete er.
» Sie würden sich unseren Unmut zuziehen. «

Der Major blickte ihn an
»Was würde das im Einzelnen bedeuteten? «, fragte er

Heran wurde ernst.
» Früher hätte diese Maßnahme eine umfangreiche Vergeltung bedeutet«, entgegnet er. » Heute bin ich mir nicht sicher, ob unsere Regierung schon so weit ist, eine Strafmaßnahme zu beschließen. «

»Es könnte also gut sein, dass nichts passieren würde, gegebenenfalls noch die gegenseitige Übergabe von Protestnoten. «

Heran blickte ihn an.

»Ich will ehrlich sein«, antwortete er. »Im schlechtesten Fall könnte es das bedeuten. «

Major Travis schüttelte mit seinem Kopf.

»Wir müssen unsere Regierung wieder langsam an die Gegebenheiten in der Milchstraße heranführen«, teilte Heran mit. »Was über viele Jahrtausende verschlafen wurde, kann nicht über Nacht wieder vollständig aktiviert sein. Ich bitte um etwas Nachsicht für unsere hohe Empore. «

Heran blickte in die erstaunten Gesichter seiner Zuhörer. »Deswegen habe ich bei Aritron 500 Evolutions-Schiffe angefordert, die zur Verfügung stehen sollten, wenn die Ablonder um unsere Hilfe bitten werden. Die Entscheidung hierüber wird derzeit von unserer Regierung gefällt. Aritron, der vorgesetzte Anführer unseres Volkes, wird alles tun, um die Hohe-Empore von der Notwendigkeit des Eingreifens zu überzeugen. «

Heran drehte seinen Kopf und blickte General Poison an. »Es wäre hilfreich, wenn das Neue-Imperium rechtzeitig 5.000 Großkampf-Schiffe zusammenziehen könnte. «

Ein Aufschrei ging durch den Raum. Der General war von seinem Stuhl aufgesprungen.

»Habe ich ihnen schon einmal gesagt, dass wir keinen Selbst-Bedienungsladen für Raumschiffe unterhalten, « polterte General Poison los. » Wissen sie eigentlich, was sie da verlangen? «

Heran schmunzelte ihn an.

» Lieber General«, entgegnete er. » Ich habe meiner Regierung bereits mitgeteilt, dass sie und das Neue-Imperium von Tarid & Natrid nichts umsonst machen. Alles hat seinen Preis. Sie bekommen von uns dafür die Codes, um das geheime Transport-Netzwerk nutzen zu können. Diese ziehen sich nicht nur durch die Milchstraße, sondern durch die ganze Galaxie. Sie betiteln sich doch immer als Forscher und Entdecker. Sie haben somit die Möglichkeit, ohne großen Zeitverlust, alle Sterneninseln der Galaxie anfliegen, um dort alles untersuchen zu können. Ich informiere sie sogar darüber, dass diese Verbindungen wesentlich kürzer sind als die regulären Wurmloch-Verbindungen. Diese Möglichkeit wird nur wenigen Rassen im Universum zugänglich gemacht. Sie wären dumm, wenn sie mein Angebot nicht annehmen würden. «

General Poison blickte Noel und Major Travis an.

» Brauchen wir das? «, fragte er schroff. » Eine hilfreiche Waffentechnik wäre mir lieber. «

»Das kann ich mir vorstellen«, spottete Heran. » Vermutlich sind sie sich nicht der Tragweite meines Angebotes bewusst. «

»Das ist ein großer Vertrauensbeweis der Lantraner«, antwortete Major Travis ernst. » Nach meiner Meinung ist das ein einmaliges Angebot. Greifen sie zu, Herr General. Dieses Angebot wird es von den Lantranern nur einmal geben. «

Heran nickte aufmunternd.
»Nur wenige Rassen kennen noch den Zugang in dieses Netzwerk«, sagte er. »Ich empfehle ihnen, in ihrem eigenen Interesse, auf meinen Vorschlag einzugehen. «

»Wann steht diese Ablonder-Mission an? «, fragte der General.

»Das können wir noch nicht genau sagen«, erwiderte Major Travis. » Sie sind derzeit mit der Aktivierung ihrer Versorgungs-Planeten beschäftigt. Wenn diese Vorarbeiten abgeschossen sind, wird Sil'drock sich bei uns melden. «

Der General blickte ihn an.

»Also haben wir noch etwas Zeit, um die Schiffe geordnet abzurufen«, erkannte er.

Er senkte seinen Kopf und blätterte in den Unterlagen vor ihm. Nach wenigen Sekunden hob der General wieder seinen Kopf und blickte die Gäste an.

» Die EWK ist einverstanden«, bestätigte er. » Ich werde mich mit Noel über die Einzelheiten unterhalten und alles vorbereiten. Die Flotte wird bei dem Titan-Mond zusammengezogen. «

Ein Adjutant der Einsatz-Zentral kam aufgeregt auf General Poison zugelaufen

»Herr General«, sagte er. » Captain Hunter ist in der Leitung. Er möchte sie dringend sprechen. «

Der Adjutant überreichte dem General das kabellose Kommunikations-Gerät.

» Hier ist Poison«, sprach der General in das Gerät. » Was gibt es Captain? «

Geduldig hörte der General eine längere Zeit zu.

Sie müssen den Schläfer fassen«, betonte der General. »Setzen sie alle zur Verfügung stehenden Kräfte ein. «

Der General beendete das Gespräch und gab den Kommunikator an den Adjutanten zurück. Der entfernte sich sofort wieder.

»Gibt es Probleme? «, fragte Noel.

»Ich bin mir noch nicht sicher«, erwiderte der General. »Captain Hunter scheint Probleme zu haben. Er vermutet, dass der Worgass mehrmals seine Form geändert und unseren Sicherheits-Ring durchbrochen hat. Wenn ich ihn richtig verstanden habe, scheint der Worgass eine Tierform angenommen zu haben und ist so durch unsere Sicherheits-Kontrolle geschlüpft. «

»Ist das überhaupt möglich? «, fragte Noel.

»Ist diese Frage an mich gerichtet? «, erkundigte sich Heran.

Noel nickte.

»Sie haben die meiste Erfahrung mit diesen seltsamen Lebewesen. «

»Die Worgass können sämtliche Lebensformen nachbilden«, erklärte Heran. » Vorausgesetzt sie haben einen direkten Kontakt zu ihnen gehabt. Ihr Captain steht jetzt vor der leidvollen Aufgabe, alle tierischen Lebensformen so scannen, die sich in der Nähe des flüchtigen Worgass und der Stadt befinden. «

»Captain Hunter teilte mir mit, dass sie wieder einen toten Soldaten gefunden haben«, teilte der General mit. » An ihm befinden sich die gleichen Biss-Spuren, wie an dem Soldaten in unserer Wurmloch-Forschungs-Station.«

Major Travis wurde hellhörig.
» Dann ist das vielleicht etwas für unseren Worgass-Überläufer auf Atlantis«, bemerkte er. » Commander Rantero konnte uns schon beim ersten Mal helfen. «

»Eine solche Handlungsweise war nicht vorauszusehen«, sagte General Poison.

Der Major blickte ihn an. Der General wirkte unruhig. Er beobachtete, wie sein Vorgesetzter einen Schritt rückwärts schritt, stehen blieb und sich wieder umdrehte. Major Travis erinnerte sich daran, dass der mächtigste Mann der EWK stets ein Vorbild für Ausgeglichenheit und für seine schnellen Entscheidungen war. In diesem Moment schien er von einer wachsenden Unruhe beseelt zu sein.

»Wir müssen den Worgass stellen«, sagte er ernsten Worten. »Wir brauchen alle Informationen über die Zierrakies, die er besitzt. «

»Fordern sie von Atlanta, Commander Rantero an«, entschied Major Travis. » Ich komme immer mehr zu der Einsicht, dass er uns wirklich unterstützen will. Ich fliege mit einer kleinen Crew nach Spitzbergen und nehme ihn mit. Wir beteiligen uns an der Jagd nach dem Schläfer. Captain Hunter wird sicherlich dankbar für die Hilfe sein.«

Major Travis überlegte kurz.
»Ich möchte Heinze auch dabeihaben«, entschied er. »Unser kleiner Freund ist mit Sirin in meinem Haus auf der Isle of Man. Lassen sie ihn bitte abholen. «

Der General nickte und instruierte einen Adjutanten, der seine Befehle weitergab.

Major Travis blickte Heran an.
»Willst du nach Hause, oder bleibst du noch etwas hier?«, fragte er seinen lantranischen Freund.

Heran lächelte.
»Ich hatte gehofft, dass ich noch etwas bleiben darf«, erwiderte er. »Unsere Hohe-Empore ist leider nicht immer sehr schnell mit ihren Entscheidungen. «

»Das kommt mir sehr gelegen«, antwortete der Major. »Hast du das Worgass-Gift dabei, das dem Worgass seine Formwandel-Eigenschaften nimmt? «

Heran nickte.
»Das gehört zur Grundausstattung unserer Schiffe«, entgegnete er. »Diese Species ist leider überall anzutreffen. Bisher konnten wir nur ihre negativen Eigenschaften kennenlernen. «

»Vielleicht ändert sich das bald«, konterte Major T Travis. »Brechen wir auf. Die anderen werden bald da sein. «
»Informieren sie mich, wenn es etwas Neues gibt «, befahl der General. »Es wird Zeit, dass wir den Schläfer fassen. Ich kann den Flugverkehr nicht mehr lange blockieren. «

»Falls es sich bei dem Worgass um einen Schläfer der Zierrakies handelt, dann gibt es keinen besseren Vorwand für unser Eingreifen in der zweiten Dimension«, bemerkte Major Travis. »Sie haben auf unserem Planeten eine Sabotage befohlen. Das sollte, auch im Hinblick auf die Meinungen anderer Völker, Grund genug sein, um einzugreifen. «

Noel nickte.

»Niemand kann uns verwehren, unser Einflussgebiet zu schützen«, teilte er mit.

Major Travis und Heran verabschiedeten sich bei Noel und dem General. Sie eilten zu dem Landedeck der Termar 1.

Captain Hunter kam von der Funkzentrale zurück. Sein 1. Offizier wartete noch mit einigen anderen Offizieren in dem Hauptzelt, welche als provisorische Einsatz-Zentrale diente.

» Der General ist informiert«, teilte er Leutnant Graves mit. » Er denkt über eine schnelle Lösung nach und schickt uns Verstärkung. «

»Wie soll die aussehen? «, fragte der 1. Offizier.

» Lassen wir uns überraschen«, schmunzelte der Captain. » Der „Alte" ist immer für eine Überraschung gut. Bis der Nachschub eintrifft, werden wir unsere Suche intensivieren. Es soll uns nicht vorgeworfen werden können, dass wir nicht alles versucht hätten. «

Leutnant Graves breitete eine große Karte auf dem Einsatz-Tisch aus. Sie zeigte die Insel Spitzbergen in allen Einzelheiten. Er markierte einige Punkte hierauf.

»Das ist der 928 Meter hohe Berg Hiorthfjellet, der jetzt leider seine Kuppe verloren hat«, teilte er mit. »Gegenüber liegt der Hauptort der Insel mit dem Namen Longyearbyen. «

Er zeigte mit dem Finger hierauf.
»Wir befinden uns rückseitig dieser Stadt«, fuhr er fort.

Er markierte weitere Punkte, die alle Marines und Kampf-Roboter als Standorte darstellten.

»Was schlagen sie vor? «, fragte er seinen Vorgesetzten

»Das, was jedes intelligente Lebewesen machen würde«, antwortete Captain Hunter. »Der Worgass scheint trotz unserer Bemühungen in die Stadt gekommen zu sein. Er fühlt sich sicher. Der Worgass wird nicht im Freien auf uns warten. Dafür sorgt schon die eisige Kälte. Informieren sie alle Gruppen, dass wir den Ring um die Stadt enger ziehen werden. Ab sofort findet eine verstärkte Personen-Kontrolle statt. Sämtliche Bewohner der Insel werden gescannt. Informieren sie bitte auch die norwegische Militäreinheit, dass wir zu dieser Lösung gezwungen werden, da der Gesuchte in der Lage ist, seine Form zu verändern. «

»Das norwegische Militär wird nicht erfreut sein«, antwortete Leutnant Graves.

»Daran können wir nichts ändern«, erwiderte Captain Hunter. »Die Befehle der EWK überlagern die nationalen Gesetze. Es geht um die globale Sicherheit. «

Captain Hunter hob seinen Kopf und blickte auf die zahlreichen Monitore. Jeder Befehlsführer einer Gruppe, trug eine spezielle Helmkamera.

»Die Trupps sind entsprechend informiert worden«, teilte der 1. Offizier mit. »Sie beginnen jetzt den Ring enger zu ziehen. «

Captain Hunter sah auf den Monitoren, wie sich die Trupps in Bewegung setzten und näher an die Stadt Longyearbyen heranrückten. Die bisher gezogene Kontrollmarkierung war in den letzten Minuten deutlich verändert worden.

»Die Mannschaften arbeiteten in der eisigen Kälte bis zur Erschöpfung«, sagte Captain Hunter. »Auch für sie wäre es gut, wenn wir in der nahen Zukunft den Schläfer fassen würden. «

Einige Trupps hatten bereits die Außenzone der Stadt erreicht. Sie begannen mit einer Durchsuchung der ersten Häusern und der Überprüfung der Bewohner. Alle Daten wurden auf digitalen Kartengeräten eingetragen. Diese Informationen lagen zeitgleich Captain Hunter vor. Leutnant Graves markierte die Gebäude auf der Karte, die bereits geprüft und sauber waren.

Eine weitere Stunde war vergangen.
Captain Hunter schlug mit seiner Faust auf den Tisch.

»Es ist zum Verzweifeln«, murmelte er. »Es sind immer noch keine Ergebnisse da. Wo steckt dieser Schläfer? «

Leutnant Tanreich, der Funk-Offizier der Cuuda 001, kam ins Zelt gelaufen und hielt dem Captain ein Kommunikations-Gerät hin.

»Eingehender Funkspruch von der Termar 1«, meldete er. »Major Travis ist für sie in der Leitung. «

Captain Hunter griff nach dem Gerät. » Hier ist Captain Hunter«, sprach er in den Kommunikator. » Was kann ich für sie tun, Major? «

»Hallo Captain, wir sind im Lande-Anflug mit unserem Schiff«, teilte der Major mit. » General Poison schickt uns.

Wir sind ihre Verstärkung. Lassen sie sich helfen, den Flüchtigen zu fassen. Dem General läuft die Zeit davon. Er kann den Flugverkehr nicht mehr lange blockieren. Wir haben unseren Worgass-Überläufer dabei. Er wird uns helfen. «

»Ist das der gefangene Worgass von der Atlantis-Basis? «, fragte der Captain nach. » Verschonen sie mich diesen Lebewesen«, entgegnete der Captain grob. » Wir haben keine Zeit für Spielereien. «

Major Travis blickte Commander Brenzby an.
Er hielt die Sprachmuschel des Kommunikators mit einer Hand zu.

»Der Captain ist vermutlich nicht mehr gut auf Worgass zu sprechen«, lächelte der Major.

»Reißen sie sich zusammen Captain«, wies Major Travis ihn an. »Wir halten uns grundsätzlich nicht mit Spielereien auf. So wie uns mitgeteilt wurde, scheint der gesuchte Schläfer doch raffinierter zu sein als gedacht. Er konnte sich ihren Trupps bisher erfolgreich entziehen. Wir haben einige Speziallisten dabei. Warten sie unsere Landung ab. Dann halten sie neue Befehle. Major Travis Ende. «

Der Captain hörte, wie der Major den Hörer auf die Haltung knallte.

» Er wirkt etwas verärgert«, dachte der Captain. »Er und sein Team wollten uns nur helfen. «

Der Captain blickte in die Runde seiner Offiziere.
»Ich sollte meine Ansprache gegenüber anderen Offizieren vielleicht ein wenig ändern? «, bemerkte Captain Hunter.

Die Offiziere der Cuuda-001 lachten laut auf.
John Hunter blickte sie fragend an.

» Wir kennen sie jetzt auch bereits ein wenig«, erwiderte der 1. Offizier. » Ihre Ansprache gegenüber Angehörigen der EWK ist leider immer noch ein wenig der derb und nicht hilfreich, um sich Freunde zu machen. «

***

Marschall War'drock begrüßte seine Gäste auf dem Flagg-Schiff der Flotten-Führung. Er schaute sich die beiden Ablonder lange an.

»Sie sind also die beiden Personen, die in unser aller Munde sind? «, fragte er. » Ihnen ist es zu verdanken, dass im kontrollierten Gebiet der Zierrakies erfolgreich unser geheimer Nachschub aktiviert werden konnte. Fast hätten wir nicht mehr hiermit gerechnet. «

Sil'drock bestätigte die Frage.
»Das ist eine lange Geschichte«, sagte er. »Mein junger Freund war eigentlich die treibende Kraft. Er konnte nicht glauben, dass unser ehemals so großes Reich nicht mehr existieren sollte. Ihm haben wir es verdanken, dass wir die Versorgungs-Planeten aktivieren konnten. Er war es, der nicht glauben wollte, dass es unsere Flotten-Führung nicht mehr gibt. Die von uns vorausgeschickte Drohne, könnte keine Aktivitäten in ihrem System registrieren. «

»Das war so geplant«, antwortete Marschall War'drock. »Nach der Vernichtung unserer Herren, den Aller-Ersten, glaubten wir zunächst den Sinn unserer Existenz verloren zu haben. Eine Rasse, die als eine der Ersten im Universum galt, wurde von den Zierrakies übertölpelt. Sie sind ihnen vermutlich in eine lange vorbereitete Falle gegangen. Viele Schiffe unserer Herren wurden vernichtet. Was aus den Überlebenden geworden ist, das entzieht sich unserer Kenntnis. Von den zahlreichen Ablondern, die ihnen als Hilfsvolk dienten, konnten nur wenige dem Untergang entkommen. Sie berichteten von einer extremen Übermacht der Zerstörer. Von ihnen erhielten wir auch die Mitteilung, dass die Zierrakies keine

Gefangenen nahmen. Alle beschädigten und nicht mehr manövrierfähigen Schiffe unserer Herren, wurden von den Schlacht-Zerstörern der Zierrakies nach dem Kampf pulverisiert. Als wir von dem Massaker erfuhren, waren wir geschockt. Wir befahlen sofort die Duplikation neuer Schiffe, um den Zierrakies zu begegnen. Doch so weit kam es nicht mehr. «

Marschall War'drock blickte in die Gesichter der gespannt zuhörenden Ablonder.

»Der Angriff der Zerstörer erfolgte für uns überwachend und unvorbereitet«, fuhr er fort. »Wir hatten laut Informationen, ihre Flotten an anderen Positionen vermutet. Diese Nachricht erwies sich als eine Falschmeldung. Die in unserem Dienst stehenden Worgass, hatten uns absichtlich mit falschen Informationen versorgt. Das alles gehörte zu dem großen Plan der Zerstörer, die unsere Herren, die Aller-Ersten und ihre Hilfsvölker, aus der Galaxie tilgen wollten. Erst später erfuhren wir, dass die Zerstörer die Worgass umgepolt und mit voller Absicht auf uns angesetzt hatten.

Dies hatte zur Folge, dass die Zerstörer in den Besitz der geheimen Koordinaten des Sektors der Flotten-Führung gelangten. Die damalige kleine Sicherungs-Flotte unseres Heimat-Systems, wurde mühelos von ihnen aufgerieben

Die Zentrale der Flotten-Führung, die ganzen Verwaltungs-Gebäude, die speziellen Einrichtungen für den Raumschiffbau, Werften, Hangars und Raumhäfen, wurden von ihnen dem Erdboden gleich gemacht. Nur mit viel Mühe und der Aufopferung weiterer Leben, gelang es unserer damaligen Führung, hochrangige Offiziere, Experten, Wissenschaftler und Techniker, in eine unbekannte Zwischendimension zu evakuieren. Diesen Weg hatten uns unsere Herren als letzte Flucht mitgeteilt. Wir konnten diesen Weg über ihr Amulett anwählen. Diese Koordinaten waren den Zerstörern nicht bekannt. Ihnen gelang es nicht, uns zu folgen. «

Marschall War'drock holte tief Luft.

»Wir waren nur noch wenige«, ergänzte er fort. »Der Krieg hatte viele Angehörige unserer Rasse als Opfer gefordert. In den nachfolgenden Jahrtausenden versuchten wir unsere Rasse wieder neu entstehen zu lassen. Das Wissen wurde von Generation zu Generation weitergeben. Unsere Absicht war es, eine neue Flotten-Führung aufzubauen. Viele Jahrtausende später, waren die Ressourcen wieder da, um mit einem Flotten-Neubau zu beginnen. Wir fingen förmlich wieder am Anfang an. Sämtliche Konstruktions-Zeichnungen unserer Herren sind leider während des Krieges verloren gegangen.

Doch wir schafften es. In unserem Versteck, das später unsere neue Heimat wurde, legten wir Raumschiff-Werften an, sorgten für den Bau und die Wartung der Schiffe. Dann wagten sich mutige Forscher und Wissenschaftler an die Untersuchung unseres ehemaligen Heimat-Planeten. Dieser war bekanntlich der Sitz unserer ehemaligen Flotten-Führung. Das ist jetzt über 100.000 Jahre her. Sie erkannten die immer noch großzügigen Rohstoffe auf diesem Planeten und fingen an, unterirdische Robot-Industrie-Anlagen zu installieren. Hier sollten synchron zu unserer neuen Heimat, versteckt Raumschiffe gebaut werden, die von Robotern gesteuert und befehligt wurden. Seit dem Verrat der Worgass, wurden von uns keine Hilfs-Völker mehr eingesetzt. «

»Es müssen seit dem Krieg 250.000 Jahre vergangen«, bemerkte Sil'drock. »In dieser Zeit werden sie eine gewaltige Armada gefertigt haben? «

Marschall War'drock blickte ihn seltsam irritiert an.
»Sie wissen doch, dass die Entwicklung solcher Dinge bei unserem Volk recht langsam vonstatten läuft«, teilte er mit. »Stellen sie sich dieses Projekt nicht so einfach vor. Wir waren nur noch wenige und mussten den Fortbestand unserer Rasse sichern. Das hat viele Jahrtausende gedauert. Die alte Technik unserer Herren musste vollständig neu aufgebaut werden. Es wurden

Schiffe entwickelt, andere wieder verworfen. Wir wussten, dass eine Technik gebraucht würde, die es mit dem technischen Wissen der Zerstörer aufnehmen konnte. «

»Haben sie denn diese Technik an den Groß-Raumschiffen der Zerstörer testen können? «, fragte Ras'ekin.

Marschall War'drock schüttelte seinen Kopf.
»So weit waren wir noch nicht«, antwortete er. »Uns fehlte förmlich der Mut, das sichere Versteck in der geheimen Dimension zu verlassen. Die Koordinaten für diesen Rückzugsort hatten uns unsere Herren ausschließlich für den Notfall gegeben.«

»Konnten sie denn zwischenzeitlich Hinweise auf unser Herren finden? «, fragte Sil'drock.

Marschall War'drock schaute ihn an.
»Nein, antwortete er. Die Hinweise fehlen uns leider. «

»Also besitzen sie keine weiteren Hinweise auf eine mögliche Existenz unserer Herren? «, fragte Ras'ekin.

Marschall War'drock schüttete erneut seinen Kopf.

Sil'drock blickte seinen jüngeren Kollegen an.

»Über wie viele Schiffe verfügt denn jetzt die Flotten-Führung? «, erkundigte er sich neugierig.

Stolz blickte Marschall War'drock ihn an.

» Vor kurzer Zeit haben wir den 75. Schiffsträger fertig gestellt«, antwortete der Marschall. » Auf jedem Träger können 48 Schiffe unserer neuen 1.500 Meter-Klasse verankert werden. Das macht eine Flotte von 3.600 einsatzbereiten Schiffen aus.»Ferner verfügen wir 50.000 robotergesteuerte Schiffe. «

Sil'drock's Gesicht verzog sich.

»Das ist nicht gerade die Anzahl von Schiffen, die wir unter einer großen Armada verstehen«, erwiderte er. » Die Zierrakies verfügen in ihrer Anomalie über 4.300 Schiffe ihrer 2.500 Meter-Klasse. In dieser Angabe sind die Schiffe ihrer Hilfsvölker noch nicht berücksichtigt. Wir müssen ihre Anomalie als eine separate Bastion sehen. Ihr Heimat-System liegt in der Whirlpool-Galaxie, im Normal-Universum. Uns liegen leider keine Informationen vor, auf wie viele Schiffe sie dort zugreifen können. Es ist nur bekannt, dass der zierrakische Kaiser an vielen Fronten kämpft, um seine Expansions-Gedanken durchzusetzen. Das ist unsere Chance. «

Falten zogen sich in das Gesicht des Admirals.

» Woher haben sie diese Informationen? «, fragte er.

» Wir haben gegen sie gekämpft«, antwortete Sil'drock. » Als wir unsere erste Versorgung-Station aktiviert haben, wurden drei von ihren großen Schiffen auf uns aufmerksam. Die ganze Abwehrkraft der Versorgung-Station reichte nicht aus, um ihre Schiffe auch nur leicht zu beschädigen. Sie verfügten über einen starken Schutz-Schirm und über eine enorme Feuerkraft. «

»Wie konnten sie dann diese drei Schiffe trotzdem abwehren? «, erkundigte sich der Marschall.

» Nur durch einen Zufall«, antwortete der Wächter der ersten Außenstadt der Ablonder. » Ich hatte nach meiner Erweckung aus dem Kälteschlaf, Kontakt zu einem Forschungs-Schiff des Neuen-Imperiums von Natrid & Tarid erhalten. Sie haben mir geholfen, die manipulierte KI meiner Stadt auszuschalten. Sie boten mir Hilfe an, wenn sie einmal notwendig würde. Diesem Angebot bin ich gefolgt und habe einen Hilferuf ins normale Universum gesendet. Es dauerte nicht lange, dann kamen mir 1.000 Schiffen zu Hilfe. Die Zerstörer des Neuen-Imperiums haben kurzen Prozess mit den Groß-Raumschiffen der Zierrakies gemacht. Ihre Feuerkraft scheint wesentlich höher zu sein als bei den zierrakischen Zerstörern. «

Marschall War'drock schaute die beiden Ablonder begeistert an.

»Vielleicht waren das unsere Herren? «, überlegte er.

Sil'drock und Ras'ekin schauten sich ungläubig an.
»Wir bemerken, dass sie nicht viel Erfahrung mit anderen Rassen haben«, entgegnete Sil'drock. »Das Universum ist voll von Species. Leider nicht alle so weit entwickelt, dass sie eine Hilfe für uns währen. Das Neue-Imperium hat sich eigenständig entwickelt. Es hat nichts mit unseren Herren zu tun. «

»Wie viele Leben und Schiffe konnten sie von den alten Versorgungs-Planeten bergen? «, fragte der Marschall.

Sil'drock lächelte.
»Auf diese Frage habe ich eigentlich schon länger gewartet«, antwortete er. »Wir haben exakt 1.318.000 Schiffe mitgebracht, die außerhalb unseres Systems warten. Leider können wir ihnen nur 43.000 Schiffe, der alten ablondischen 1.000 Meter-Klasse, übergeben. Alle weiteren Schiffe sind Angriffs-Schiffe der 250 Meter-Klasse. «

Dem Marschall fielen die Augen aus dem Kopf.

»Von einer solchen Armada hätte nie niemals zu träumen gewagt«, sagte er. »Damit werden alle unsere kühnsten Wünsche erfüllt. Endlich ist ein Gegenschlag gegen die Zierrakies möglich. «

»Freuen sie sich nicht zu früh«, bemerkte Sil'drock. »Die Zierrakies haben eine große Kampferfahrung. Ich werde unsere Piloten nicht planlos in den Einsatz schicken. Das lehrt uns die Vergangenheit. Sie vertrauen mir und schätzen mich als ihren Befehlshaber. «

»Sie werden die Schiffe unserem Kommando unterstellen«, befahl Marschall War'drock. »Eine andere Möglichkeit sehe ich nicht. «

Ras'ekin wollte protestieren, doch ein Alarmsignal ließ seine Stimme verstummen.

»Marschall War'drock, sofort in die Zentrale«, forderte eine Stimme. »Wir werden angegriffen. «

»Folgen sie mir«, forderte der Marschall die Gäste auf »Der Ernstfall ist schneller eingetreten, als ich gehofft hatte. «

Im Laufschritt liefen die Ablonder durch die Gänge des Schiffes. Der Träger war sehr groß. Ganze 13 Minuten waren vergangen, als der Marschall und seine Gäste die Zentrale betraten.

»Was haben wir? «, fragte der Marschall War'drock. » Auf den Schirm legen. «

»Ein einzelnes Schiff ist materialisiert«, meldete ein Offizier. »Es ist unbekannt und in unserer Datenbank nicht enthalten. Es hat seine Waffen-Türme auf unsere Flotte ausgerichtet. «

»Es ist nur ein Schiff«, stutzte der Marschall. »Es wagt nicht anzugreifen. «

»Da kennen sie aber die Zierrakies nicht«, antwortete Sil'drock. »Sie sind besessen von ihrem Hass auf andere humanoide Völker. Sie sehen sich als Endstufe der Evolution. Sie werden angreifen. «

Der Marschall wirkte erstaunt.
»Befehl an Träger 2 und 4«, befahl er. »Sie sollen sofort alle 48 Schiffe abkoppeln. Der Gegenangriff ist unverzüglich einzuleiten. «

»Das dauert aber«, entgegnete der Offizier. »Die Schiffe sind hierauf nicht vorbereitet. «

Sil'drock ging an den Kommunikator.
»Hier spricht Sil'drock«, sprach er in das Gerät. »Wir werden angegriffen. Ich beordere sofort 100 Angriffs-Schiffe zu der Position des unbekannten Schiffes. Es handelt sich um ein 2.500 Meter Groß-Raumschiff der Zierrakies. Nach erfolgter Materialisierung sofort die Schutz-Schirme auf die Maximalstufe stellen und einen synchronisierten Dauerbeschuss des feindlichen Schiffes einleiten. Alle Zerstörer verändern kontinuierlich ihre Position und kreisen sie das feindliche Schiff ein. Hindern sie es unbedingt an einem Weiterflug. Verzichten sie auf die Befehls-Bestätigung. «

Der Marschall blickte ihn an. Er war sprachlos, dass Sil'drock die Initiative ergriffen hatte.

»Achtung, das fremde Schiff nähert sich unserem hintersten Flotten-Träger«, meldete der Ortungs-Offizier. »Unser Träger meldet einen schnellen Annäherungs-Kontakt. Er fragt, was er machen soll? «

»Was für eine Frage«, schimpfte der Marschall. »Er soll das Feuer auf den Eindringling eröffnen. Geben sie das sofort durch. «

Der Bildschirm des Flagg-Schiffes zeigte die massiven Laser-Strahlen, die sich von dem Schiff der Zierrakies lösten und dem hintersten Träger-Schiff entgegen fauchten.

»Das Bild vergrößern«, befahl der Marschall.
Die Hypertronic-KI zoomte das Bild heran. Jede Einzelheit war jetzt erkennbar.

Die Laser-Strahlen des zierrakischen Schiffes schlugen in die Bordwand des ablondischen Trägers ein. Detonationen wurden sichtbar. Feuer brach aus, Wasser und Luft strömte aus den Löchern der Metallwand ins Freie.

»Der Kommandant des Schiffes hat seinen Schutzschirm nicht aktiviert«, schimpfte Sil'drock. »Was für ein Narr befehligt das Schiff? «

Der Marschall blickte ihn an, unfähig etwas hierauf zu sagen.

Sil'drock riss den Kommunikator an sich.
»Ich rufe das angegriffene Träger-Schiff«, sprach er in den Kommunikator. »Hier ist die Flotten-Führung. Aktivieren sie sofort ihren Schutz-Schirm. Die Laser-Strahlen schlagen ungeschützt in ihre Bordwände ein. «

Immer mehr zierrakische Laser-Strahlen schlugen in das Träger-Schiff ein. Die geringe Gegenwehr des Träger-Schiffes kam dem zierrakischen Zerstörer recht. Es erhöhte den Beschuss seinen Strahlenbeschuss. Immer mehr Treffer wurden angezeigt. Ganze Metallstücke wurden aus der Bordwand des großen Träger-Schiffes herausgeschnitten. Dann passierte das Unglück. Mehrere Energie-Strahlen schlugen durch die ungeschützte Außenhaut des Trägers in die unter voller Leistung stehenden Reaktoren des Maschinenraumes ein. Atombrände brachen aus. Die heißen Feuer zerrissen Teile des Unterschiffes des Trägers. Die heißen Brände fraßen sich weiter fort und griffen nach den geschulterten 48 Schiffen des Träger. Die Feuersbrunst breitete sich rasend schnell auf die restlichen Schiffe über. In nacheinander folgenden Explosionen vergingen alle Schiffe des Trägers in loderndem Feuer.

Die Ablonder des Flagg-Schiffes drehten ihre Köpfe ab, um nicht von der gleisenden Helligkeit geblendet zu werden. Sprachlos entriss Marschall War'drock Sil'drock den Kommunikator.

»Hier spricht Marschall War'drock«, sprach er außer sich in das Gerät. »Das ist keine Übung. Sämtliche Schiffe aktivieren ihren sofort ihre Schutzschirme. Die Belastung ist auf den Maximalwert einzustellen. Der angreifende zierrakische Zerstörer muss vernichtet werden. «

Der Gesichtsausdruck von Sil'drock entspannte sich. Die angeforderten 100 Angriffs-Schiffe waren materialisiert. Sie umkreisten das Groß-Raumschiff der Zierrakies und nahmen es unter massives Feuer. Aus allen Laser-Türmen der ablondischen Schiffe lösten sich synchron Feuerlanzen, die in das gegnerische Schiff einschlugen Mehr als 500 auftreffende Energiesalven färbten den Schutz-Schirm des zierrakischen Kriegsschiffes tiefrot. Nach einer kurzen, aber intensiven Feuersalve, veränderten die kleinen Angriffs-Schiffe ihre Positionen. So verhinderten sie, dass sich das Groß-Raumschiff der Zierrakies auf sie einschießen konnte.

Sil'drock verfolgte zufrieden das Szenarium auf dem Bildschirm.

»Meine Schiffe sind da«, meldete er kurz. »Jetzt geht es dem Aufklärer der Zierrakies an den Kragen. «

Gebündelt trommelten die Laser-Strahlen von 100 ablondischen Angriffs-Schiffen auf den Schutz-Schirm des zierrakischen Schiffes ein. Die Besatzung des fremden Schiffes schien sichtlich überrascht zu sein, auf diese massive Gegenwehr zu treffen. Sie wussten nicht, wie ihnen geschah.

Das Flagg-Schiff des Marschalls fing einen Notruf des großen 2.500 Meter-Schiffes auf.

»Sie fordern Hilfe an«, meldete der Funk-Offizier. »Sie teilen mit, dass sie sich in einer ausweglosen Lage befinden. «

»Den Beschuss intensivieren«, befahl Sil'drock. »Wir zeigen kein Erbarmen mit den Zerstörern. Das gleiche haben sie mit unserem Volk gemacht. Unsere Messwerte zeigen an, dass der Schutz-Schirm des gegnerischen Schiffes kurz vor dem Kollabieren steht. «

Die pausenlos einschlagenden Laser-Strahlen ließen den Schutz-Schirm des zierrakischen Schiffes in immer größerem Umfang versagen. Überall wurden Strukturlücken in ihrem Schirm sichtbar. Das Schirmfeld leuchtete in einem tiefen Rot und fiel Sekunden später in sich zusammen. Die anschließend einschlagenden Laser-Strahlen der ablondischen Angriffs-Schiffe, durchschlugen die Panzerung des Schiffes wie Butter. Zahlreiche Glutherde entstanden in den Bordwänden.

»Unsere Schiffe haben den Feind in ihrem Geschützfeuer«, teilte Sil'drock mit. »Gleich ist es um das Schiff geschehen. «

Die Crew blickte auf den Bildschirm. Die Gegenwehr des zierrakischen Schiffes verebbte. Immer mehr Löcher wurden in den Bordwänden des großen Schiffes sichtbar. Erste Waffen-Türme fielen aus. Dann bohrten sich die Energiestrahlen der ablondischen Schiffe ungehindert in die Antriebs-Einheit des 2.500 Meter-Kriegsschiffes vor.

In einer blendenden Explosion wurde das zierrakische Schiff auseinandergerissen. Der heiße gigantische Glutball verbrannte alle Metallstücke in eine Wolke aus Partikelstaub.

Die Offiziere des Flaggschiffes von Marschall War'drock waren sichtlich geschockt. Noch nie waren sie an einer solchen Kampf-Handlung beteiligt gewesen.

»Scannen sie die Umgebung nach Überlebenden«, befahl der Marschall. »Hat jemand von unserem Träger-Schiff überlebt? «

»Es wurden keine Rettungskapseln ausgeschleust«, meldete der Ortungs-Offizier des Flaggschiffes. »Dafür reichte vermutlich die Zeit nicht mehr. Es gibt keine

Überlebenden. Als Besatzung waren 2.000 Personen an Bord. Sie müssen als ist verloren angesehen werden. Das gleiche gilt für das zierrakische Schiff. «

Sil'drock blickte den Marschall an.
»Mit diesem zierrakischen Angriff, wurde ihre Armada bereits auf 74 Träger reduziert«, stellte er fest. » Es war ein grober Fehler der Flotten-Führung, so leichtsinnig in ein Gefecht zu ziehen. Im Krieg lässt sich so etwas nicht mehr gutzumachen. Wie kann man denn nur ohne seinen Schutzschirm zu aktivieren in Feindesgebiet fliegen? Mir ist schleierhaft, wie so etwas passieren konnte. Jetzt haben wir bereits 2.000 Personen unserer Flotte verloren.«

Ras'ekin blickte seinen älteren Kollegen an.
»Beruhige dich«, sagte er. »Das kann doch vorkommen. «

»Nein«, antwortete Sil'drock. » Das war ein sträfliches Versäumnis. So etwas darf nicht vorkommen. Ich habe das ungute Gefühl, dass mit einer solchen Flotten-Führung das nächste Dilemma in der Geschichte unseres Volkes auf uns zukommt. Willst du den Familien die Mitteilung überbringen, dass ihre Angehörige, die löblich ihren Dienst in der Flotte ableisten, leichtfertig von der Flotten-Führung in den Tod geschickt wurden? «

Er blickte den Marschall und die Crew des Flagg-Schiffes an.

»Wer von ihnen möchte das übernehmen? «, wiederholte Sil'drock seine Frage.

Betroffen senkten die Ablonder ihren Blick. Sie wussten, dass sie einen Fehler begangen hatten. Bisher konnten sie keine Kampf-Erfahrung sammeln.

Langsam beruhigt sich der ältere Ablonder wieder.
»Hoffentlich haben alle hieraus gelernt? «, sagte er.
»Ansonsten war das Opfer unserer Angehörigen sinnlos.«

Er atmete tief durch.
»Wie gedenken sie jetzt weiter vorzugehen? «, erkundigte er sich.

»Wir werden den Schrott wegräumen und uns beraten«, erwiderte der Marschall.

Sil'drock verzog sein Gesicht und schüttelte den Kopf. Ras'ekin antwortete an seiner Stelle.

»Das würde ich nicht empfehlen, Marschall«, antwortete er. »Ich erkenne, dass ihnen und ihren Schiffen sämtliche Kampferfahrung fehlt. Sie haben doch mitbekommen, dass dieses vernichtete Schiff einen Notruf abgesondert hat. In wenigen Minuten wimmelt es hier nur so von zierrakischen Schiffen. Haben sie zur Kenntnis genommen, dass wir mindestens 100 unserer Angriffs-Schiffe benötigen, um ein zierrakische Schiff zu eliminieren. Es ist nicht vorhersehbar, mit wie vielen Schiffen die Zierrakies hier auftauchen werden, um Vergeltung zu üben. «

Er ließ seine Worte wirken.
»Wir verschwinden hier«, ergänzte Ras'ekin. »Das ist die einzige Möglichkeit. Wir fliegen in einen Tunnel, der uns in die Nähe des natradischen Systems bringt. Dort warten wir, bis Sil'drock die zugesagte Verstärkung erhalten hat. Unsere natradischen Freunde sind kampferfahren und besonnen. Wie sie jetzt entscheiden werden Marschall, wissen wir nicht. Doch wir empfehlen ihnen, sich uns anzuschließen. Dann werden sie auch ihren Kampf gegen sie Zerstörer bekommen und erfolgreich beenden können. «

Sil'drock blickte den Marschall an.
»Ras'ekin hat Recht«, bestätigte er. »Wir möchten diesen letzten Kampf gegen die Zerstörer erfolgreich beenden. Nur so ist es möglich, noch Überlebende von unseren Herren zu finden. Einen anderen Weg gibt es nicht. Sie sehen, die Zeit läuft uns davon. «

Ohne eine Antwort abzuwarten, drehten er und Ras'ekin sich um und liefen zu dem Hangar, in dem ihr Schiff stand.

Der Marschall drehte sich zu seiner Crew um.
»Befehl an alle Schiffe«, teilte er mit. »Die Antriebe sind zu aktivieren. Wir folgen unseren erfahrenen Kollegen in das Portal. Senden sie einen Impuls, dass sich die Schotts unseres alten Führungs-Planeten wieder verschließen. Nichts darf auf die Roboter-Fertigung unter der Erde hinweisen. Vielleicht brauchen wir die Fertigungs-Anlagen später noch einmal. «

***

Die Termar 1 war unweit der errichteten Zeltstadt der Einsatz-Kräfte der EWK gelandet. Das Spezialteam, unter Leitung von Major Travis, hatte das Kommando-Zelt von Captain Hunter betreten.

Tart 1, Tart 2, Heinze und Major Travis begrüßten den Captain freundlich. Atlanta und Commander Senga-Hol führten den Worgass herein, der sich interessiert in dem Zelt umschaute. Er hatte immer noch die Körperform eines Atlanter's angenommen. Durch eine Operation, die er über sich hatte ergehen lassen müssen, konnte seine Formwandlungs-Drüse entfernt werden. Das war die Voraussetzung für das weitere Vertrauen, dass er sich in den Diensten der EWK erarbeiten wollte. Der Worgass würde jetzt Zeit seines Lebens den Körper eines Atlanter besitzen. Er war hiermit zufrieden, da diese Körper sehnig und kräftig aufgebaut waren.

Das Gesicht des Captains verdunkelte sich zusehends, als er erkannte, wer als Begleitung von Atlanta in sein Zelt geführt wurde.

»Wie soll uns ein Worgass helfen? «, fragte der Captain schroff.

Major Travis zog seine rechte Augenbraue hoch und blickte den Captain an.

» Commander Rantero entwickelt sich zu einem wichtigen Verbündeten«, erklärte er dem Captain in einem scharfen Ton. » Verzichten sie auf ihre Vorurteile und versuchen sie das Positive an seiner Hilfe zu erkennen. Er verfügt immer noch über einige Vorteile, die uns Menschen nicht gegeben sind. Er ist ein neues Mitglied unseres Teams und ich bitte sie, ihn auch so zu behandeln. Ist das für sie möglich? «

Hunter blickte sich um und schaute seine Crew an. Er konnte mittlerweile an dem Ton von Major Travis erkennen, wenn ihm etwas missfiel.

» Nur unter Protest«, antwortete er. » Ich bekämpfe Worgass seit geraumer Zeit. Sie stehen für mich für das Schlechte in der Galaxie. Sie verstehen, dass ich daher schlecht mit ihnen zusammenarbeiten kann. «

»Jedes Lebewesen wird in seinem Leben irgendwann einmal über seinen Schatten springen müssen«, teilte Major Travis mit. » Das scheint jetzt auch bei ihnen einzutreten. Ich erwarte also von ihnen einen loyalen Umgang mit Commander Rantero.
«
»Ich werde es versuchen«, antwortete Captain Hunter. »Wir müssen ja keine Freunde werden. «

Dann drehte sich der Captain um und ging zu der Karte, die auf dem Tisch ausgebreitet war.

Heran folgte ihm und schlug ihm auf die Schulter.
»Lassen wir diese kleinen Vorurteile«, sagte er. »Diese bringen uns nicht weiter. Machen wir uns auf die Suche nach dem Schläfer. Er ist seiner Basis beraubt, ohne technische Hilfsmittel, vielleicht nur mit einer Waffe und einer Notration ausgerüstet. Er sucht verzweifelt nach Schutz und einer Unterkunft. Nach meiner Meinung, kann er sich nur in der Stadt verstecken, weil dieser Ort zu Fuß von seiner Basis am schnellsten zu erreichen war. «

Major Travis nickte zustimmend.

» Das bestätigt auch der Fund des getöteten Soldaten«, bestätigte er. » Es konnten die gleichen Spuren gefunden werden, wie an dem getöteten Marines aus der Forschungs-Station von Professor Augenzell. «

Er blickte den Worgass an.

»Wie hieß die Schlange noch mal, die sie uns mitteilten? «, fragte er Major.

»Der Biss stammte von einer Barridian-Schlange«, antwortete der Worgass. » Sie lebt auf einem entfernten Eisplaneten und ist an die kalte Umgebung gewöhnt. Ihr Biss ist giftig. Bereits nach wenigen Sekunden, ist es um das Leben eines Wesens geschehen. «

»Das ist ja alles sehr interessant«, bemerkte Captain Hunter. » Aber wie bringt uns das jetzt weiter? «

»Gedulden sie sich«, antwortete Major Travis. » Als erstes möchten wir uns gerne den Toten ansehen. Vielleicht können wir noch einige Hinweise von bekommen. «

»Er ist in unserem medizinischen Notfallzelt aufbewahrt«, teilte Captain Hunter mit. » Ich führe sie hin. Es ist nicht weit von hier. «

Heran nickte dem Captain zu.

»Dann lassen sie uns nicht länger warten«, sagte er. »Wir haben heute noch etwas anderes vor. «

Major Travis blickte den Lantraner an. Er wusste bereits, worauf Heran erpicht war.

Captain Hunter drehte sich um und ging aus dem Zelt. Tart 1 schritt als erster voraus, die Gruppe der Termar 1 folgte ihm. Tart 2 bildete die Nachhut.

Der eisige Schnee knirschte unter den Schritten der Stiefel des Einsatz-Teams. Der Worgass Rantero zog seine Fell-Jacke bis oben zu.

Er blickte Atlanta an.

»Diese Kälte sind wir nicht gewöhnt«, sagte er. »Wir halten diese Temperaturen nicht lange aus«.

Travis blickte ihn an.

»Trifft das auch auf den Worgass der Zierrakies zu?«, fragte er.

Commander Rantero bestätigte.

»Wir sind subtropische Wasser-Planeten gewöhnt, in denen wir auch geboren werden«, erklärte er. »Ich setze voraus, dass sie das wissen. Eis-Planeten verabscheuen wir zutiefst. «

»Würde dies bedeuten, dass der zierrakische Schläfer sich nicht lange im Freien aufhalten kann? «, fragte Major Travis.

»Sie vermuten richtig«, antwortete Commander Rantero. »Er wird Schutz brauchen, demzufolge beschränkt sich unsere Suche auf die Gebäude und die Häuser der Stadt.«

Major Travis drehte sich zu Captain Hunter um.
»Das ist wieder eine neue Information für uns«, bemerkte er. »Das Worgass-Puzzle wird immer vollständiger. «

»Ich habe es begriffen«, murrte der Captain.

»Konzentrieren sie ihre Einsatzgruppen zunächst auf alle Hotels, Herbergen und Unterkünfte«, befahl Major Travis. »Sicherlich wird sich der Worgass ein entsprechendes Versteck gesucht haben. «

Captain Hunter nickte und gab den entsprechenden Befehl über seinen Kommunikator weiter. Des Weiteren kontaktierte er seinen 1. Offizier.

» Leutnant Graves«, tönte es aus dem Gerät.

»Hier ist Captain Hunter«, sprach der Captain in das Gerät. »Die Schlinge um den Kopf des Worgass zieht sich enger. Stellen sie mir bitte eine Liste zusammen, mit allen Hotels, Herbergen und Unterkünften auf dieser Insel. «

Der Leutnant bestätigte, Captain Hunter unterbrach die Verbindung.

Vor dem Team leuchtete das rote Zeichen des medizinischen Notfall-Zeltes.

» Dort ist es«, sagte Captain Hunter. » Der Tote wird in speziellen Kühl-Schränken aufbewahrt. Unsere Ärzte versuchen ein Gegenmittel für das Gift zu herstellen. Sie haben es bereits isoliert und hoffen kurzfristig auf einen Erfolg. «

»Das wird schwierig werden«, teilte der Worgass mit. » Das wurde bisher noch von keiner Rasse geschafft. «

»Warten wir's einfach ab, Qualle«, antwortete Captain Hunter. » Wir haben einige Experten hier vor Ort. «

Die Gruppe trat in das Zelt ein. Wärmestrahler sorgten für eine angenehme Temperatur.

Ein Arzt trat auf die Gruppe zu.
» Bringen sie einen weiteren Verletzten? «, fragte er den Captain.

» Nein«, antwortete John Hunter. » Wir möchten uns kurz nochmal den getöteten Soldaten ansehen. Würden sie uns bitte zu ihm führen. «

Der Arzt nickte und drehte sich um.
» Das ist Doktor Norderstedt«, teilte Captain Hunter mit.
» Er leitet unsere medizinische Abteilung. «

Das Team folgte dem Arzt zu einer Seitenabteilung des Zeltes. Hier waren 10 Edelstahl-Schränke aufgebaut, die separat an eine Stromversorgung angeschlossen waren.

Der Doktor zeigte auf die Schränke.
»Diese Schränke dienen uns zur hygienischen Grundversorgung eines Leichnams«, teilte er mit. »Uns ist noch immer rätselhaft, um was für ein Gift es sich handelt. Dieses scheint nicht auf der Erde vorzukommen? «

Major Travis nickte.
» Mein Name ist Major Travis, Sonderbeauftragter der EWK«, stellte er sich vor. » Sie haben Recht, Doktor Norderstedt. Es ist ein spezielles, aggressives Schlangengift, von einem fernen Planeten. Der von uns

Gesuchte hat es hier eingeschleppt. Versuchen sie ihr Glück, ein Gegenmittel zu finden. Das wäre auch zukünftig sehr hilfreich für uns. «

Der Arzt blickte ihn mit einem seltsamen Ausdruck an.
»Wir versuchen unser Bestes«, antwortete er.

Er drehte sich ab und ging zu dem ersten Kühlschrank. Er zog eine Schublade heraus, in dem eine Bahre mit dem toten Soldaten aufbewahrt war.

» Das ist der arme Soldat, den es erwischt hat«, bemerkte er. » Er hat nicht leiden müssen. Das Schlangengift, wie sie sagen, hat innerhalb von Sekunden gewirkt. «

Major Travis winkte Commander Rantero zu sich. Tart 1 und Tart 2 wollten sicherheitshalber mit vorrücken, doch der Major gab ihnen ein Zeichen stehen zu bleiben.

Er drehte seinen Kopf dem Worgass zu.
» Versuchen sie noch einmal ihr Glück«, forderte er ihn auf. » Vielleicht finden sie weitere Informationen, die uns hilfreich sind «

Der Worgass schritt an die Bahre heran.
Commander Rantero blickte den Arzt an.

» Wo haben sie den Biss an diesem Körper entdeckt? «, fragte er den Arzt.

Doktor Norderstedt drehte den Toten etwas auf die Seite und zeigte auf das rechte obere Bein.

» Hier sehen sie zwei kleine Einstiche«, erwiderte der Arzt. » Das wird vermutlich die Bisswunde sein. «

Commander Rantero blickte sich die Wunde an und nickte.

»Es ist eindeutig«, entgegnete er.
Er beugte seinen Oberkörper, sein Kopf rückte näher an die Wunde. Seine Nase schnupperte hieran. Er zog tief den Geruch ein.

»Worgass Geruch«, bestätigte er mit.
Er hob seine Hand und drückte die Haut der Wunde zusammen. Etwas Blut floss auf der Wunde. Er nahm mit einem Finger den Bluttropfen auf und fuhr mit ihm vor seinen Mund. Mit seiner Zunge leckte er den Bluttropfen von seiner Fingerkuppe ab.

Erstaunt schaute der Arzt ihm zu
Nach wenigen Sekunden bestätigte Commander Rantero.

»Die Tat wurde von dem gleichen Worgass der zierrakischen Kaiser-Dynastie verübt, wie beim ersten Mal. So wie es aussieht, haben wir es lediglich mit einem Schläfer zu tun. Ein Team kam von mir definitiv ausgeschlossen werden. Ich hätte auch einen zweiten Worgass per Geruchs-Identifizierung erkennen müssen. «

Er drehte sich zu dem wartenden Spezial-Team von Major Travis um.

»Wir können los«, bemerkte der Worgass. »Ich habe den Geruch dieses zierrakischen Worgass jetzt für 2 Stunden aufgenommen. Nach dieser Zeit klingt mein Geruchssinn wieder ab. Aber ich denke, die Zeit sollte ausreichen, um der Spur des Schläfers folgen zu können. «

»Das können sie alles dem Bluttropfen entnehmen? «, staunte Captain Hunter.

Commander Rantero schmunzelte ihn an.
» Sie scheinen tatsächlich noch nicht viel über uns Worgass-Quallen zu wissen«, antwortete er. » Ich habe bereits mitgeteilt, dass wir über viele Fähigkeiten verfügen, die sie noch gar nicht kennen. Deswegen werden wir auch so gerne von fremden Rassen gentechnisch missbraucht. Wir werden nicht gefragt, ob wir das wollen, oder nicht. Der Prozess der Manipulation

erfolgt in dem Reifeprozess unserer Rasse. Wir sind in dieser Zeit der Genmanipulation ausgeliefert. Leider besteht für uns als Lebewesen keine Möglichkeit hierauf Einfluss zu nehmen. «

»Entschuldigen sie den Ausdruck Qualle«, bemerkte Captain Hunter. »Ich habe vorhin überreagiert. «

»Kein Problem«, antwortete der Worgass. »Das ergeht uns auf fast allen Planeten so. Wir sind es gewöhnt. «

Major Travis blickte Heinze an.
»Registrierst du irgendwelche fremden Gedanken? «, fragte er den Ro.

» Seit wir hier gelandet sind, versuche ich die Gedanken des zierrakischen Worgass, von den Gedanken der Bewohner der Stadt, zu isolieren«, entgegnete der Ro. »Ich fange zwischendurch Gehirn-Wellen von ihm auf. Diese sind jedoch anders als bei Commander Rantero. Sie sind sehr fremdartig und voller Hass. Doch das eigenartige an diesem Worgass ist, er kann seine Gedanken dank einer speziellen Fähigkeit abschalten. Sobald ich einen Gedanken-Impuls von ihm erhalte, verebbt sie direkt wieder. Der Worgass scheint eine Fähigkeit zu besitzen, um seine Gedanken für Außenstehen zu sperren. «
Commander Rantero blickte den Ro an.

» Das ist eine bemerkenswerte Erkenntnis«, sagte er. » Wir Worgass aus den Brutstätten in Andromeda, haben diese Fähigkeiten nicht. Uns wurde berichtet, dass andere Worgass-Stämme eine solche Fähigkeit entwickelt haben. Sie sollen das Aussenden ihrer Gehirnwellen auf ein Mindestmaß minimieren können. Das passiert immer, wenn sich ein Worgass in der Erholungsphase befindet. Es ist also davon auszugehen, dass dieser zierrakische Worgass über diese Fähigkeit verfügt. «

Atlanta nickte.
»Das ist wieder eine interessante Erkenntnis, die wir vorher auch nicht von den Worgass wussten«, bemerkte sie.

Atlanta blickte Commander Rantero an.
» Danke für Ihre Mitarbeit, Commander. Sie waren bisher eine große Hilfe für uns. «

»Ich bemühe mich, sie und ihr Team von der Glaubhaftigkeit meine Absicht zu überzeugen«, antwortete der Commander. » Ich habe bei ihnen um Asyl gebeten, weil mich zu Hause der Tod erwartet. Welche Lebenserwartung hätte ich dann noch. Ich beteilige mich daran, ihre Welt vor den Angriffen der Netzwerk-Denkern, dem zierrakischen Kaiserreich, den Daranern, oder anderen Herrenrassen, dies sich unserer Mithilfe bedienen, zu beschützen. «

»Bemühen sie sich weiter«, entgegnete Heran. »Auch ich brauche noch eine ganze Menge Überzeugungskraft, bis ich ihnen glauben kann. «

Der Worgass blickte ihn an.
»Sie verhalten sich genauso wie alle anderen Völker, bei denen Angehörige meines Volkes um Asyl gebeten haben«, erklärte er. »Obwohl sie selbst kein Terraner, oder ein Natrader sind, erinnern sie sich immer nur die negativen Erfahrungen, die von unserer Rassen erzählt werden. Niemand will mit uns in Kontakt treten, oder uns vertrauen. Vielleicht haben wir in der Zukunft einmal die Möglichkeit, unser Volk aus der Unterdrückung zu befreien. Auch wir wünschen uns ein normales Leben in einer freien Galaxis. «

Heran lachte laut auf.
» Diese Wünsche werden wohl in naher Zukunft nicht realisiert werden können«, antwortete er. » Dafür sind die Worgass in zu vielen Sternen-Inseln aktiv. Ganze Galaxien stehen unter ihrem Zwang. «

Commander Rantero schaute ihn an fast mitleidig an.

» Bekämpfen wir die Ursache, in diesem Fall die Rassen, die uns immer wieder manipulieren, dann werden wir irgendwann ein freies Leben führen können«, ergänzte er. »Haben wir nicht auch ein Recht hierauf, wie jede andere Rasse im Universum auch? Leider setzt sich für uns keine technisch hochentwickelte Rasse, wie die Lantraner, die Mylanter, oder die Kon-Ra-Tak Volk, ein. Wir werden direkt nach unserer Geburt, vermutlich noch im Wasser, von speziellen Worgass-Fängern abgefischt und gentechnisch missbraucht. Stellen sie sich einmal vor, wenn man dies mit Angehörigen ihrer Rasse machen würde. Ist es dann nicht verständlich, dass ein unendlicher Hass auf alle Rassen entsteht, die sich an diesen Manipulationen beteiligen? Wir als Volk sind allein nicht fähig diese Manipulation zu beenden. «

»Ich bin verwundert«, erwiderte Heran. »Sie kennen die lantranische Rasse. «

»Sie wären noch mehr verwundert, wenn sie über alle meine Informationen verfügen würden«, antwortete der Worgass. »Ihr Volk ist den Netzwerk-Denkern schon lange ein Dorn im Auge. Sie arbeiten seit Jahren an einer Angriffs-Strategie, ihre Rasse endgültig aus dem Universum zu entfernen. Die Netzwerk-Denker wissen, dass ihr Volk ihnen viele Niederlagen zugefügt hat. «

»Ihre Aussage ist sehr interessant«, antwortete Heran. »Mir war nicht bewusst, dass wir bei den Netzwerk-Denken bereits an oberster Stelle ihres Vernichtungs-Planes stehen. «

Commander Rantero lächelte ihn an.
»Dann bin ich wirklich froh, dass ich auch etwas für sie tun konnte«, erwiderte er.

Captain Hunter hatte den Worten des Worgass mit gemischten Gefühlen zugehört.

» Vielleicht gibt es irgendwann eine Möglichkeit ihre Träume zu realisieren«, entgegnete er. » Doch wie Heran schon sagte, wird bis dahin wird wohl noch viel Zeit vergehen. «

»Suchen wir den Schäfer«, beendete Major Travis die Diskussion. » Die Punkte bewerten wir ein anderes Mal. Es wird Zeit, dass wir den Zierrakie-Worgass schnappen. «

Der Major drehte sich um und wollte gehen.
» Einen Augenblick noch«, sagte Captain Hunter. »Ich möchte eine Einheit Marines anfordern, die uns Rückendeckung gibt. Ich möchte nicht in einen Hinterhalt geraten. «

Der Captain öffnete seinen Kommunikator und wählte die Nummer seines 1. Offizier.

»Leutnant Graves«, tönte es aus dem Gerät.

»Hier spricht Captain Hunter«, meldete sich der Befehlshaber der Cuuda-001. »Kommen sie bitte mit einer Einheit Marines zu dem zentralen Medi-Zelt. Wir brauchen dringend Unterstützung. Wir scheinen eine heiße Spur des Schläfers gefunden zu haben. Die Marines sollen sich mit ihrer Taja ausrüsten und Laser-Sturm-Gewehre mitbringen. Ich rechne mit Widerstand. Beeilen sie sich. Wir warten hier auf sie. «

Der Worgass Kragphan hatte die Gardine seines Zimmers zu Seite geschoben und blickte vorsichtig auf die Stadt.

»Es sind mehr Soldaten vorhanden als vor einigen Stunden«, erkannte er. »Sie geben nicht auf. Die verfluchten Terraner suchen mich mit allen Mitteln, die ihnen zur Verfügung stehen. «

Er blickte nach oben in den Himmel. Zahlreiche Kampf-Jets und Angriffs-Gleiter überflogen in einem Abstand von wenigen Sekunden die Stadt.

»Sie scannen und beobachten die Situation auch aus

der Luft«, dachte er. » Vermutlich haben die Soldaten das Stadt-Zentrum komplett abgeriegelt. Niemand wird diese Region im Moment verlassen. «

Er lachte grimmig auf.

»Es war ein großer Fehler von mir, in diese Stadt zu flüchten«, erkannte er. »Ein einsames Versteck wäre besser gewesen. Ich werde mich damit abfinden müssen, von diesem Planeten nicht mehr fortzukommen. «

Er schlug mit seiner Faust dreimal vor die Zimmerwand, bis seine Hand schmerzte.

»Doch ich werde es ihnen nicht so einfach machen«, fluchte er. »Die Terraner werden mich nicht überlisten können. Ich bin ein Agent der zierrakischen Kaiser-Dynastie. Meine Aufgabe dient einem größeren Zweck. Ich werde nicht als erster und einziger Agent versagen. Die Terraner sind nicht wichtiger und bedeutungsvoller als andere Rassen. Diese haben wir bekämpft und erfolgreich unterdrückt. Auch den Terranern wird es nicht anders ergehen. Es ist nur eine Frage der Zeit, bis die Haupt-Armada der Zierrakies über ihrem Planeten steht und sie gnadenlos unterwirft. «

Kragphan dachte über seine Gedanken nach.

»Fühle ich mich am Ende doch unsicher? «, fragte er sich. » Habe ich plötzlich Mühe meine eigene Angst im Zaum zu halten. Will ich es mir nicht eingestehen, oder bekomme ich vor den Terranern großen Respekt? «

Der Worgass setzte sich auf das Bett.
»Diese Rasse hat seit meiner letzten Wachphase mehr erreicht als jede andere Rasse in der Galaxie zusammen. Unser Kaiserreich wurde zu spät über ihre Entwicklung informiert. Ich wusste direkt, nachdem ich sie das erste Mal beobachtet hatte, dass etwas Ungewöhnliches von ihnen ausgeht. Sie breiten sich aus, wie ein infektiöser Keim, der sich immer tiefer einnistet und für den es keine Medizin gibt. «

Kragphan stand von dem Bett auf und zog die Gardine gerade. Unruhig ließ er sich auf den Stuhl fallen. Dann schloss er seine Augen und sammelte seine Gedanken im Kopf. Er suchte nach einem Plan.

Sekunden später riss er blitzschnell seine Augen auf. Sein Gehirn arbeitete wieder mit voller Leistung.

» Ich brauche ein Raumschiff«, dachte er. » Nur so kann ich von diesem Planeten entkommen. Mein Versteck wird über kurz oder lang gefunden werden. Ich werde mich den Soldaten der Terraner anschließen. Sie werden sicherlich Verletzte versorgen. Ich werde mich in Ihre Hände begeben und mich medizinisch versorgen lassen. Die Soldaten werden auf Kämpfe eingestellt sein und über eine Medi-Station verfügen. Dort sind nur Ärzte und Mediziner im Einsatz. Es sollte leicht möglich sein, von dort aus die Flucht anzutreten. «

Der Worgass hatte die Kleidung des Soldaten wieder angezogen und den Kampfgürtel umgeschnallt. Er schulterte das Laser-Gewehr. Vorsichtig öffnete er die Türe und schaute auf den Flur des Hotels.

»Alles ruhig«, dachte er.
Kragphan schlich aus dem Zimmer und die Treppe runter. Leise und geräuschlos verließ er den Gasthof. Verhalten blickte er sich um.

Die Finsternis und die Stille irritierten seine Nerven.
» Es ist viel zu ruhig«, dachte der Worgass. » Normalerweise verursachen viele Soldaten auch viel Lärm. «

Er wollte gar nicht genau wissen, was der Grund hierfür war. Der Worgass stieß einen unverständlichen Fluch aus. Er vermutete, dass er schnell in eine unberechenbare Situation geraten konnte.

Fast leichtfüßig drückte er sich an der Hauswand entlang. Ängstlich blickte er in den Himmel.

Noch immer zogen Kampf-Jets und Gleiter ihre Kreise über der Stadt und schickten Ortungs-Strahlen zu ihm herunter. Er musste aufpassen, nicht von ihnen erfasst zu werden. Leises schritt er weiter vorwärts und bog in eine enge dunkle Gasse ab. Nur das gedämpfte Licht von diversen Straßen-Laternen huschte über sein angespanntes Gesicht.

Er hasste dieses Versteckspiel. Kragphan hörte sich selbst rhythmisch atmen. Seine Augen waren weit aufgerissen.

»Ich muss mich beruhigen«, dachte er. »Die Situation darf nicht eskalieren. «

Seine Augen verengten sich. Weit vor ihm hatte er eine Bewegung wahrgenommen. Kragphan riss das Laser-Gewehr von seiner Schulter und entsicherte es. Das Gewehr vor sich haltend, schritt er langsam weiter.

»Er ist ein Soldat, der Wache an dieser Gasse hält«, registrierte er.

Die Geräusche seiner Schritte veranlassten den Soldaten sich umzudrehen und in seine Richtung zu blicken.

»Parole«, erkundigte sich der Soldat.

Kragphan durchforstete blitzschnell das Gedächtnis des übernommenen Soldaten. Durch den Körperkontakt konnte er sich auch die Erinnerungen der Person zu Eigen machen. Endlich hatte die Parole gefunden.

Er antwortete auf den Zuruf.
»Worgass, Schläfer«, erwiderte in die Nacht.

» Akzeptiert«, kam die Antwort zurück. » Wer ist da? «, fragte die Wache.

» Ich bin Soldat, auf dem Weg zu meiner Einheit«, antwortete der Worgass.

Langsam kam er auf den Soldaten zugetreten. Dieser wirkte sichtlich erleichtert.

» Ist irgendwas Auffälliges passiert? «, fragte er.

» Nein, alles ruhig«, antwortete der Soldat. » In der Gasse war niemand. «

Kragphan nickte und drehte sich unruhig um. Er blickte in die dunkle Gasse.

»Vorsichtig, dahinten«, sagte er. » Ich habe eine Bewegung wahrgenommen. «

»Ich kann nichts sehen«, antwortete der wachhabende Soldat.

Kragphan zog seine Lampe aus seinem Gürtel, schaltete sie ein und lief mit lautem Geschrei in den Gang hinein.

» Bleiben sie hier«, empfahl der Soldat ihm nach. » Wir warten auf Verstärkung. «

Doch der Plan von Kragphan war klar. Er ignorierte die Worte des Soldaten. Mit Geschrei rannte er in die dunkle Gasse. Als diese eine Biegung machte, blieb der Worgass stehen. Sein teuflisches Lächeln war für andere Personen nicht erkennbar. Kragphan drückte den Abzug seines Laser-Gewehres. Die Laser-Lanzen erhellten die dunkle Gasse und schlugen in die Hauswand ein. Kragphan hob seinen Kopf und schlug diesen kraftvoll vor die Hauswand. Eine unschöne, tiefe Risswunde war zu sehen, aus der Blut strömte. Er fühlte mit seinen Fingern an der Wunde und bemerkte, wie das warme Blut aus der Verletzung floss. Mit einem lauten Aufschrei ließ er sich fallen und lehnte sich gegen die Wand.

Nach wenigen Minuten sah Kragphan einen Lichtschein auf sich zukommen. Der Soldat, der die Gasse bewachen sollte, kam angelaufen.

»Was ist passiert? «, fragte er entsetzt.

» Es wurde auf mich geschossen«, antwortete Kragphan. » Ich sah die Laser-Strahlen kommen und musste schnell ausweichen. Dabei bin ich vor die Wand geschlagen. «

Der Soldat strahlte ihn an. Er sah die klaffende Wunde an dem Kopf des Worgass und das immer noch herausquellende Blut.

» Das sieht nicht gut aus«, bemerkte er. » Es ist eine tiefe Fleischwunde. Ich werde ein Medi-Team rufen. «

Der Soldat zog seinen Kommunikator aus der Tasche und gab die Informationen an ein Notfall-Team weiter. Dann unterbrach er die Verbindung und steckte es wieder ein.

» Gleich kommt Hilfe«, sagte er.
Er suchte ein Tuch in seiner Uniform-Jacke. Diese gab der Kragphan.

»Drücken sie das auf die Wunde«, bemerkte er. »Das vermindert den Blutverlust. Ich muss sie aus dieser dunklen, unübersichtlichen Gasse herausziehen. Ansonsten findet uns das Medi-Team nicht. Vielleicht steckt der Angreifer noch irgendwo. Verschränken sie ihre Arme über ihre Brust. «

Der Worgass tat wie ihm befohlen.
Der Soldat fasste ihm unter die Arme, hob ihn auf und zog ihn mühsam aus der Gasse, zurück zur Hauptstraße. Dort setzte er ihn vorsichtig auf den Bürgersteig ab.

Der Soldat zog ein weiteres Tuch aus seiner Tasche und tropfte hiermit die Wunde an Kragphan Kopf ab.

»Halten sie durch«, sagte er. »Die Ärzte werden gleich da sein. «

»Danke für ihre Hilfe«, antwortete Kragphan. »Dummerweise war ich leichtsinnig und zu unvorsichtig. Ich musste dem Laser-Strahl ausweichen.

» Das hätte jeder von uns gemacht«, antwortete der Soldat. » Machen sie sich keine Vorwürfe. In meinen Augen waren sie sehr mutig. Fast hätten sie den Eindringling gehabt. «

Ein Anti-Graf-Gleiter rauschte heran. Ein rotes Kreuz leuchtete in roter Farbe auf dem weiß-lackierten Metall.

Ein Schott öffnete sich. Zwei Ärzte mit Notfall-Koffer sprangen heraus und kamen auf die Soldaten zugelaufen.

»Sie haben den Notruf abgegeben? «, fragte einer von ihnen.

Der Soldat des Wachdienstes nickte.

» Wo ist der Verletzte? «, entgegnete der Arzt.

»Er sitzt hier vorne, an der dunklen Gasse «, antwortete der Soldat. »Leider hat er sich eine tiefe Kopfverletzung zugezogen. «

Die Ärzte liefen zu dem Verletzten. Einer von ihnen bückte sich und untersuchte den Soldaten.

»Das muss genäht werden«, antwortete er. »Wir werden das in unserem zentralen Medi-Zelt machen. «

Der leitende Arzt blickte den Worgass an.
»Für sie ist der Einsatz beendet«, bemerkte er. » Freuen sie sich? «

Er blickte den Soldaten an.
»Bitte fassen sie kurz mit an«, bat der Arzt. »Wir legen ihn auf eine Bahre. «

Der Assistenz-Arzt hatte bereits die Bahre aus dem Gleiter geholt und aufgebaut.

Mit vereinten Kräften wurde Kragphan auf die Bahre gelegt und festgeschnallt. Erleichtert atmete er aus. Gutmütig ließ er alles mit sich machen.

»Mein Plan geht auf«, dachte er teuflisch.

»Wo wird er hingebracht? «, erkundigte sich der Soldat des Wachdienstes.

Der leitende Arzt blickte ihn an.
»Das habe ich ihnen bereits mitgeteilt«, entgegnete er. »Versorgen können wir ihn nur in unserem zentralen Medi-Zelt. Dort haben wir eine entsprechende Ausrüstung. Kommen sie hier allein zurecht? «

Der Soldat nickte.
»Ich bewache lediglich die Gasse«, teilte er mit.

Die Ärzte schoben die Bahre in den Gleiter, stiegen ein und schlossen das Schott. Kurz darauf hob der Gleiter lautlos ab und flog davon.

Der Soldat blickte ihm eine ganze Zeit hinterher.

Das Team unter der Leitung von Major Travis, war auf der Spur des zierrakischen Worgass. Leise schritten sie durch mehrere enge Gassen des Ortes. Tart 1 und Tart 2 protestierten energisch, weil hier ein optimaler Schutz ihres Vorgesetzten nicht möglich war.

Major Travis winkte den Worgass zu sich. Er wurde von Atlanta und Senga-Hol bewacht. Commander Rantero trat an die Seite des Majors.

»Erkennen sie etwas? «, fragte Major Travis ihn.

Der Überläufer hob seinen Kopf und schnüffelte in alle Richtungen.

»Sein Geruch hängt noch in den Häuserwänden«, teilte er mit. »Er ist hier eindeutig durchgekommen. «

Major Travis nickte und nahm sein Laser-Gewehr von der Schulter und legte es in seine Armbeuge. Heran zog seinen schweren lantranischen Blaster aus einem Holster und stellte diesen entsprechend ein.

» Ich aktiviere einen energetischen Fesselstrahl«, sagte er zu dem Major. » Ich denke, wir sollten in lebend gefangen nehmen. So können wir später noch einige Fragen aus ihm herausquetschen. «

Tart 1 und Tart 2 hatten in den Kampf-Modus geschaltet. Ihre Augen leuchteten tiefrot. Auch die anderen Personen des Teams hatten vorsichtshalber ihre Waffen entsichert.

Fast geräuschlos durchschritten sie die dunkle Gasse.

»Dort wird es heller«, flüsterte Atlanta. »Wir kommen auf eine größere Straße. «

»Stehenbleiben«, tönte es blechern von Tart 1. »Wir sondieren erst die Lage. «

Major Travis nickte den beiden natradischen Robotern der kaiserlichen Kaste zu.

Tart 1 und Tart 2 aktivierten ihren Schutz-Schirm und schritten auf die breite Straße. Ihre Waffenarme richteten sich nach allen Seiten. Ihren sensiblen Sensoren entging nicht die geringste Kleinigkeit. Ihre feinen Ortungs-Instrumente erfassten alle undefinierbaren Dinge.

Tart 1 winkte der Gruppe zu.
»Alles sicher«, teilte er mit. »Es sind keine Feind-Aktivitäten festzustellen. «

Das Team der Termar 1, kam aus der Gasse heraus und blickte die rechts und links der Hauptstraße entlang.

Commander Rantero wurde von Atlanta und Senga-Hol geführt.

»In welche Richtung ist er gegangen? «, fragte Heran.

»Das ist jetzt die große Frage«, erwiderte der Major.

Die Straße war menschenleer. Die Einwohner der Insel waren von der EWK informiert worden, dass man einen Verbrecher suchte. Sie wurden gebeten ihr Haus nicht zu verlassen.

Atlanta blickte Commander Rantero an.
»Können sie uns weiterhelfen? «, fragte sie. » Ist für sie ersichtlich, welche Richtung der zierrakische Worgass eingeschlagen hat? «

»Ja«, antwortete der Worgass. » Er hat sich nach links orientiert. Die Gerüche vermehren sich in diese Richtung. Er muss hier irgendwo sein, oder er war erst vor kurzer Zeit hier. «

»Dort ist ein kleines Hotel«, bemerkte Senga-Hol. » Ich habe es erst beim zweiten Hinsehen erkannt. Es sieht unauffällig aus. Es könnte ihm das als Unterkunft dienen?«

Major Travis blickte Heinze an.

»Fängst du irgendwelche Gedanken auf? «, erkundigte sich der Major.

Heinzes Gesicht wirkte angestrengt. Er versuchte die Gedanken des flüchtigen Worgass zu erfassen.

»Er fühlt sich verfolgt«, teilte er seinen Freunden mit. »Der Worgass ist wieder auf der Flucht. Er kontrolliert seine Gedanken sehr stark. Ich kann immer nur Fetzen auffangen. «

Die Spezialtruppe der EWK hatte das Hotel erreicht. Es wirkte nicht besonders sauber, eher etwas heruntergekommen. Putz hatte sich von der Hauswand gelöst und lag unbeachtet am Boden. Die Scheiben waren nebelig.

Heran blickte durch ein Fenster.

»Die Rezeption ist nicht besetzt«, flüsterte er. »Der Empfangsbereich sieht verlassen aus. «

Tart 1 öffnete die Türe und schritt mit entsicherten Waffenarmen als Erster durch die Tür. Sorgfältig sondierte er die Lage. Als er sich sicher war, in keinen Hinterhalt zu geraten, winkte er den Wartenden zu.

Das Team der Termar 1 und Captain Hunter traten ein. Ein älterer Mann kam aus einem Nebenzimmer geschritten. Erstreckt blickte er auf die beiden natradischen Kampf-Roboter, die auf ihn einen gefährlichen Eindruck machten.

» Sie wünschen? «, fragte er mit zittriger Stimme. » So viele Zimmer habe ich nicht, ferner vermiete ich auch nicht an Roboter. «

»Wir brauchen keine Zimmer«, entgegnete Captain Hunter. »Dürfen wir ihnen einige Fragen stellen? «

»Ich habe nichts zu verbergen«, antwortete der Gastwirt, als er die EWK-Abzeichen an der Kleidung der Personen erkannt hatte.

Captain Hunter blickte dem Mann in die Augen.
»Hat kürzlich ein neuer Gast bei ihnen eingecheckt? «, fragte der Captain.

Der Gastwirt blickte ihn irritiert an.
» Das hier ist ein Hotel«, erwiderte er. » Es treffen dauernd neue Gäste ein. «

»Ich will es einmal anders aufdrücken«, bemerkte Captain Hunter genervt. »Haben sie gestern Abend jemanden ein Zimmer vermietet? «

Der Gastwirt wurde unsicher.
»Ich habe gestern einem Soldaten ein Zimmer gegeben«, antwortete er. »Warum fragen sie danach? «

»Wir würden ihn gerne sprechen«, antwortete John. » Ist er zufällig da? «

»Sein Schlüssel hängt nicht hier«, entgegnete der Gastwirt. » Er wird wohl auf seinem Zimmer sein, ansonsten hat er den Schlüssel bei sich. Ich habe ihm noch zivile Kleidungsstücke gegeben. Er hatte nichts zum Wechseln dabeigehabt. «

Major Travis und Captain Hunter wechselten verhalten Blicke aus.

» Wo finden wir ihn? «, fragte Captain Hunter nach.

» Sein Zimmer ist auf der ersten Etage«, antwortete der Gastwirt. » Es ist die Nummer 9. «

»Danke«, sagte Captain Hunter. »Wir gehen kurz zu ihm nach oben. «

Major Travis blickte Atlanta und Senga-Hol an.

»Bleiben sie hier unten und sichern sie den Rückweg«, befahl er. »Heinze, du unterstützt bitte Atlanta. Falls der Worgass flüchtet, haltet ihn bitte auf. Verwendet vorrangig Paralyse-Strahlen. Das wird ihn an weiteren Aktionen hindern. «

»Das werden wir«, schmunzelte Atlanta. » An uns Atlantern kommt kein Worgass vorbei. «

»Verteilt euch besser«, empfahl der Major »Unser Schläfer scheint gerissen zu sein. «

Vorsichtig gingen Tart 1, Major Travis, Heran, Captain Hunter, Commander Rantero und Tart 2, die knirschende Holztreppe zum Obergeschoß hinauf. Die Beleuchtung des Flures flimmerte.

»Leucht-Strahler an«, befahl Major Travis.

Tart 1 aktivierte seinen Strahler und leuchtete den Gang aus.

»Da ist das Zimmer 9, am Ende des Ganges«, flüsterte Captain Hunter.

Geräuschlos näherte sich die Gruppe der Zimmertüre.

Major Travis nickte Tart1 zu.
Der trat blitzschnell die Tür ein und rannte in das Zimmer. Sein Schutzschirm war aktiviert, die Waffen-Systeme hochgefahren.

» Der Raum ist gesichert«, teilte er von innen mit. » Es ist niemand da. Der Worgass ist ausgeflogen. «

Major Travis, Captain Hunter, Commander Rantero und Tart 2 betraten das Zimmer. Es wirkte wie eine Absteige. Auf dem Bett lagen die zivilen Kleidungsstücke, von denen der Gastwirt erzählt hatte.

Der Worgass hob seinen Kopf und zog den Geruch in seine Nase.

»Der Geruch ist hier noch sehr intensiv wahrzunehmen«, teilte er mit. »Ihr Schläfer ist maximal 10 Minuten fort. Wir kommen zu spät. «

Er nahm ein Hemd, das verknittert auf dem Brett verstreut lag. Wieder schnüffelte er hieran.

» Es ist eindeutig der Geruch des zierrakischen Worgass«, ergänzte er. » Es ist keine Verwechslung möglich. «

»Er kann nicht weit sein«, bemerkte Heran. »Ich vermute, dass er mitbekommen hat, dass wir ihm auf der Spur sind.«

Major Travis nickte.
»Folgen wir ihm«, entgegnete er. »Der Worgass muss bei jeder Kontrolle damit rechneten, dass er erkannt wird. «

Das Team der Termar 1 eilte die Treppe wieder hinunter. Der Gastwirt blickte sie fragend an.

» Wir mussten die Türe des Zimmer eintreten«, entschuldigte sich der Major. » Der Schlüssel steckte nicht. Hier ist meine Karte. Schicken sie die Rechnung an die EWK. Sie wird ihre Reparatur-Kosten sofort begleichen. «

Der Gastwirt bedankte sich und nahm die Karte entgegen.

»Wir kamen zu spät«, teilte Heran Atlanta mit. »Der Worgass kann maximal 10 Minuten fort sein. Er weiß vermutlich, dass wir ihm auf der Spur sind. «

Das EWK-Team schritt auf die Hauptstraße hinaus. Commander Rantero orientierte sich an dem typischen Geruch des zierrakischen Worgass.

»Welche Richtung kann er genommen haben? «, fragte Captain Hunter ungeduldig.

Der Worgass blickte ihn an.
»Vermutlich die entgegengesetzte Richtung«, antwortete er. »Ansonsten wäre er uns in die Arme gelaufen. Sein Geruch hängt noch an den Hauswänden. Er hat bewusst das Licht vermieden. Der Gesuche hat den Schatten der Häuser genutzt. «

Commander Rantero ging voraus. Atlanta und Commander Senga-Hol waren nur einen Schritt hinter ihm. Doch das Vertrauen in den Worgass wuchs.

Vorsichtig folgte das Team dem Überläufer. Es waren nur wenige Minuten vergangen, als sie eine Bewegung vor sich erkannten.

Es war der Soldat des Wachdienstes, der pflichtbewusst immer noch die ihm zugewiesene Gasse bewachte.

Die Schritte des heraneilenden EWK-Teams, ließen den Soldaten aufmerksam werden.

»Parole«, fragte er laut.
» Worgass, Schläfer«, antwortete Captain Hunter.

» Akzeptiert«, antwortete der Soldat. »Wer sind sie? «

Major Travis stellte sich und sein Team vor. Der Soldat bekam große Augen, als der Oberbefehlshaber der EWK auf ihn zutrat.

» Wie lange stehen sie schon hier? «, fragte Major Travis.

» Eine ganze Weile«, antwortete der Soldat.
Seine Augen richteten sich auf Tart 1 unter Tart 2. Erschreckt wich er einen Schritt zurück.

» Eine Sorge«, beruhigte ihn Major Travis. » Die Kampf-Roboter sind auf unserer Seite. «

»Da bin ich aber wirklich froh«, antwortete der Soldat. »Noch mehr Aufregung kann ich heute nicht ertragen. «

»Von welcher Aufregung sprechen sie? «, fragte Captain Hunter. » Gab es einen Zwischenfall? «

Der Soldat nickte.
» Vor 10 Minuten kam ein Kollege zu mir und fragte nach meinem Befinden«, teilte der Soldat mit. » Er suchte seine Einheit. Kaum hatte ich ihm mitgeteilt, dass alles ruhig war, registrierte er eine Bewegung in der Gasse. Todesmutig und mit lautem Geschrei lief er hinein und

wollte die unbekannte Person stellen. Dabei ist er in einen Laser-Beschuss geraten. Ich konnte drei Schüsse hören. Er musste den Strahlen ausweichen und ist dabei vor die Hauswand geprallt. Er hat sich eine tiefe Verletzung an den Kopf zugezogen. Die Wunde blutete sehr stark. Ich konnte ihn so nicht allein gehen lassen und habe direkt ein Notfallteam angefordert. Das war innerhalb von wenigen Minuten da. Der Soldat wurde untersucht. Der Arzt teilte mir mit, dass die Wunde genäht werden müsste. Das Notfall-Team hat ihn mit in das zentrale Medi-Zelt genommen. Dort wollte man ihn versorgen. «

»Das war vor 10 Minuten? «, fragte Major Travis nach. Der Soldat blickte auf seinen Zeitmesser und bestätigte die Angaben.

»Ich möchte mir die Stelle an der Hauswand anschauen«, sagte Commander Rantero.

Der Major nickte.
»Atlanta und Commander Senga-Hol begleiten sie in die Gasse«, befahl Major Travis.

Atlanta nickte und leuchte die Gasse aus. Vorsichtig schritten sie in das Dunkel.

Der Worgass hob immer wieder seinen Kopf und nahm den intensiveren Geruch auf.

»Leuchten sie bitte einmal hier hin«, bat er Atlanta. Die Kaiserin von Atlantis und Senga-Hol leuchteten auf die Hauswand, die der Worgass ihnen vorher gezeigt hatte.

Commander Rantero zeigte mit seinem Finger auf die Stelle.

»Sehen sie hier das Blut? «, bemerkte er.» Es scheint tatsächlich eine tiefe Wunde zu sein. Er hat viel Blut verloren. «

Er strich mit seinen Finger über die Blutstelle und blickte ihn an. Der Finger war rot gefärbt, das Blut noch flüssig. Dann hob der Worgass den Finger zum Mund. Mit seiner Zunge leckte er das rote Lebenselixier auf und ließ es sich auf der Zunge zergehen.

Er sah die irritierten Blicke von Atlanta und Senga-Hol. »Das ist ein Teil des Identifizierungs-Vorganges«, bemerkte er. »Es ist nicht so, dass ich gerne Blut trinke. «

»Da sind wir aber wirklich froh«, antwortete Senga-Hol ironisch.

»Es ist eindeutig«, antwortete der Worgass. »Hier hat er sich bewusst eine Verletzung zugefügt. Wir können zurück zu der Gruppe. Mehr gibt das Blut nicht her. «

Schnell schritt die Gruppe zurück aus dem dunklen Gang auf die besser beleuchtete Hauptstraße.

Major Travis war sehr gespannt.
» Konnten sie etwas finden? «, fragte er.

» Es ist eindeutig«, antwortete der Worgass. » Er hat sich bewusst eine Verletzung zugezogen, vermutlich um sich ohne Verdacht abtransportieren zu lassen. «

»Dann wissen wir jetzt auch, wo er sich versteckt«, sagte Captain Hunter.

Er zog seinen Kommunikator aus der Tasche. Er wählte eine Nummer.

» Hier ist Captain Hunter«, sprach er in das Gerät. » Ich rufe Sergeant Ganter. Bitte melden sie sich. «

»Sergeant Ganter«, dröhnte es aus dem Kommunikations-Gerät. » Was kann ich für sie tun? «

» Wir vermuten den Worgass in unserem zentralen Medi-Zelt«, erklärte er. » Er ist von einem Notfall-Team eingeliefert worden. Seine Wunden werden versorgt. Umstellen sie das Zelt mit ihrer Einheit Marines. Leutnant Graves ist auch bereits mit einer Einheit Marines zugegen. Informieren sie ihn über unseren Verdacht. Niemand darf das Zelt verlassen, bevor wir nicht da sind. Setzen sie Paralyse-Strahler ein. Wir brauchen den Schäfer lebend. Wir vermuten sehr stark, dass sich der Gesuchte in dem Medi-Zelt aufhält. «

»In unserem Medi-Zelt? «, fragte Sergeant Ganter nach. »Wie kommt er denn dahin? «

»Für solche Fragen haben wir jetzt keine Zeit«, grollte Captain Hunter.» Führen sie einfach den Befehl aus. «

»Ich veranlasse alles Notwendige«, erwiderte der »Sergeant wesentlich reservierter.

»Danke«, ergänzte Captain Hunter.»Wir sind gleich bei ihnen. «

»Ich fordere noch einen Garde-Gleiter an«, teilte der Captain mit.» Dann sind wir schneller als zu Fuß. «

Er wählte die Nummer seines 1. Offiziers.

»Leutnant Graves«, sprach er in das Kommunikations-Gerät. »Orten sie bitte unseren Standort und schicken sie uns einen Garde-Gleiter. Er möchte uns hier abholen. Weisen sie daraufhin, dass es eilt. «

Der Leutnant bestätigte den Befehl und beendete die Verbindung.

Es vergingen nur wenige Minuten, bis ein Gleiter zu Landung ansetzte.

Captain Hunter instruierte den Piloten über das Ziel. Vorsicht hob der Gleiter von dem Boden ab und flog in die Richtung des zentralen Medi-Zeltes. In einem ausreichenden Abstand senkte sich der Gleiter dem Boden entgegen.

Bereits aus der Luft erkannten Major Travis und sein Team, dass Sergeant Ganter mit seinen Marines in Position gegangen war.

***

Der zierrakische Worgass lag auf einer Bahre und fühlte sich wohl. Seine Verwunderung war versorgt und gereinigt worden.

»Die Ärzte verstehen ihr Handwerk«, dachte er. »Es hatte nicht lange gedauert. Er versuchte sich an die Zeit zu erinnern, doch das gelang ihm nicht.

»War ich eine kurze Zeit betäubt? «, fragte er sich mit Schrecken.

Er blickte sich vorsichtig um. Das medizinische Zelt war leer. Es gab keine weiteren Verletzten. Auch die Ärzte waren nicht zu sehen.

Ihm wurde komisch zu Mute.
» Hier kann ich mich nicht länger aufhalten«, dachte er. » Sie werden mir sicherlich dicht auf der Spur sein. Es wäre besser gewesen, wenn ich den Soldaten eliminiert hätte. Jetzt weiß er genau, wo ich hingebracht wurde. Wieder ein Fehler von mir. «

Langsam richtete sich Kragphan auf seiner Bahre auf. Sein Kopf schmerzte fürchterlich.

Er rutschte von der Bahre, stand wackelig auf seinen Füßen und drehte sich vorsichtig um. Er suchte nach seiner Kleidung.

»Dort ist sie«, bemerkte er. »Die Ärzte haben sie sauber auf einem Stuhl, neben der Bahre gelegt. «

Er riss sich den weißen Kittel, mit einem Ruck von seinem Körper. Unter Schmerzen schlüpfte er in das Hemd, die Hose, die Jacke und die Stiefel. Dann legte er wieder seinen Waffen-Gürtel um und schulterte das Laser-Gewehr.

Ein Arzt huschte vorbei.
» Sind nicht einsatzfähig?«, fragte er. » Sie sollten sich einige Tage Ruhe gönnen. Ihre Verletzung muss verheilen. Die Wunde kann wieder aufplatzen. «

Dann war der Arzt vorbei.
» Ich werde gebraucht«, teilte der Worgass mit.

»Sie gehen auf ihre eigene Verantwortung«, antwortete der Arzt. »Kommen sie nicht mehr zu mir, wenn sich ihre Wunde verschlimmert hat. Ihr Soldaten macht doch immer nur das, was ihr gerade wollt. «

Er hatte den Worgass stehen gelassen und war an das andere Ende des Zeltes geeilt. Commander Rantero erkannte, dass dort noch zwei weitere Betten belegt waren. Er blickte dem Arzt kurz nach, doch dieser machte keine Anstalten zurückzukommen.

Der Worgass drehte er sich um und ging auf den Ausgang des Zeltes zu. Vorsichtig schob er den Zeltstoff des Einganges zu Seite und blickte hinaus.

Entsetzt wich er zurück.
»Das Zelt ist von Soldaten umstellt«, erkannte er. »Sie haben einen Ring gebildet. «

Der Atem des Worgass rasselte schwer.
» Sie haben mich eingekesselt«, registrierte er. » Das ist schneller passiert, als ich es vermuten konnte. Sie sind immer noch Raubtiere, die ihre Beute nicht mehr aus ihren Fängen lassen. Langsam muss ich ihnen Respekt zollen. Sie sind nicht so dumm und stupide, wie uns der Zierr-Rat und die Kaiser-Kaste das immer einreden will. «

Vorsichtig blickte er durch den engen Schlitz des Zelt-Stoffes. Ein Anti-Grav-Gleiter landete hinter den Reihen der Soldaten. Kampf-Roboter und mehrere Personen stiegen aus. Ihnen folgte eine kleine pelzige Gestalt. Eine weitere Person sprang aus dem Gleiter. Sie war größer und sah anders aus als die Terraner. Für Kragphan wirkte sie wesentlich aufgeklärter. Er hatte diese Lebensform schon einmal gesehen. Doch er erinnerte sich nicht. Die weiteren Personen besaßen eine atlantische Körperform.

»Wo kommen die denn her? «, überlegte Kragphan. » Ihr Kontinent wurde doch in dem großen Krieg vernichtet. Das ist ein feines Spezial-Team. «

Kragphan lachte verächtlich.
»Allein hätten mich die Terraner nie gefunden, dachte er.

Ein Geruch kroch in seine Nase. Zuerst wollte er es nicht glauben. Wieder hob er seine Nase und schnüffelte.

» Ein Worgass ist in ihren Reihen? «, erkannte er. » Er stammt zwar aus einer anderen Lebens-Hemisphäre, doch es ist eindeutig ein Worgass. Vermutlich ist er den Netzwerk-Denkern unterstellt. Was sucht ein Worgass in den Reihen der Terranern? «

Dann ging es ihm klar durch den Kopf.
» Es ist ein mieser Verräter«, fluchte er. » Ein Überläufer, eine mindere Lebensform, der seine eigene Rasse hintergeht. Wie kann ein Worgass das primäre Ziel seiner Herren verraten? «

Kragphan holte tief Luft. Klare Gedanken fielen ihm in diesem Moment schwer.

» Jetzt wird mir einiges klar«, dachte er. » Darum konnte ich so schnell gefunden werden. Der Verräter hat ihnen den Weg gezeigt. «

Er spuckte auf den Boden des Zeltes.
»Wir Worgass können unseren individuellen Geruch nicht vor der eigenen Rasse verstecken«, fluchte er. » Jeder von uns kann den Anderen identifizieren. «

Der Anti-Grav.-Gleiter war gelandet. Das Team, unter dem Kommando von Major Travis, sprang heraus. Geduckt liefen sie auf den Ring der Marines zu. Captain Hunter wies auf einen älteren Soldaten hin.

»Das ist Sergeant Ganter«, teilte er mit. »Es ist ein guter Soldat. «

Der Marine blickte auf, als der Captain eintraf.
»Wir haben alles großräumig abgesperrt«, teilte der Sergeant mit. »Wenn er in dem Zelt ist, hat er sich noch nicht gerührt. Wir haben nicht nachgesehen. Sind sie sicher, dass der Worgass sich in dem Zelt befindet? «

Der Captain nickte.
» Er muss in dem Zelt sein«, antwortete er. » Er hat seine Form verändert. Er sieht aus, wie einer unserer Soldaten.

Jeder der herauskommt, muss von uns gescannt werden.«

Leutnant Graves war zu dem Captain getreten. »Vermutlich wird der Worgass das nicht über sich ergehen lassen«, sagte er. »Er wird sicherlich einen Ausbruch-Versuch wagen. Seine letzte Möglichkeit ist vermutlich einen Suizid begehen. «

»Das werden wir verhindern«, antwortete Captain Hunter.

Major Travis blickte Heinze an »Empfängst du seine Gedanken? «, fragte er.

Heinze nickte.
»Er blockiert seine Gedanken nicht mehr«, erwiderte er. »Er nennt sich Kragphan und ist seit langer Zeit ein Schläfer auf Tarid. Er hat Angst und versucht einen Weg aus dem Zelt zu finden. «

Heinze überlegte einen Augenblick.
» Ich werde ihn mental versuchen zu beeinflussen«, erklärte er. » Ich lege ihm Gedanken in den Kopf, die ihm vorgeben, sich ergeben zu müssen. Ich sage ihm, dass er nichts zu befürchten hat. «

»Was natürlich nicht stimmt«, bemerkte Heran. »Wir wollen ja Informationen aus ihm herausbekommen. Vermutlich wird es ohne unser Wahrheitsserum nicht gehen? «

»So weit sind wir noch nicht«, unterbrach Major Travis den Lantraner.

Er blickte wieder Heinze an.
»Versuche die Gedanken in seinen Kopf zu legen, dass er möglichst rasch aufgibt«, befahl der Major.

» Ich versuche es«, entgegnete der Ro.
Das Gesicht des Ros verspannte sich. Major Travis kannte die mentalen Bemühungen von Heinze bereits. Es waren Kraftakte, die das pelzige Wesen mental leisten musste.

Commander Rantero stand in der Mitte von Atlanta und Senga-Hol.

» Meine Gerüche haben sich intensiviert«, teilte er mit. » Es gibt keinen Zweifel mehr, der zierrakische Worgass befindet sich in dem Zelt. «

Er blickte die beiden Atlanter an.
»Kragphan weiß natürlich jetzt auch, dass ich für sie arbeite«, teilte er mit. »Er wird meinen Tod wollen. Ich

bin ein Verräter der schlimmsten Sorte, in seinen Augen. «

»Das war zu befürchten«, erwiderte Atlanta. »Aber diesen Tod hätten sie bei ihrer Rückkehr nach Andromeda auch erfahren. Sie teilten uns mit, dass die Netzwerk-Denker unnachgiebig in ihren Entscheidungen sind, wenn ein Auftrag nicht erfolgreich beendet wurde. «

»Das ist wahr«, entgegnete Commander Rantero. »Da fühle ich mich bei ihnen auf der großen Basis sichtlich wohler. «

Captain Hunter konnte mit seinem Kommunikator zwischenzeitlich die Ärzte informieren. Sie hatten das Zelt durch einen Hinterausgang verlassen. Ein Marines-Kommando hatte sie in Sicherheit gebracht.

Der Worgass Kragphan hatte die Flucht der Ärzte nicht mitbekommen. Noch immer stand er zeitlich, an dem Eingang des Medi-Zeltes und blickte auf die Geschehnisse außerhalb des medizinischen Notfall-Zentrums.

Plötzlich fuhren fremde Gedanken in seinem Kopf. Er schlug sich mit der Hand gegen die Stirn und versuche diese Gedanken zu verdrängen.

»Stelle dich uns«, registrierte er. »Dir wird nichts passieren, eine Fluchtmöglichkeit gibt es nicht mehr. Kragphan sei vernünftig, erspare dir den Tod. «

Er dauerte nur einen kurzen Augenblick, bis der Worgass registrierte, dass dies nicht seine Gedanken waren.

Dieser Satz wiederholte sich andauernd in seinem Kopf. Kragphan war nicht mehr in der Lage, eigene Gedanken zu entwickeln.

» Geht aus meinem Kopf«, schimpfte er.
Doch das änderte nichts. Die fremden Gedanken legten sein eigenes Denken und Handeln förmlich lahm.

»Er ist so weit«, teilte Heinze mit. »Kragphan ist nicht mehr Herr seiner selbst. «

»Schutz-Schirme auf Maximum«, befahl Major Travis. » Wir rücken vor. «

Der Major blickte Heran an.
»Du positionierst dich rechts neben dem Zelt«, instruierte er den Lantraner. »Wenn der Worgass aus dem Zelt kommt, nimmst du ihn unter den Fesselstrahl. Er darf keine Möglichkeit haben sich zu verwandeln. «

Heran nickte Major Travis zu.

»Ich habe mein Gift dabei«, sagte er. »Nachdem ich es dem Worgass injiziert habe, wird er seine Eigenschaften als Formwandler verlieren. Dafür brauchen wir keine Operationen. «

Der Major lachte ihn an.

»Gut, dass wir dich dabeihaben«, sagte er.

Captain Hunter hatte die Marines informiert.

»Wir holen ihn jetzt«, teilte Captain Hunter mit.

Die Marines, unter dem Befehl von Sergeant Ganter, erhoben sich. Ihre Taja's waren aktiviert. Ein leichtes energetisches Feld umgab sie sichtbar.

Tart 1 und Tart 2 traten vor Major Travis. Sie schützten ihn durch ihre Körper-Schilde. Ihre Waffen-System waren aktiviert. Heran hatte sich seitlich an das Zelt herangeschlichen. Auch seine Waffen waren aktiviert.

Der Worgass Kragphan sah die Soldaten näher rücken. Immer noch war er nicht in der Lage, eigene Gedanken zu entwickeln. Unter schweren Kopfschmerzen nahm er das Laser-Gewehr ab und entsicherte es.

»Es ist Zeit, Ordnung zu schaffen«, dachte er. »Sie haben irgendwelche Mutanten in ihren Reihen, die meine Gedanken stören. Ich halte es nicht länger aus. Dann ist mir eine Opferung für das zierrakische Reich lieber. «

Er war sich sicher.

»Es gibt keine andere Lösung mehr«, erkannte er. »Die fremden Gedanken in seinem Kopf, bringen mich um den Verstand. «

Dann sprang er aus dem Zelt und lief schießend auf die Soldaten zu. Die schossen die Paralyse-Strahlen auf ihn ab. Tart 1 wurden von den Strahlen des Laser-Gewehres getroffen, doch sein Schutz-Schirm absorbierte die Energie-Strahlen problemlos.

Die Bewegungen des zierrakischen Worgass erlahmten. Unzählige Paralyse-Treffer hatte er einstecken müssen.

»Gewürdigt sind die Zierrakies«, sagte Kragphan mit letzter Kraft.

Er hob sein Laser-Gewehr und wollte es gegen sich selbst richten.

Gedankenschnell hob Heran seinen lantranischen Blaster und hüllte den Worgass mit einem Fessel-Strahl ein.

Kragphan vibrierte, als er von dem Energiefeld eingehüllt wurde. Er war unfähig sich zu bewegen.

Lächelnd schritt Heran auf ihn zu.
Er wusste, dass der Worgass zu keiner Handlung mehr fähig war. Er entriss ihm das Laser-Gewehr und warf es zu Boden. Heran zog aus seiner Tasche eine Spritze. Diese jagte er dem Worgass genussvoll in die Halsschlagader.

»Willkommen im Neuen-Imperium von Natrid & Tarid, du Worgass-Clown«, flüsterte er ihm zu.

Kragphan schaute ihn hasserfüllt an.
»Verdammtes lantranisches Pack«, drangen die Worte leise über seine Lippen

Heran winkte Soldaten heran.
»Nehmen sie ihn in Gewahrsam«, sagte er. »Seine Formwandlungs-Eigenschaften wurden 9unbrauchbar gemacht. «

Er schaltete den Fesselstrahl aus. Der Worgass fiel auf seine Knie.

Die Soldaten griffen unter seine Arme und hoben ihn hoch. Dann legten sie ihm Stahlfesseln an.

Major Travis trat an die Seite von Heran.

»Danke für deine Hilfe«, bemerkte er.

»Nicht dafür«, entgegnete Heran. »Die Worgass sind für uns alle zum Problem geworden. Ihr solltet ihm seine Drüse entfernen. Sicher ist sicher. «

Major Travis schritt zu Sergeant Ganter.

»Er wird sofort nach Natrid überführt«, befahl er. »Dort wartet ein Spezial-Verhör auf ihn. Sorgen sie dafür, dass er dort gut ankommt. Verhörspezialisten stehen bereit. «

Der Sergeant salutierte.

»Wir kümmern uns sofort hierum, Herr Major. «

Die Marines führten den Worgass an Commander Rantero vorbei. Der gab sich bewusst unbeteiligt.

»Du Verräter«, sprach Kragphan ihn an. »Ich weiß, wer du bist. Sämtliche Worgass werden Jagd auf dich machen. Du wirst deiner Strafe nicht entgehen können. Dafür werden wir sorgen. «

Commander Rantero blickte ihn an.

»Dafür musst du erst einmal die Informationen weitergeben können«, antwortete er. »Ich glaube wirklich nicht, dass dir das noch gelingt. Dank deinen

Informationen, wird es das Kaiserreich der Zierrakies in Kürze nicht mehr geben. Dafür werden wir sorgen. Es kommt der Tag, an dem wir Worgass frei sein werden. Nicht nur willenlose Sklaven, wie du einer bist. Aber das wirst du nicht mehr erleben. «

Commander Rantero drehte sich von seinem Artgenossen ab.

» Würdigt sind die Zierrakies«, sagte Kragphan ein letztes Mal und ließ sich abführen.

»Auftrag beendet«, lächelte Captain Hunter. »Der General wird zufrieden sein. Danke für ihre Hilfe, Herr Major. Ohne ihre Spezialisten hätten wir uns vermutlich die Zähne ausgebissen. Haben sie etwas dagegen, wenn ich General Poison informiere? «

»Keineswegs«, antwortete Major Travis. » Ich habe zu Hause Gäste, die auf mich warten. Ich hoffe es macht ihnen nichts aus, wenn wir uns jetzt zurückziehen? «

»Ich kümmere mich um alles«, antwortete Captain Hunter. » Fliegen sie ruhig nach Hause. «

Mit den Worten drehte sich der Captain ab und schritt zu seinen Marines.

Major Travis blickte Atlanta und Senga-Hol an.

» Darf ich sie zu mir nach Hause einladen? «, fragte er.
»Sirin hat Essen vorbereitet. Heran wartet schon lange auf sein Bier, es gibt natürlich auf Kaffee und Tee. «

Atlanta blickte Sengs-Hohl an.
» Die Arbeiten auf der Basis können auch bis morgen warten«, sagte Senga-Hol. » Sie laufen uns nicht davon. «

»Wir haben noch Commander Rantero dabei«, bemerkte Atlanta.»Macht es ihnen etwas aus, wenn er dabei ist? «

»Ich wollte den Commander sowieso fragen, ob er mitkommt? «, antwortete der Major.

Der Worgass blickte Major Travis erstaunt an.
»Mein Status betitelt mich als ist Gefangener«, antwortete er.»Ohne Aufsicht darf ich nirgendwo hin. «

Major Travis, Atlanta und Senga-Hol lachten.
»Ihr Status als Gefangener, bröckelt immer mehr ab«, bemerkte der Major. »Sie waren uns bisher schon eine sehr große Hilfe. Ich vermute stark, sie können uns bei dem Verhör des zierrakischen Worgass noch mehr behilflich sein. «

»Unbedingt«, antwortete Commander Rantero. » Ich weiß, wie wir an die Informationen von ihm kommen. «

»Ich habe notfalls noch ein Wahrheitsserum dabei«, lachte Heran. » Das funktioniert in jedem Fall. «

Er schlug dem Worgass auf die Schulter, dass er kurz nach vorne wippte.

»Ich bin sehr erstaunt, dass sich meine Vorurteile über ihr Volk langsam in Luft auflösen«, flüsterte er Commander Rantero zu

»Man lernt immer wieder dazu«, antwortete Commander Rantero. »Man muss es nur wollen. «

»Probieren wir das Verhör erst einmal auf dem normalen Weg aus«, entschied der Major. » Falls das nicht funktioniert, sehen wir weiter. «

Er blickte in den Himmel.
»Brechen wir ab und fliegen nach Hause«, lächelte er Heran zu. »Das Bier für dich ist bereits kaltgestellt. «

»Das ist der einzige Grund, warum ich noch geblieben bin«, tönte Heran. » In der ganzen Galaxis findet man so eine Bierbraukunst nicht ein zweites Mal. «

Die umstehenden Personen lachten und gingen auf die Termar 1 zu, die bereits ihre Laser-Brücke zum Einstieg heruntergefahren hatte.

Vorschau